《深圳市中心区城市设计与建筑设计1996-2002》系列丛书

Urban Planning and Architectural Design for Shenzhen Central District 1996-2002

深 圳 市 民 中 心
及 市 民 广 场 设 计

The Civic Center and Civic Plaza Design in Shenzhen Central District

丛书主编单位：深圳市规划与国土资源局

Editing Group: Shenzhen Planning and Land Resource Bureau

中国建筑工业出版社

China Architecture & Building Press

《深圳市民中心及市民广场设计》是美国李名仪／廷丘勒建筑师事务所根据其在1996年中心区核心地段城市设计优选方案中所提出的市政厅概念，经过多轮设计和论证于2002年最终完成的一项庞大的工程设计。480m长的太阳能曲面大屋顶犹如大鹏展翅，覆盖着由三组建筑组成的巨大综合体，建筑面积达21万 m²，包括政府办公、人大办公、礼仪庆典、市民活动、会堂、博物馆、档案馆及工业展览馆等内容。这个项目既是深圳市未来的行政中心，也是一个真正意义的市民中心。这一建筑及其前面的市民广场是整个中心区中轴线上的高潮和焦点。

"The Civic Center and Civic Plaza Design in Shenzhen Central District"

The second focus of the1996 Central District Urban Design International Consultation was to derive a concept for a new city hall, and Lee-Timchula Architects' concept of a city hall was an integral part of its winning urban design for the Central District. Their enormous city hall is the result of many design modifications and evaluations. It is a gigantic compound covered by a 480-meter-long roof tiled with solar electric panels, and resembles a giant bird spreading its wings. With a total area of 210,000 sq. m., the city hall actually consists of three buildings that house government offices, celebration halls, a civic entertainment center, museums, archives, industrial exhibition halls, etc. As the future administrative center of the city and as a real civic center, the building, along with its front plaza, is the climax and focus of the whole central axis.

		1986 年确定中心区选址范围	Central District Site Selection: 1986

<table>
<tr><td rowspan="5">1996 年
之前的中心区规
划研究
Planning before
1996</td><td rowspan="5"></td><td>1986 年确定中心区选址范围</td><td>Central District Site Selection: 1986</td></tr>
<tr><td>1989 年四个概念方案</td><td>Four Concept Schemes: 1989</td></tr>
<tr><td>1991 年综合规划方案</td><td>Integration Planning Scheme: 1991</td></tr>
<tr><td>1992 年《控制性详细规划》《交通规划》</td><td>Control Planning: 1992</td></tr>
<tr><td>1994 年《中心区城市设计》</td><td>Urban Design: 1994</td></tr>
</table>

1996 年
核心段城市设计
国际咨询
1996: International
Urban Design Consulta-
tion for the Central
District Core Area

美国李名仪／廷丘勒建筑师事务所 John M.Y.Lee & Michael Timchula Architect,USA	法国建筑与城市规划设计国际公司 S.C.A.U. International, France	香港华艺设计顾问有限公司 Huayi Design Consultant, Hong Kong	新加坡雅科本建筑规划咨询顾问公司 Archurban Design & Management Services, Sg

优选 winner

1997 年
中轴线公共空间系统
规划
1997: Urban Design of
the Public Space
System along the
Central Axis (PSSCA)

日本黑川纪章设计事务所 Kisho Kurokawa architect, Japan	交通规划研究 地铁选线研究 Research on Transportation and the Subway	市民中心及广场设计 Design of City hall and Square	购物公园设计 Design of the Commercial Park
		市政设计调整 Infrastructure Modification	文化设施设计 Design of Four Cultural Facilities

1998 年
22、23-1 街坊城市
设计
1998: Urban Design
Guidelines for Blocks
22 and 23-1

美国SOM 设计公司 Skidmore Owings & Merrill, USA	编制法定图则 Draft Statutory Plan SP	行道树规划设计招标 Planning for Street Trees	岗厦村改造策略前期研究 Gangsha Village Renovation Study

1999 年
城市设计、交通、地
下空间综合规划国际
咨询
1999: International
Consultation for Urban
Design Traffic and
Underground Spaces

德国欧博迈亚工程咨询公司 Obermeyer Planen +Beraten,Germany	美国SOM 设计公司 Skidmore Owings & Merrill LLP,USA	日本 日本设计公司 Nihon Sekkei, Inc.Japan	岗厦改造规划 Gangsha Village Renovation Plan

优选 winner

2000 年
深圳会议展览中心重
新选址研究
2000: Shenzhen
Conference and
Exhibition Center Site
Selection Research
(SCEC)

会展中心在南中轴尽端选址并设计招标 SCEC Relocated to S End of Central Axis and Designed	南中轴两侧水系可行性研究 Feasibility Study of the Central Axis Sunken Water System	福华路地下街研究与设计 Fuhua Underground Street Study and Design	城市电脑仿真系统的应用 Urban Computer Simulations
			建筑单体设计 Design of Individul Buildings

2001 年
深化完善中心区
城市设计
2001: Urban
Design
Refinements

中心广场及南中轴项目研究 Centre Square and Southern PSSCA Primary Study	二层步行系统完善研究 Pedestrian Overpass System Modifica-tions	街区城市设计深化 Urban Design Guidelines for Various Blocks	城市雕塑规划 Public Sculpture Program Planning
			莲花山生态资源调查评估 Lianhua Hill Eco Surveys

2002 年
深化和实施
2002: Further
Refinements and
Implementation of
Projects

中心广场及南中轴项目设计 Centrel and Square Southern PSSCA Design	法定图则修编详细蓝图研究 The SP Update and Detailed Blueprints Study	街道环境景观设计 Street Furniture and Landscape Design	莲花山规划国际咨询及设计 Consultation for Plan of Lianhua Park

本册内容在深圳市中心区城市规划设计体系及历程的示意
System and Evolution of the Shenzhen Central District Planning

目 录

CONTENTS

一 深圳市民中心设计

1.概念雏形

1.1 1996年城市设计国际咨询关于市政厅概念设计的要求

位于南北中轴线北段的市政厅是深圳市政府计划修建的项目。由于该建筑物的特殊性与所处位置的重要性，使其平面布局与造型等的设计显得尤为重要。为此，本次咨询希望各设计机构要对该方案着重考虑，做出单体建筑的构思方案。基本要求是：

a、总体布局应结合本次城市设计统筹安排，应和谐统一，主题清晰，交通组织合理。

b、建筑平面功能布置经济合理，室外应提供一定的空间作为市民广场，并应处理好市民广场与中轴线及中心广场的关系。

c、建筑造型有较强的时代特色，并具独特的风格，既能象征行政管理的严肃性，又要体现现代社会的开放性、公众性与民主性。

d、总建筑面积为8～10万㎡。其中：场地上与地下的空间应怎样利用？怎样将被道路分隔为三片的中心广场作为一个整体与周围建筑物有机地结合在一起，创造出一个卓越的场所环境？中心广场是否要设置标志物？其形象设计应如何考虑？

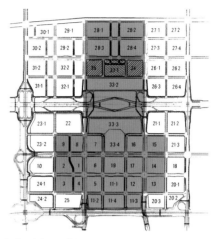

市政厅在中心区的位置

1.2 1996年城市设计国际咨询概念方案（简略，详图参见本丛书第一册《深圳市中心区核心地段城市设计国际咨询》）

1号方案：美国李名仪／廷丘勒建筑师事务所

市中心最重要的建筑物是市政厅综合大厦。本方案建议，新的市中心建设，由市政大厅开始动工兴建。然后，自然地吸引酒店和商业楼宇陆续建造。市政大厅外形庄重，颇具中国南方建筑特色。它的平面布局对将来市政府的各种需要，提供足够的灵活性与宽容度，足以满足发展中不断改变的新需求。

市政大厦没有采用高层建筑方案，本方案为多层建筑，这样会带有许多优点：

1.市政府可以更接近人民群众，有更长的接触面，提高办事效率。

2.建筑结构简单合理，便于施工，降低造价，节省下来的费用，可以提高建筑质量，采用更好的材料和设备，同时降低维修经费；有利于建造更开阔的室内空间；减少结构的占地面积。

3.形成雄伟而又平易近人的形象。

4.分区清楚明确，使用路线和人流分明。

5.可形成许多内庭，宁静、安全、有利

（1996年～1998年该项目暂名市政厅，1998年暂名市民广场，后正式命名为市民中心。—编者注）

市政厅入口平台

通风，绝大多数房间有良好朝向。

建筑物采用"双曲面"屋顶是高科技结构，外形突出，以此象征着展翅飞腾的"大鹏城"，也象征中国南方的传统屋顶飞檐。

婉转悠长的挑檐构成十分宏伟的气势。这种屋顶并不是追求形式，屋顶使下面的建筑全部覆盖在阴影中，一方面防止阳光照射，节省空调能源；另一方面利用屋顶上的阳光电池板，收集太阳能，对大厦提供足够照明电力(此技术已是十分成熟的无污染电源)。阳光电池板晶亮的反射表面，会使双曲面屋顶更接近传统的琉璃瓦屋顶，使深圳新市政大厅既保持中国南方传统，又有最新的工程技术内涵。

屋顶下面的建筑分为三部分，每一部分都有多个独立出入口，独立的人流线和供应线。在中央部分，有大会堂、庆典礼堂和各种公共活动空间，为市政活动服务。西翼部分是各种对外的市府办公机构所在地。东翼部分则十分宁静，具有良好的内部联系，是市政府领导人员和各职能机关的办公室。建筑物中开辟了几个内庭院，使办公室更接近大自然，同时对保安工作十分有利。

市政大厅正中，面对中心广场，有一座巨大的"开荒牛"雕塑，继承现有市政府大楼的形象。

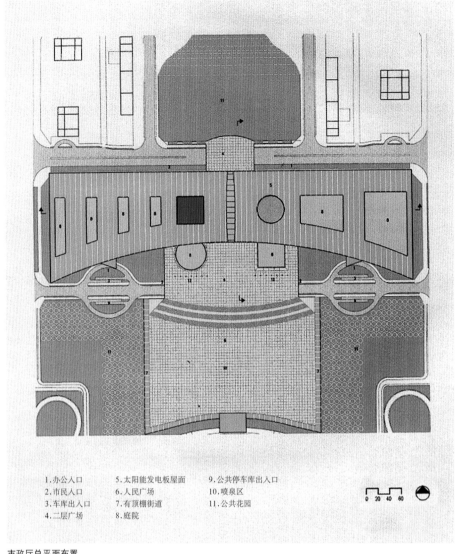

1.办公入口　　　5.太阳能发电板屋面　　9.公共停车库出入口
2.市民入口　　　6.人民广场　　　　　10.喷泉区
3.车库出入口　　7.有顶棚街道　　　　11.公共花园
4.二层广场　　　8.庭院

市政厅总平面布置

太阳能发电板屋面

南立面

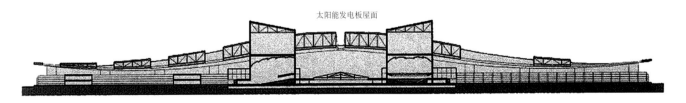

太阳能发电板屋面

东西向剖面

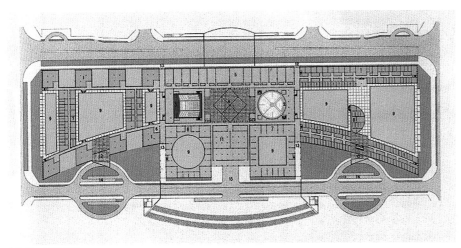

市政厅一层平面图

市政厅俯视图

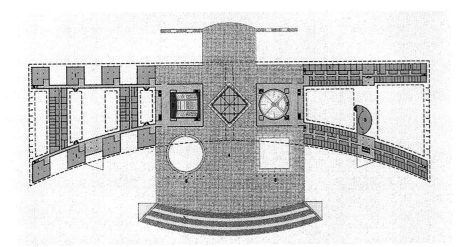

市政厅二层平面图

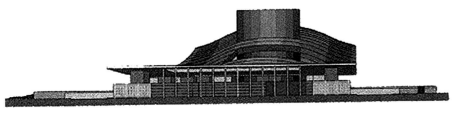

东立面

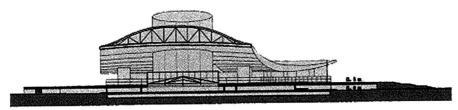

南北向剖面

2号方案:法国建筑与城市规划设计国际公司

在何处建设市政中心?

在南北中轴线和东西主干道——深南大道交叉点设置标志物的想法非常出色。

我建议在此基础上再加深一步,就是说给予这一标志物一个城市性的规模:创造一座标志性的城市建筑物。

第一次参观基地时,我就明显地感觉到这一点。

但是,极有限的建筑物能配得上这一异乎寻常的地点,除了一座公共建筑物之外别无选择。事实上,这是建设市政中心最理想的地点,它是市中心区的中心。

明确了这一点,我就在这一标志建筑物周围设计了一个大正方形的广场。广场周围镶嵌着一条绿色的藤廊,一组水池和辐射状的喷泉。

该标志性建筑物的建筑设计应相当简洁。建筑物的大小象征政府权力,但是其外观的透明,出入广场的方便又体现了民主性。

其建设施工将需运用高技术。这一点又象征了深圳的成就和活力。

总体视觉图

市政厅总平面

中央广场图

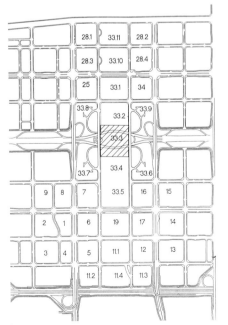

本方案建议市政厅位置图

市政厅西立面

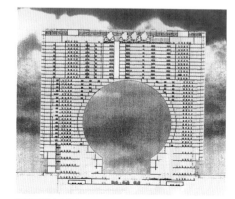

市政厅纵向剖面

3号方案：新加坡雅科本建筑规划咨询顾问公司

主要的使用空间由下列三个元素组合及限制而成。

·巨型"墙"：用以集中所有服务设施空间于其中。

·大型的玻璃幕墙：用以把主要功能的空间围合起来。

·挑台式办公室的楼板：用以作为空间的开放顶部。

公共通道

公共通道一字形在市民广场前展开。贯通所有公共通道中，并且直接连接大厅。电梯均设在二楼，通行各办公用房的厅均设在二层以上，自动扶梯将人流从公共通道带入电梯厅。所有访客的通道均通过这个公共通道，使容易进入通行系统中，体现了建筑的友好性。

入口大厅

两侧的入口大厅提供给到访者以多层大空间的正式入口。外部是大面积的玻璃。内部创造热烈气氛使人犹如置身剧院及节日庆典。

政府行政部门

从公共通道和电梯厅，人们可自由乘电梯和楼梯到达他们所要去的行政办公部门所在的楼层。

贵宾入口

贵宾入口设在面向福中路的贵宾广场处。到访的贵宾前往市长办公室及中央行政办公区可经由已设计的贵宾电梯厅。同时也可便捷地到达庆典宴会厅。

职员出入口

职员出入口与访客入口是分别设置的。但也是设在服务及附属空间"墙"体内。每个办公楼在一层都有各自的入口厅。同时职员也可以从地下停车场进入建筑中。

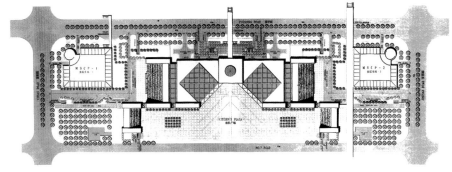

市政厅总平面布置图

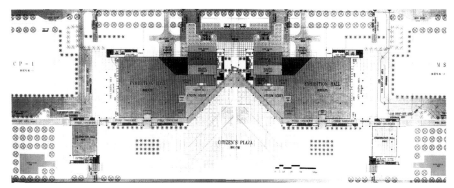

市政厅一层平面图

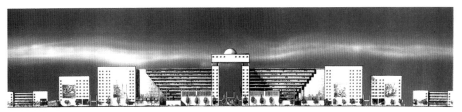

市政厅北立面图

市政厅南立面图

市政厅市民广场一景

市政厅一景

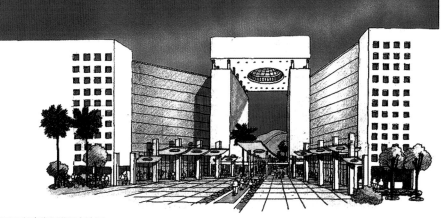

从露天架空步行道看市政厅

4号方案：香港华艺设计顾问有限公司

市政厅位于深圳市中心区中轴线核心位置，南接中心广场，北靠文化展览广场及莲花山公园。基地面积约270 000m²。

市政厅设计为57m高，171m长的方矩形建筑，中间留有81m跨度，26.5m高的巨大门洞。

市政厅两翼配备了博物馆、艺术中心加以烘托组成形式与功能完备的建筑群体，并围合出中心广场的核心部分——市民广场。

市政厅为市委、市政府、人大、政协从事政务活动及办公业务，同时又能为广大市民提供社会活动空间的场所。博物馆以人文自然、历史展览为主要功能，必要时可作为多功能性场地使用。艺术中心包括文化艺术陈列及音乐厅部分，为公众提供艺术展览及交流的活动空间。

建筑群的布局希望继承中国传统建筑之精华，尊重总体环境构想强调对称布局，采用高基座大台阶及长柱廊，体现中国建筑门、堂、廊组合的传统构成。在市民广场集会时大台阶可作为主席台及观礼台使用。市政厅既是新城市中心的核心建筑也是节点空间。从城市中轴线由南向北望，透过市政厅的门洞可望见造型别致的会议大厅及莲花山峰，大台阶上出入人群可以饱览中轴线南北两区，形成一条视觉通廊，成为在特定环境下最具理性的空间创意。市民可沿中轴线南端步行至市民广场，并通过大门洞下面的二层平台至市政厅北端的文化展览广场，这一点突破了以往政府建筑的呆板模式，力求体现21世纪公用建筑的公众性和开放性。

建筑群体周围以大片绿化和水池相衬，环境优美，为市民提供了清新怡人的活动空间。

市政厅模型

市政厅透视图

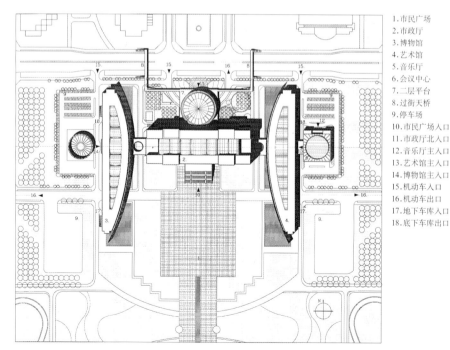

1. 市民广场
2. 市政厅
3. 博物馆
4. 艺术馆
5. 音乐厅
6. 会议中心
7. 二层平台
8. 过街天桥
9. 停车场
10. 市民广场入口
11. 市政厅北入口
12. 音乐厅主入口
13. 艺术馆主入口
14. 博物馆主入口
15. 机动车入口
16. 机动车出口
17. 地下车库入口
18. 底下车库出口

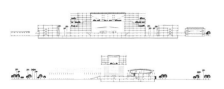

剖面

市政厅总平面图

2.前期研究

2.1 委托及可行性研究

2.1.1 深圳市政厅工程设计委托书

根据国际咨询评议结果,深圳市规划国土局于1996年10月委托美国李名仪/廷丘勒建筑师事务所(JONH M.Y.LEE/MICHAEL TIMCHULA ARCHITECTS)进行深圳市政厅工程设计,具体要求如下:

一、委托设计项目

委托设计项目为深圳市政厅工程,该工程包括市政厅及市民广场两个部分。

二、设计项目位置

1.市政厅

市政厅位于深圳市中心区北片区,原规划地块编号为33—1、34、35三个地块,地块总面积约为11.2万m²。

2.市民广场

市民广场位于市政厅的南面,原规划地块编号为33—2,地块面积为14.2万m²。

三、基本功能

1.市政厅

市委、市政府首长及办公厅办公、礼仪性接待用房。市委、市政府各部、委、办、局机关用房。公众空间、图书馆、地方档案资料馆、新闻发布厅、展览厅、庆典仪式厅及各种民间协会用房。

2.市民广场

大型的公开的政治、文化活动。市民休闲活动场所。部分综合文化配套设施。

四、设计要求

1.市政厅

市政厅必须容纳深圳市党政主要管理机构,通过周密合理安排,满足复杂的使用要求,并保证有较高的办事效率。

设计必须考虑市政厅作为城市行政管理建筑的特殊要求,对本地行政办公模式(包括办事程序、接待方式、公众交流、交通工具、出行特点等)必须有深入的调查分析、见解或建议,并以此为依据确定功能和组织交通。

必须处理好办公空间、庆典仪式空间和公众空间的相互关系,使三者之间既有自然和方便的联系,又避免相互干扰;协调好私密和开放、安静和热闹之间的矛盾。

市政厅宜保持咨询方案中水平方向展开,亲切自然的特点,但应避免人们把市政厅大屋顶误认为是航空港建筑的错觉,即市政厅的设计必须解决巨大结构与宜人尺度之间的矛盾。

要求对市政厅的独特造型(包括屋顶曲线形式、尺寸、材料、颜色、屋面辐射程度等方面)跟周围城市环境(例如莲花山、广场、中央绿带及其周围的高层建筑)如何保持整体协调的问题做出详细的分析和评估。

在建筑设计语言及手法上,要求体现中国传统风格与现代建筑设计的完善结合。

鼓励采用先进技术和设备,例如智能化管理以及在咨询方案中提出的大跨度屋顶结构和新能源材料的应用,但必须对采用的先进技术和设备提出技术可行性专项报告。

市政厅的设计必须符合中国相关方面的技术规范和标准,在此前提下,允许参照美国或其他国家先进的技术标准。

2.市民广场

市民广场的设计既要考虑大型的公开的政治、文化活动(例如:新闻发布会、公众集会、公众庆典仪式、室外音乐会等);又要通过绿化、遮荫设施及小型的综合服务配套设施的设计来吸引市民在此进行日常的休闲活动。保持作为市民广场的活力,避免单一作为集会广场所带来的枯燥、空旷以及日光暴晒。

要求设置若干个对自然景观(例如:莲花山)和人工景观(例如:市政厅)的理想的观景点。

五、设计进度

1.可行性研究阶段

受托方必须在接受委托后的二个月内,对市政工程有关的工程、技术、经济等各方面条件和情况进行调查、研究、分析,对各种可能的方案进行比较论证。由此提出项目在技术上的先进性、适用性、经济上的合理性,建设的可行性。必须在1996年年底之前提交上述研究的各项报告(具体内容详见附注)。

2.方案设计阶段

可行性研究报告经审批后,根据委托方提出的设计任务书,受托方开始市政厅工程方案设计,此阶段必须在1997年2月底完成。

3.扩初设计阶段

扩初设计阶段最迟应在1997年7月底完成。

4.施工图设计阶段

工程应在1997年10月正式开工,并在1999年10月竣工。施工图的设计进度必须超前于施工进度,并保证工程在上述时间内顺利完成。

六、其他

(1)受托方在接受委托任务时,按照中国有关规定,必须在中国境内进行注册登记。

(2)受托方在接受委托任务后,按照中国有关规定,在扩初及施工图阶段的设计必须与中国境内的甲级建筑设计机构合作进行。

(3)项目设计各阶段的设计文件编制深度必须符合中国建设部的规定及深圳地方规定。

七、附注

市政厅工程的可行性研究报告应包括以下几个方面:

市政厅

(1)建设规模及各种使用功能面积分配比例的可行性方案,要求提供高、中、低不同指标进行方案比较。

(2)主要设备的选型和相应的技术经济指标,要求提供不同档次的设备选型方案。

(3)主要建筑材料按不同档次的选择方案和相应的技术经济指标。

市民广场

(4)列举市民广场的综合配套设施的具体工程项目,说明其设置的必要性和可行性。

(5)为满足市民广场的设计要求所采取的措施及可行性分析。

市政厅工程

(6)对交通出入的组织方式及停车位需求的分析研究。

(7)对市政工程(给水、供电、通讯、燃气)提出所需容量的要求。

(8)对环境保护、防震、防洪等要求的可行性和采用的相应措施。

(9)总造价估算。

(10)工程竣工使用后的社会效益分析。

1996年10月24日

2.1.2 可行性研究成果(美国李名仪／廷丘勒建筑师事务所)

可行性分析

面积

市民活动区

要求所需面积:10 000~20 000m²

市民咨询:5 591m²

市民展览和阅读:5 831m²

总面积:11 422m²

政府会堂和礼仪庆典大厅

要求所需面积:20 000~30 000m²

首层:

礼仪庆典会堂:7 266m²

多功能庆典大厅:4 692m²

政府会堂:7 692m²

会议:5 987m²

厨房:1 093m²

总面积:26 863m²

政府机构办公用房

要求所需面积:20 000~40 000m²

首层:22 331m²

二层:23 665m²

总面积:45 996m²

设备区和停车场

要求所需面积:10 000~20 000m²

地下室:35 228m²

首层设备室:1 165m²

总面积:36 393m²

市政厅总面积:119 067m²

覆盖和露天广场:35 163m²

环境美化(内部庭院、步行道、植物绿化):46 089m²

市政厅主要覆盖部分:96 173m²

建筑规模

相应规模的城市

根据预测,公元2000年时,下列城市人口将达到4.5至5.5百万人:(资料来源:《1996年鉴》,波士顿和纽约Houghton Mifflin公司,第130页)

中国,天津　　　　西班牙,巴塞罗那

意大利,米兰　　　伊拉克,巴格达

日本,名古屋　　　巴西,包鲁

俄罗斯,圣彼得堡　印度,阿默达巴德

西班牙,马德里　　印度,海德拉巴

中国,沈阳

由相同的资料来源,在公元2000年,下列城市人口将达到3.5至4.5百万人:

英国,曼彻斯特　印度尼西亚,苏腊巴亚

美国,费城　　　委内瑞拉,加拉加斯

美国,旧金山　　巴西,波多爱莱圭

中国深圳市政厅
1:12000

罗马圣彼得教堂
1:12000

澳大利亚堪培拉市,国会(3层)
1:12000

美国华盛顿五角大楼(5层)
1:12000

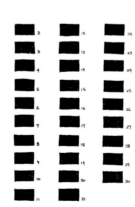

美国芝加哥市政中心
1:8000

大型行政等类型建筑尺度比较分析

加拿大，多伦多　　加拿大，蒙特利尔
德国，柏林　　　　俄罗斯，基辅
意大利，罗马　　　美国，达拉斯
意大利，那不勒斯　巴西，萨尔瓦多
越南，胡志明市　　摩洛哥，卡萨布兰卡
澳大利亚，悉尼　　墨西哥，蒙特雷
希腊，雅典　　　　土耳其，安卡拉
美国，迈阿密　　　韩国，泰谷
中国，广州　　　　印度，珀拉
墨西哥，瓜达拉哈拉

这些城市在规模上很相似，但政府议程和提供市政服务途径各有不同，所以与其直接模仿其规模，不如吸取她们的操作经验，特别是那些新建的或正在计划市政设施建设的城市。此外还有一些城市规模比以上的稍小但很成功，可提供有价值的见解。

可行性分析
造价初步估算
摘要（以用途计）
空间类型
下层支撑结构和地下层停车场
（造价可根据土质分析变化调整）
500～700 美元 /m²
设备空间（固定造价）500 美元 /m²
礼仪庆点空间
（造价可变化，包括固定座位）
1 800～2 400 美元 /m²
市民活动区
（造价可根据材料选择的不同而变化）
1 000～2 000 美元 /m²
办公
（造价可根据材料选择的不同而变化）
700～1 100 美元 /m²
屋面（造价可根据材料选择的不同而变化）
300～400 美元 /m²
广场和环境美化（造价可根据材料选择和与地下停车场的界面而变化）
60～100 美元 /m²
步行道顶棚（造价可变化）
300～400 美元 /m²
有顶棚的零售购物区（造价可变化）
500～700 美元 /m²
可装卸的遮阳设施（允许总数可变化）
1 000 000 美元
喷泉和水的造型（允许总数可变化）
500 000 美元

市民广场的发展分析
市民广场不是只有一种固定不变的造型而可以拥有许多目的用途。
作为市政厅大厦的前景，它在空间序列上具有突出的地位。由于大厦成为这片新建地区中的标志性建筑物，在比例上，它需要一个大尺度的室外开敞空间来衬托，以供人们可以从广场角度来观赏了解市政厅大厦整体造型。

市民广场由为行人提供遮阳设施的顶棚商业步行街构成。连接有顶棚商业步行街的是可以灵活设置的开敞性室内空间，为市民和观光客提供公众活动场所。其功能必要时可随不同的需要而变化调整。它们可以是图书馆，可以是大众艺术和手工艺品展示厅，可以是当地历史和环境开发成果陈列室，也可以是为儿童开设的博物馆。此外与这些功能有关的零售购物店以及小餐厅也应考虑设置其中，以营造出一系列亲切宜人的中庭院落。这一系列多功能设施为有目的性前往的市民以及一时兴趣被吸引住的过往行人提供了便利的活动空间。

步入开阔的广场中心，一个与周围铺地部分融为一体的喷泉造型令炎热气候中的观赏者精神为之一爽。而且，当此空间作其他活动用时，亦便于临时关闭水源。临时性织物华盖式构架提供空间为简单的室外音乐会和节日庆典活动所用。

市政厅大厦停车场分析
1.停车场根据深圳市中心城市规划内容要求面积 20 000m²
2.停车场根据今年4月15日深圳发的传真内停车场分类表
市机关 0.8 车位 /100m² 的停车要求
80 000m² × 0.8 车位 /100m² =640 车位
640 车位 × 40m² / 车位 =25 600m²
停车场根据今年4月15日深圳发的传真内停车场分类表
市级影剧院 3.5 车位 /100 座位的停车要求
二个市民集会大厅各 1 500 个座位，共 3 000 个座位
3 000 × 3.5 车位 /100 座位 =105 车位
50 000m² × 0.8 车位 /100m² =400 车位
总车位 105+400 =505 个
505 车位 × 40m² / 车位 =20 200m²
3.停车场根据世界标准 / 一般范例
上述供市民集会之用的停车场所允许的车位低于世界标准。例如：
蒙特利艺术中心　3 000 座位　1 364 车位　54 560m²（Placc Dcs Arts）
多伦多艺术中心　3 155 座位　2 156 车位　86 000m²（O,Kcefe Ccntcr）

建议世界标准停车场
建筑师在深圳市中心城市设计国际资询优选方案的修改说明中对停车场的建议：1 298 车位，46 446m²。
建筑师的建议是 1 298 车位，3 个出口（每 500 车位 2 个出口），在优选方案修改说明中设计的停车场需要在北部附加一个出口与福中路相接。

市民广场停车场分析
1.停车场根据今年4月15日深圳发的传真内停车场分类表
文化设施每 0.8 车位 /100m²
展览会议中心 90 000m²+ 市民广场 48 550m²
138 550m² × 0.8 车位 /100m² =1 108 车位

材料特质分析

材料	高档	中档	低档
市民活动			
外墙	石材和玻璃及金属幕材	金属和玻璃幕墙	面砖和玻璃
内墙	石材墙裙，上部用石膏板	少量墙裙石膏板	石膏板
天花板	石膏板隔声	隔声面材面材	隔声面材
地面	石材和地毯	石材地砖和地毯	乙烯类地砖和地毯
礼仪庆典			
外墙	大型金属和玻璃板材	小型金属和玻璃板材	涂料混凝土墙面和玻璃板
内墙	木材	木材和石膏板	石膏板
顶棚	金属板材，木材和玻璃	石膏板和玻璃	石膏板
地面	石材，木材和地毯	石材地砖，木材和地毯	乙烯类地砖和地毯
办公			
外墙	抛光石材和玻璃及金属幕材	玻璃幕墙	面砖和玻璃
内墙	木墙裙，上部用石膏板	石膏板	石膏板
顶棚	石膏板隔声面材	隔声面材	隔声面材
地面	石材，木材和地毯	地毯和乙烯类地砖	乙烯类地砖
屋面	架空构架及金属连接件和太阳能光合板	架空构架上漆金属连接件和太阳能光合板	架空构架及上漆金属连接件
广场	石材铺地板块	石材地砖及混凝土铺地	混凝土铺地

造价初步估算摘要（分高、中、低三档，下表为中档情况）

用途	面积(m²)	美元 /m²	合计
市民活动区	11 421	1 250	14 276 250
礼仪空间	21 708	2 000	43 416 000
办公	30 000	900	27 000 000
设备和停车场	10 000	600	6 000 000
室外空间和环境美化	100 000	80	8 000 000
覆盖屋面	70 000	350	24 500 000
初步合计			123 192 250
误差系数(8%)			9 855 380
总数(美元)			133 047 630

备注：不包括有顶棚的商业步行街开发、市民广场和停车场。

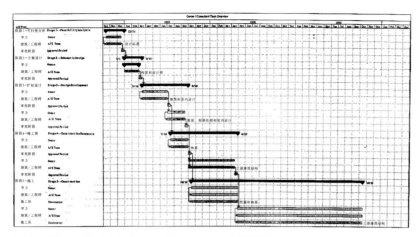

1 108 车位 × 40m²／车位 ＝44 320m²

2.根据世界级标准建筑师推荐的停车场

总停车场：51 135m²

总停车位：1 204 车位

建筑师的建议是 1 204 车位的停车场，需要 3 个出口。在优选方案修改说明中的停车场只设计了 2 个出口，另一附加出口可直接接通上深南大道的立交路。

详细工作日程计划表

阶段性任务

可行性分析(2～3 个月)

委托者(甲方)

　　准备建筑／工程技术服务合同

　　汇总现场勘察资料

　　授权土质调查研究

　　复审和确定建筑／工程设计标准

　　准备基本项目内容资料

建筑／工程师组(乙方)

　　研究比较项目

　　描述设计标准

　　造价估算

　　估价水电煤气需求

　　准备日程计划表

　　申请工程项目执照

　　准备造价费用建议单

复审和批准

　　确定初步设计标准

　　确定初步预算

　　确定初步项目规模

　　确定初步日程计划表

　　讨论使用材料

　　最后确定计划并签署乙方服务合同

方案设计(2～3 个月)

委托者(甲方)

　　与建筑师／工程师(乙方)商讨项目内容(早期)

　　与建筑师／工程师(乙方)商讨项目实质和设计标准

　　评估建筑师／工程师的建议方案

　　参观访问美国、中国的有关项目(中期)

建筑师／工程师组(乙方)

　　复审现场勘察资料(早期)

　　复审土质钻探资料(早期)

　　复审项目内容(早期)

　　参观深圳现有市政设施(早期)

　　参观访问美国、中国的有关项目(中期)

　　准备可供选择的空间示意图以供甲方复审

　　准备可供选择的流线方案

　　准备研究模型

　　准备材料板块

　　准备工程方案

　　准备环境美化方案

　　准备纲要说明书

　　及时制订最新日程计划表

　　造价估算

　　准备技术构思资料集

复审和批准

　　确定设计方案

　　确定材料板块

　　确定工程方案

　　确定预算

　　确定日程计划表

　　批准技术构思资料集

详细工作日程计划表

阶段性任务

扩初设计(第一部分——建筑物设计和建筑轮廓的研究)(3～4 个月)

甲方：协助乙方深入工程示意图和建筑轮廓的研究

　　　为考虑到的新的或附加的项目要求提供资料

定期评估乙方方案计划。

乙方：从管理机构确定和获得初步复审选择和确定附加的特别顾问(如声学或照明)

　　　准备总平面

　　　对建筑物各部分做较细的总体布局

　　　深入平面、立面和剖面设计

　　　对基础和地下室图纸报批提供技术资料

　　　准备基础、地下室和建筑轮廓的资料集。

复审和批准

　　确定设计示意图的模型

　　确定反映立面和剖面的设计方案

　　确定各工种的选择

　　确定预算

　　确定工作日程计划表

　　报批基础、地下室和建筑轮廓的资料集

详细工作日程计划表

阶段性任务

扩初设计(第二部分——屋面、室内和细部处理)(2～3 个月)

甲方：协助乙方深入工程示意图和建筑轮廓的研究，为考虑到的新的或附加的项目要求提供资料，定期评估乙方方案的计划。

乙方：提供初步的材料和设备表，深入设计建筑标准型剖面深入的细部设计，对建筑各部分做深入的平面细部设计，为完成的初步设计资料集提供技术资料，准备第二部分的初步设计集。

复审和批准

　　确定材料和设备选择，从平面细部设计确定设计方案，从标准细部设计确定设计方案，确定预算，确定工作日程表。批准第二部分的扩初设计资料集。

施工图(资料)(挖掘和基础)(2～3 个月)

甲方：定期评价乙方的方案计划

乙方：准备挖掘和基础资料随扩初设计协调工作

复审和批准

　　确定预算和工作日程表得到挖掘和基础资料的批文

详细工作日程计划表

施工图(上部建筑、屋面、室内和细部设计)(6～7 个月)

甲方：定期评估乙方方案计划

乙方：准备上部建筑和其余的结构图随挖掘和基础施工期协调工作

复审和批准

　　确定预算和工作日程表得到其余的结

构施工图批准

施工勘察(24 个月)

甲方：协商合同和得到施工服务

乙方：复审材料厂家所提供的资料图随施
工资料协调工程勘察挖掘和施工进展
情况

复审和批准

由审批部门处得到建筑使用证明

注：由奥雅纳工程顾问公司所做的结
构、暖通、电气、给排水、防火方面的可
行性研究略。

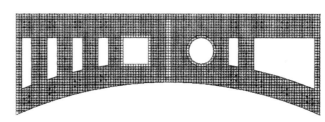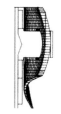

2.2 前期方案初稿

2.2.1 任务书

结合上一节的可行性分析，1997 年 1
月深圳市规划与国土局提出市政厅工程设
计任务书，在委托书基础上进一步明确设
计目标及面积规模等内容：

一、设计目标与标准

1.市政厅的设计必须达到国际一流水
平，成为深圳 21 世纪的标志性建筑。

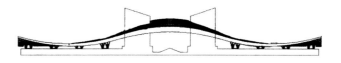

2.市政厅是中心区城市建设的核心，
市政厅的设计要为增强深圳市民的凝聚力，
沟通市领导与社会各阶层的联系而精心设
计。

3.设计标准：参考国际上重要建筑物
的耐久年限，确保两个世纪的耐久期，在
定额、标准、材料、设备等选用时本着经
济实用，坚固美观的原则。

二、用地

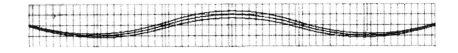

1.市政厅主体建筑位于用地北部，即
33 — 1、34、35 三个地块，33 — 2 号地块
为市政厅前广场即市民广场。

2.建筑后退用地红线北侧不得小于
15m，东西两侧不得小于 50m。

三、面积指标

1.规模：

(1)市政厅总建筑面积控制在 10 万 m²
以内。

其中：政府机构办公建筑面积：4 万 m²；
会堂、礼仪庆典建筑面积：2 万 m²；
市民活动建筑面积：2 万 m²；
设备和停车场建筑面积：2 万 m²。

各部分面积根据建筑设计方案可作适
当调整。

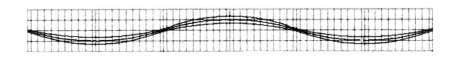

(2)市民广场的硬铺地可考虑万人庆典
活动的规模；市民广场上小型建筑设施的
规模根据建筑设计方案确定。

2.机构办公：

办公用房设计考虑能容纳政府办公机
构25～30个,办公人员总计2 000～2 400人。

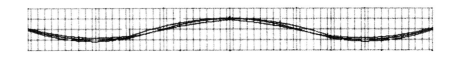

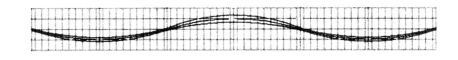

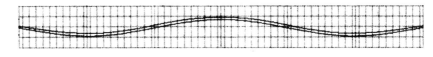

初稿成果：市政厅屋顶尺寸和曲线研究

办公用房可分四类：

一类办公室30～35个，使用面积50～80m²不等，设领导办公1间、秘书1间、接待1间、卫生间1个。

二类办公室100～120个，使用面积30～40m²不等，设领导办公1间、接待1间、卫生间1个。

三类办公室若干间，为通用式、景观式办公。

四类会议室若干间，容纳人数20～100人不等。

3、会堂、礼仪、庆典：

(1)1 500座位会堂。

(2)礼仪接待用房10间,使用面积80～200m²不等。

(3)66 000个站位规模的多功能厅，能灵活分隔成多个小会议厅。

4、市民活动

(1)展览场所(使用面积约3 000m²)

政府以展览形式向市民宣传城市有关战略决策、目标任务、政策法规、重要民生大计、为民办实事等，同时可向市民公开征询意见，并向中外游客展示深圳社会、经济、城市建设成就的场所。

(2)新闻发布(使用面积约2 000m²)

政府向市民发布重要新闻，表达或解释政府有关政策、观点和立场的场所。

(3)政府资料检索场所(使用面积约2 000m²)

市民在此可以查阅、索取政府有关政策、法规文件资料，甚至地方大事记录和地方档案资料。

(4)市民咨询(使用面积约1 000m²)

(5)信访接待场所(使用面积约1 000m²)

包括政府日常对市民的信访接待、投诉热线，以及政府首长定期接待市民来访的场所。

(6)公益及慈善福利机构办事窗口(使用面积约1 000m²)

市民活动部分亦提供一些场所作为公益及慈善福利机构(如义工联、希望工程等)联络和办事窗口，以鼓励市民之间的相互沟通和相互帮助。

(7)婚礼仪式场所(使用面积约2 000m²)

为使市政厅体现政府的权威形象和亲民性，建议市政厅提供市民结婚的一些象征性手续和举行婚礼仪式的场所，使市政厅的市民活动空间富有活力和人情味。

5、后勤服务、设备和停车库

(1)根据办公、礼仪接待的需要，安排适量的后勤服务用房(包括食堂、餐厅、厨房)。

(2)按照深圳市的规范,办公部分停车标准按2.5～3车位/100m²计算，会堂部分停车标准按3.5车位/100座计算。

(3)建筑师对停车位标准可根据世界标准或一般范例提出建议。

四、材料标准和造价控制

1、建筑材料的选用应以耐久、艺术欣赏价值高，便于清洁维护为原则。相对而言，屋顶材料应更加精致、耐久，体现出原构思方案轻盈、优美、高科技的效果。其他部分材料则相对以质朴雅致，亲切大方为宜。

2、根据初步估算市政厅造价控制在7亿人民币(不包括市民广场及市民广场上有顶棚的小型建筑设施)。

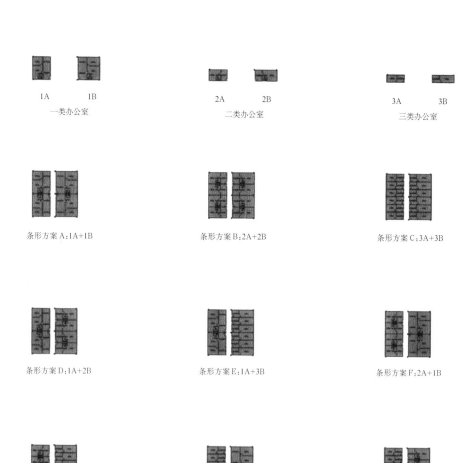

初稿成果：办公室单元模式研究组合

2.2.2 前期方案初稿成果（美国李名仪／廷丘勒建筑师事务所）

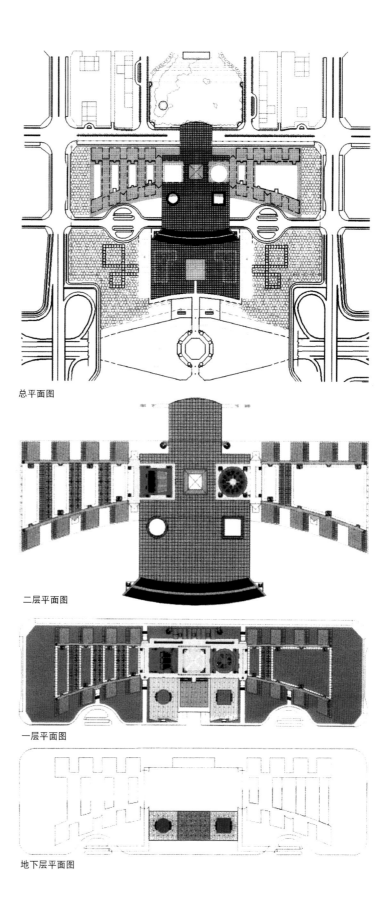

总平面图

二层平面图

一层平面图

地下层平面图

2.2.3 评审意见

2.2.3.1 研讨会纪要

1997年3月20日至22日，市规划国土局在银湖会议中心召开了市政厅工程方案（初稿）研讨会。周干峙、吴良镛、齐康三位院士为首的十几位国内外知名建筑规划专家，就美国李名仪／廷丘勒建筑事务所提交的市政厅工程方案（初稿）进行了认真的研讨，提出意见如下：

（一）深圳市市政厅是深圳市的重要标志建筑。通过国际咨询评选的市政厅设计方案，有独特的构思与特色，可以设想建成以后将成为深圳市杰出的建筑，包括巨大的曲线悬浮屋面，通透的中轴线以及两个穿出屋面的筒体等特点应予肯定。

（二）当前，修订市政厅设计任务书是一项重要的工作，需要进一步策划研究，希望尽快组织力量进一步修改充实完善。设计者应在发挥方案特点的前提下根据实际需要作必要的调整，并使本设计适当增加使用面积。

（三）市政厅应成为凝聚市民的场所，成为市民、旅游者可以观光、驻足、游憩之所在。市政厅设计要着重处理好市政厅中轴线与中央绿化带的关系，保持中轴线的连续性和整体性。要认真研究人、车、交通系统，处理好市政厅地面层与广场地面、地下停车、商业等的关系，对各有关部分要统一设计。具体地说如大厅应与地下大厅相通，"金字塔"天窗可以重新考虑，地下大厅与地铁站、水晶岛及国际会展中心有联系，因此原方案宴会厅与厨房等位置需重新加以考虑。

（四）关于两个筒体问题，筒体内空间应充分利用。建议设计者作进一步研究，如：一个2 500人大会堂是否已足敷使用，内部是否可考虑为布置办公用房、档案、图书、展览室等，顶层是否可为游客设置观光平台等，使公众活动在首层大厅、两筒体底部、顶层以及地下商业等多方面内容形成连续和系统的人流路线。

（五）关于博物馆设计问题，内容宜以深圳市信息资料、社会经济文化事业成就展览为主，需要有一定的灵活性（性质接近巴黎蓬皮杜中心），尽可能不作专业性博物馆。

2.2.3.2 任务书修改设想

根据市政厅工程设计方案（初步）研讨会（1997.3.20银湖会议中心）的专家意见和会议精神，以及市府领导对规划国土局"关于市政厅工程方案（初稿）有关问题请示"

西立面

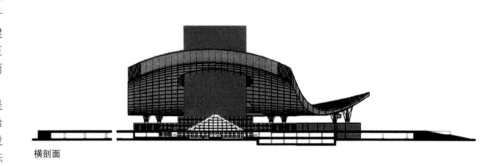

横剖面

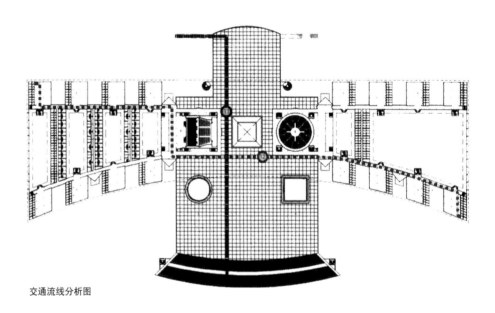

交通流线分析图

的批示。市政厅规模拟增加至15万m²，并增加博物馆部分展览功能。市政厅工程设计任务书相应修改及设想如下：

一、市政厅规模和功能

1、具体增加面积

市政厅总规模由原来的10万m²增加至15万m²，增加的5万m²拟做如下分配：3万m²为办公面积，2万m²为博物展览面积，即原来的办公面积由4万m²增加至7万m²，原来的市民活动部分面积由2万m²

增加至4万m²。

2、增加办公面积的可行性

市政厅办公面积增至7万m²，约容纳4 000人办公，目前在一办、二办办公的市政府系统18个部门及市委7个部门共1 672人可以进入市政厅，另外不在一办、二办办公的市委、市府所属机构有31个，初步对合适并有可能进入市政厅的机构进行统计，计有18个机构（财政局、地税局、审计局、工商局、统计信息局、规划国土局、建

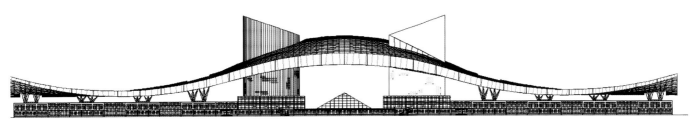

北立面

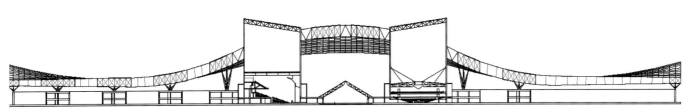

纵向剖面

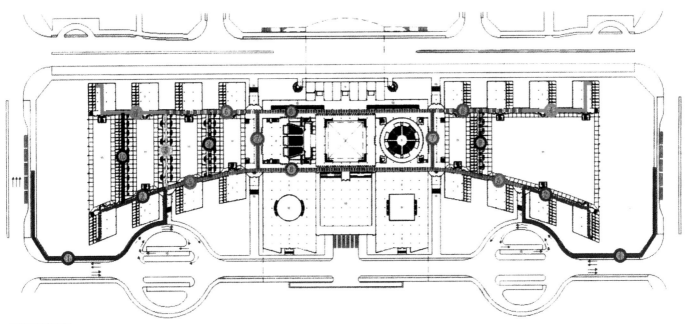

交通流线分析图

设局、住宅局、劳动局、民政局、教育局、科技局、文化局、侨务办、台办、证管办、接待办、社保局），编制人数 1 483 人，现有实际办公人数 2 430 人（上述数据参考市政府办公厅1996年11月"关于市委、市政厅机构拟进市政厅办公的意见"及附表）。以上统计表明适合并可能进入市政厅办公的市委市府机关人员可达到4 000多人，同时市政厅办公部分面积还可以包括一些与市委市府办公相关或关系密切的功能，如

市府资料档案中心、政府图书馆、信息检索中心等，因此市政厅办公面积7万 m² 是可行的。

　　3、会堂规模

　　根据专家建议，市政厅主要会堂可由原来的 1 500 座扩大至 2 500 座。同时考虑国内行政办公特点，适当增加中小会议室数量。

　　4、博物馆展览功能

　　市政厅在市民活动部分增加 2 万 m² 的

博物展览功能，用以展示深圳社会经济、文化事业发展成就，同时提供一些灵活的展览空间。

　　5、增加规模、增强市政厅综合功能的必要性

　　增加市政厅面积，目的是使市政厅建筑规模能和巨大的体量相称，以保持原设计方案的造型特点；并充分发挥土地使用效益（原规模10万 m²时容积率仅为1左右），降低市政厅大屋顶平均单位面积造价。同

时，增强市政厅综合功能，使市政厅成为综合性的行政服务中心，这样就跟一般政府办公大楼无可比性，是避免在政府办公的规模方面可能引起消极影响的一项策略。

二、关于市政厅尺度

1、现场足尺模拟实验

根据原任务书的要求，美国设计机构和国土局的有关人员进行了市政厅现场足尺模拟试验的研究并形成报告(建议采用的方法是使用气球在空中示意屋顶轮廓)，但对以下几方面需作慎重考虑：①试验难度和费用较大，可靠性和成功性把握不大(受天气等因素影响)。②现场试验引起媒体和公众注意，可能对市政厅工程带来负面影响。③实验效果若不理想，即可能非但不会对市政厅尺度研究有所帮助，反而会增加对市政厅工程的疑虑。

2、电脑三维动画模拟

作为对现场足尺实验的代替，电脑三维动画有以下突出特点：①成本相对较低。②可达到较为逼真的屏幕效果。③可反复比较研究。④可选择和控制相关人员及媒体的介入。

3、市政厅屋顶长度

市政厅作为一个超尺度建筑，对目前设计机构提供的屋顶长度选择方案(531m、477m、421m)，应尽量避免建筑设计之外的其他因素的影响。决策的依据应主要为：①立面及造型的视觉效果。②尺度实验报告的分析。③用地范围及特点。④中心广场及深南大道上的视线分析。

三、关于太阳能板屋顶

1、太阳能利用可行性

任务书应进一步要求设计机构必须对此提供充分的研究报告。

2、太阳能利用的必要性

必须认识到太阳能利用是市政厅大屋顶存在的必要前提，对市政厅项目的成败起着关键作用，其环保和生态意义可有效地减轻市政厅超大规模所带来各方面的压力。

3、申请无(低)息贷款

作为大规模利用太阳能的生态建筑，市政厅的建造对世界能源技术和环保工作都将产生积极影响，因此市政厅有资格也有可能向世界有关组织(如联合国基金、世界银行组织等)申请无(低)息贷款，以减轻政府财政负担。

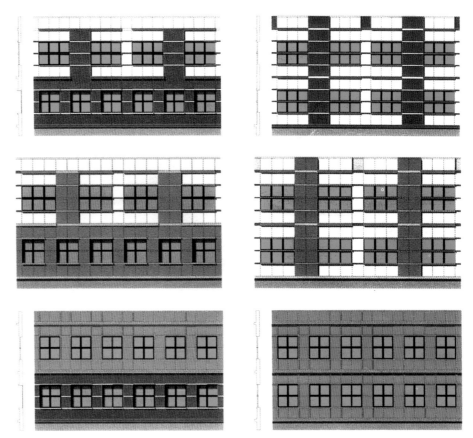

立面划分比较方案

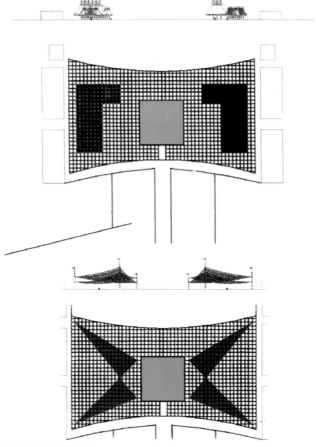

市民广场布置比较方案

2.3 前期方案第二稿

2.3.1 方案成果

项目内容扩展

为使市政厅大楼中央地区更有生气,现提供公共活动区在两座塔楼的上部。西塔楼(长方形)上半部与它的屋顶露天平台和西翼办公房顶上的花园,以艺术为主题。东塔楼(圆筒形)上部与东翼顶上则以科学为主题。办公房顶上的两个花园是两个中央塔楼露天平台的延伸。西翼屋顶花园以艺术的概念布置环境,东翼屋顶则为科学展示花园。位于政府会堂以上的塔楼空间现设计为市民艺术展览空间。在圆筒塔楼里与礼仪庆典会堂同层的是政府会议厅,与市民广场同层的是政府图书档案房,圆筒塔内露天平台以上是一座天文馆。两座塔楼上部市民活动部分与下部政府部分并不连接。

塔楼南北边设置富戏剧性的自动扶梯,引导市民上到中央露天平台,再下到两翼的艺术或科学花园。

礼仪庆典会堂的下沉式中庭还是在两座楼塔之间,位于人行道层。不同的是,市民广场以一个9m宽的露天桥形跨越礼仪庆典会堂。礼仪庆典会堂的玻璃屋顶双翼,从桥形广场的两旁倾斜向上至塔楼的露天平台。如此安排使建筑中间的几何形空间透露出北侧的莲花山。礼仪庆典会堂东南与西南边的角落有两座礼仪式大梯,供人们上到政府会堂或政府图书馆的玻璃大厅。

政府会堂以上的塔楼空间设计成一个多层艺术展览空间,可分隔成永久与短期性展览区。在9m×9m的天窗之下,艺术展示空间中央一座大型手扶梯围绕著敞开的天井蜿蜒向上。

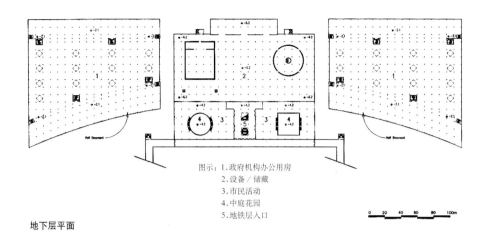

图示:1.政府机构办公用房
2.设备 / 储藏
3.市民活动
4.中庭花园
5.地铁层入口

地下层平面

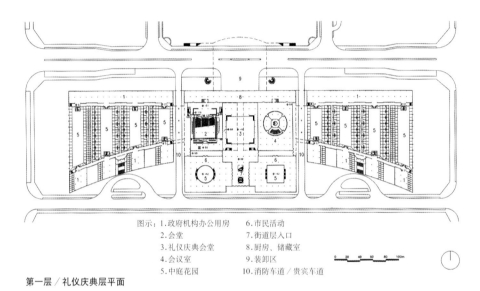

图示:1.政府机构办公用房　　6.市民活动
2.会堂　　　　　　　　7.街道层入口
3.礼仪庆典会堂　　　　8.厨房、储藏室
4.会议室　　　　　　　9.装卸区
5.中庭花园　　　　　　10.消防车道 / 贵宾车道

第一层 / 礼仪庆典层平面

图示:1.政府机构办公用房
2.会堂
3.政府图书 / 档案
4.市民广场
5.中庭

第二层 / 广场层平面

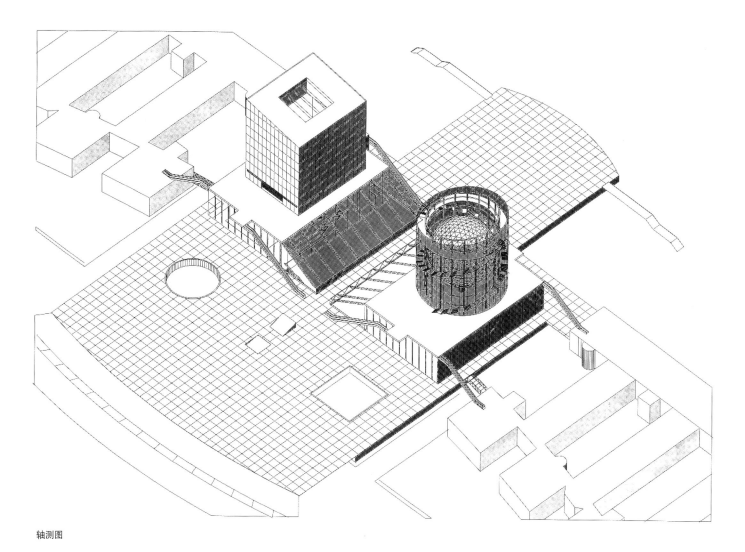

轴测图

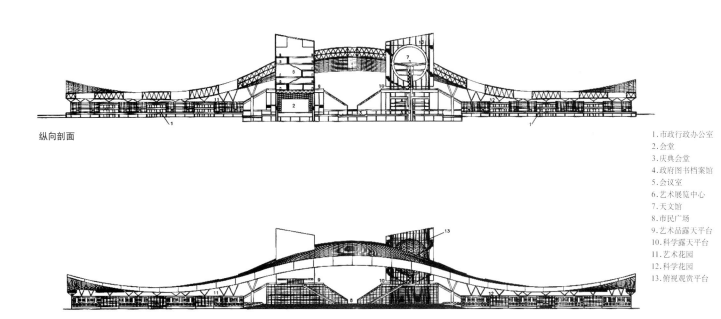

纵向剖面

南立面

1.市政行政办公室
2.会堂
3.庆典会堂
4.政府图书档案馆
5.会议室
6.艺术展览中心
7.天文馆
8.市民广场
9.艺术品露天平台
10.科学露天平台
11.艺术花园
12.科学花园
13.俯视观赏平台

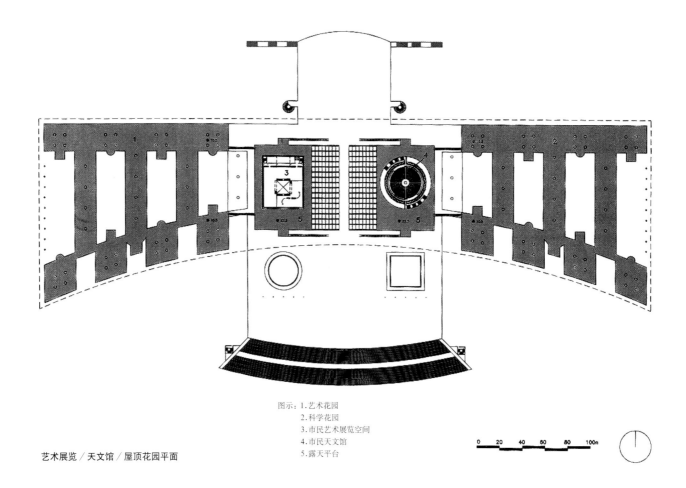

图示：1.艺术花园
2.科学花园
3.市民艺术展览空间
4.市民天文馆
5.露天平台

艺术展览／天文馆／屋顶花园平面

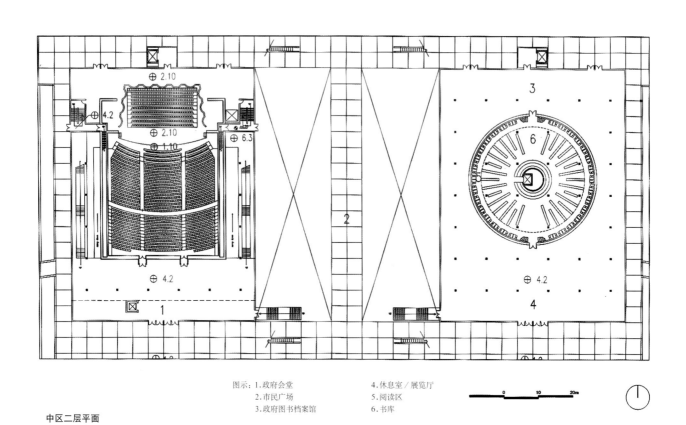

图示：1.政府会堂 4.休息室／展览厅
2.市民广场 5.阅读区
3.政府图书档案馆 6.书库

中区二层平面

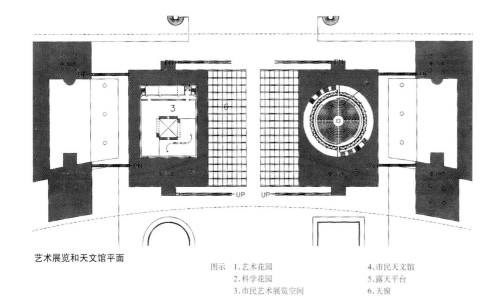

艺术展览和天文馆平面

图示 　1.艺术花园　　　　　　　　4.市民天文馆
　　　2.科学花园　　　　　　　　5.露天平台
　　　3.市民艺术展览空间　　　　6.天窗

东塔楼内有一个天文馆，悬挂在露天平台之上，钢格式架构之内。悬挂在钢格式架构之外的两座扶梯围绕着架构旋转向上，直至大屋顶之上的瞭望台。钢网丝在旋转扶梯之外围成了一个圆筒，其体形与西塔楼体积相平衡。

运输或残障者可使用塔楼北面外部的电梯上中央露天平台。艺术展览空间与天文馆都设有局部电梯和逃生梯。

设备房位于艺术展览空间的露天平台层，在转换梁之间。天文馆露天平台之下也有设备房。这两个夹在中部的设备房可同时服务上下两个空间。

市政厅中央的办公双翼之间有两条消防车道穿过。可同时作为贵宾和运送货物车道。

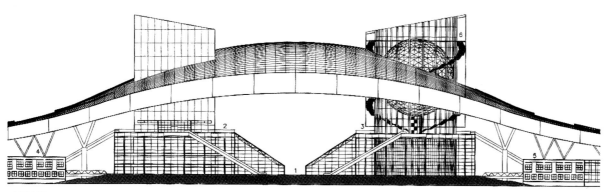

中区立面

1.市民广场
2.艺术品露天平台
3.科学露天平台
4.艺术花园
5.科学花园
6.俯视观赏平台

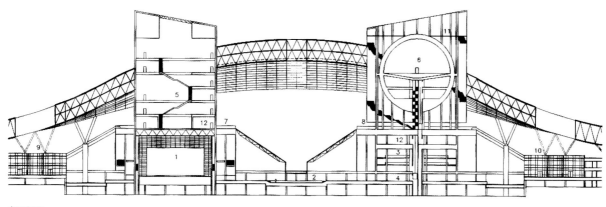

中区剖面

1.会堂
2.庆典会堂
3.市政图书档案馆
4.会议室
5.艺术展览空间
6.天文馆
7.艺术品露天平台
8.科学露天平台
9.艺术花园
10.科学花园
11.俯视观赏平台
12.设备间

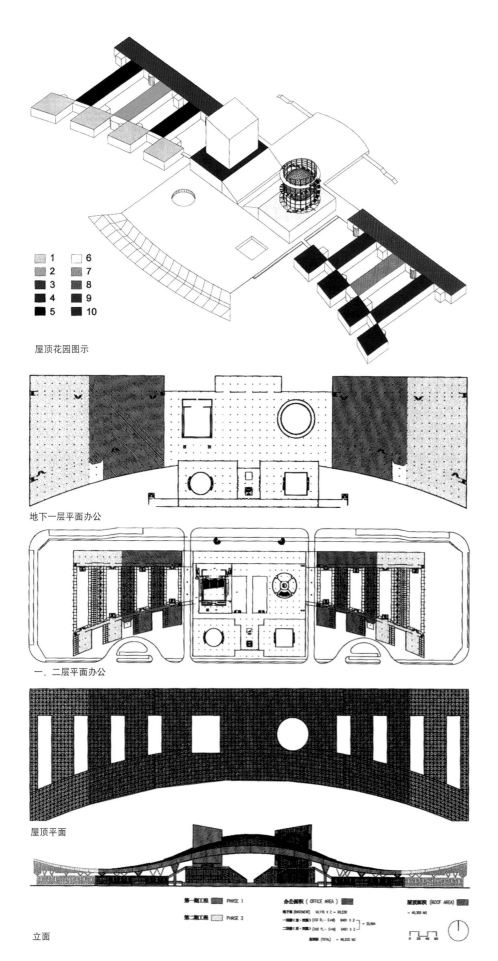

1 6
2 7
3 8
4 9
5 10

屋顶花园图示

1.为了使西部屋顶花园部分呈多样化，种植区的表面将使用丰富的草坪图案来设置妆点。通过改变材料或种植物质感，我们可以使之达到预期的效果。

2.那些通过设计以强调周围藤蔓叶丛的室外雕塑品将与屋面花园融为一体。

3.地砖图案和材料的变化也将影响屋面步行区的地坪效果。这一切将使屋面花园特点更显生动活泼。

4.大型雕塑作品区将为中外艺术家提供场景。这些雕塑品将丰富周围的环境。

5.屋面平台上，人们可以自花园中见到一些立体小品，它们可以做成坐具、栅栏或其他环境雕塑小品。

地下一层平面办公

一、二层平面办公

屋顶平面

立面

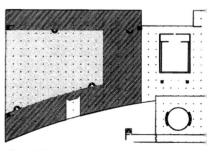

地下一层平面办公

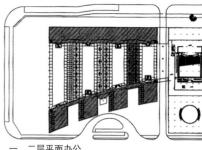

一、二层平面办公

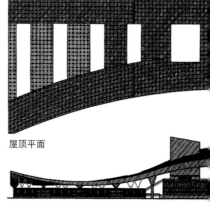

屋顶平面

立面

第一期工程 PHASE 1
第二期工程 PHASE 2

办公面积（OFFICE AREA）
地下室（BASEMENT） 10,115 X 2 = 20,230
一层层（东、西部）（1ST FL - E+W） 8491 X 2
二层层（东、西部）（2ND FL - E+W） 8491 X 2 = 35,984
基层面积（TOTAL） = 46,300 M2

屋顶面积（ROOF AREA）
= 40,300 M2

第一期工程 PH
第二期工程 PH

6.东屋顶花园的主要部分将是一座小型游乐公园,启发儿童探索自然科学。游乐公园以各项自然科学为主的活动为儿童提供教育和娱乐。

7.部分公园将展示雕塑品,探索艺术及科学对光的使用。雕塑品主要针对光的自然本质和美学的性质。

8.与人一起互相作用的展示,表现结构、机械性质和其他自然原理,将教育并吸引群众参与其中。

9.地质与雕塑展览表现物体的自然与化学性质,强调自然科学原理。

10.流线形大屋顶所产生的风将表现在风车型雕塑的转动韵律中,此雕塑将强调能源转换的基本原理和吸引许多观众。

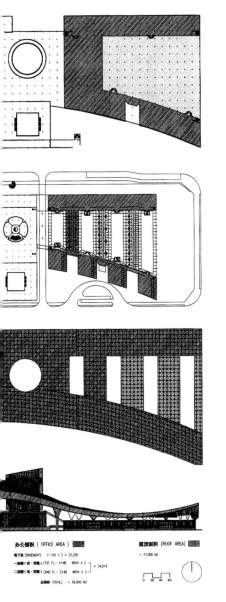

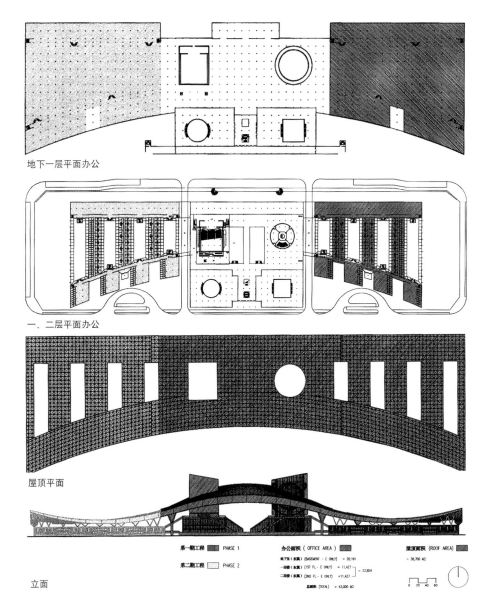

地下一层平面办公

一、二层平面办公

屋顶平面

立面

太阳能阳光电池板 PV 板美观性报告

1.深圳市政厅的屋面设计构思表达了雄鹰飞翔的造型。屋面外形是抽象化的雄鹰滑翔时双翼的流畅曲线，其外表面为灰色羽纹状金属制品。屋顶流畅弯曲的边缘形成的流线越发引人注目并加强了飞翔的印象。

2.位于屋顶上的 PV 板组合（太阳能阳光电池板组合）通过所设计的颇富质感的屋面进一步隐喻鹰翼的造型。因此覆盖屋面双翼的太阳能阳光电池板更加深了羽翼的印象。

3.PV 板吸收太阳光，并具有平坦的外观形象。其色彩则产生自蓝色至黑色的光色变化。PV 板块的表面可以是光洁的，或漆以任何一种颜色。根据下一步设计阶段所增的细部设计和所希望的效果，屋面形象可加以改变。例如：

（1）PV 元件的上表面使用玻璃／有机玻璃，并将它们贴在位于焊接屋面上的金属件上。屋面总体色彩可以通过 PV 元件的网状组合反映出来，呈现金属灰色。假使这样的话，该屋面将始终保留其色彩的多样化。

（2）PV 元件的上表面使用非透明蓝色有机玻璃，并将它们贴在位于焊接屋面上的金属件上。屋面 PV 板块网络部分呈现较深的蓝色，其他屋面部分则呈现较浅的金属灰色。气候影响将减小 PV 板和金属屋面的色彩反差。

（3）位于部分屋面的 PV 元件和企口面砖的综合体面材，以及铺设于屋面其他部分的未设有 PV 元件的相同类型面砖将在总体屋面的外表面形成一种统一的色彩效果。

4.屋面的另一种质料层可以由沿屋面的长度和宽度设计的小径铺设而成，以强调屋面的几何造型。

5.PV 板系统所要求的电力设备将设置于网架式屋架的结构空间内，因此保留了屋面流畅的外表面形象。

6.PV 技术和大屋顶的整体化可以增加屋面的美观外形。PV 是一种雅致的、高经济效益、高环境效益的产品，它拥有会闪烁发光且自身构造非同寻常的美丽晶体表层。当大规模使用 PV 板时，它将展示一种令人惊异的与现代高科技融为一体的独特建筑造型。该大屋顶建成后将成为深圳最具特色的雕塑性建筑物。

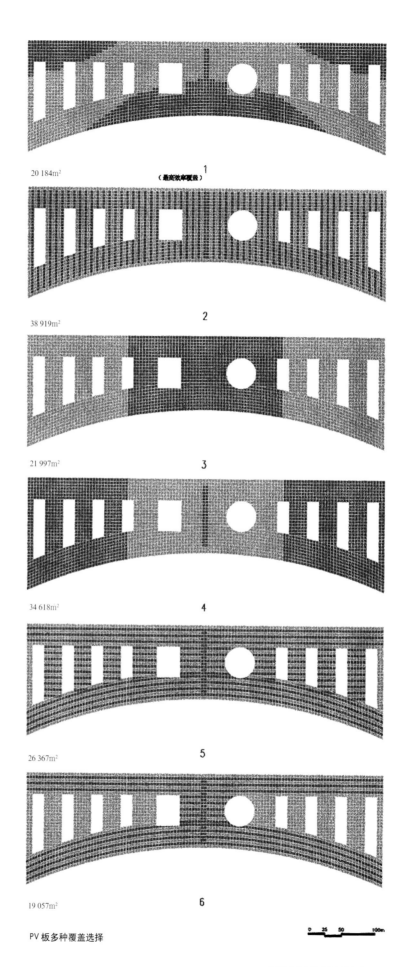

20 184m²　　（最高效率覆盖）　1

38 919m²　　2

21 997m²　　3

34 618m²　　4

26 367m²　　5

19 057m²　　6

PV 板多种覆盖选择

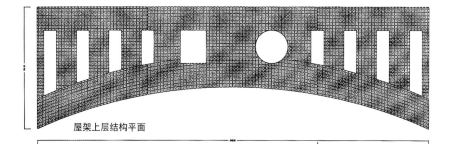

屋架上层结构平面

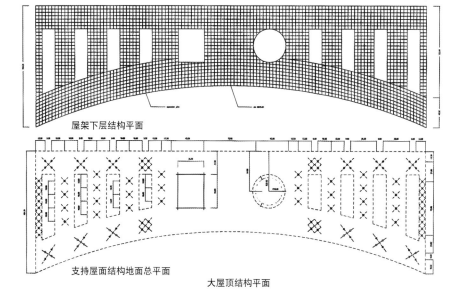

屋架下层结构平面

支持屋面结构地面总平面

大屋顶结构平面

2.3.2 汇报讨论会纪要

1997年7月8日下午在市政府三楼会议室召开市政厅设计问题汇报会,主管副市长出席了会议,国土局有关人员及美国李名仪等三人出席了会议,并对市政厅深化设计做了解释,讨论形成意见如下:

一、对市政厅的使用功能还要做深入调查研究,找各局确定最佳的办公面积及办公人数,仔细算一算账,并得到各有关方面的确认。

二、这次市政厅方案设计的第二阶段成果,功能布局比较合理,内容比较充实。

三、关于档案信息中心的问题,深圳目前没有这样的东西,要深入了解这个新事物。

四、第二阶段方案中第二种分期建设方案比较好,即先建周边建筑,建筑形象基本一次到位。

五、关于太阳能板的问题,先不考虑上马,但要留有以后再上的余地,以后要建的话,第四种方案比较好,即在屋顶的两端上覆盖太阳能板。

六、建筑体量控制在450m左右为好,但也要考虑实际的需要。

制造商及联系人名称	元件技术类型 单／多晶硅／ 非晶硅	板块尺寸 (长／宽、重kg)	板块面积 (m²)	造价／板块 (未计安装费)	造价／板块 联网系统 (安装、设备)	板块数量	板块 产电量 (最高值)	板块数 20 000 m² (全铺设)	PV系统 产电量	板块 年产电量	系统 年产电量	安装总造价	每日照量 (香港) (4.4小时／日 ×365天)	安装系统 总造价／瓦 (美元／瓦)	安装系统 总造价／度 (美元／度)
Solarex, 630 Solarex Court, Frederick, MD 21703. Bill Rever Tel. (301)-698-4200; Fax. (301)-698-4201; email brever@solarex.com	poly-crystalline silicone	MSX120: L 1.113m x W 0.991m & 14.0 kg	1.103	$550	$900	120	18,133	2,175,917	144,540	2,620,893	$16,319,381	1606	$7.50	$6.23
Solarex, 630 Solarex Court, Frederick, MD 21703. Bill Rever Tel. (301)-698-4200; Fax. (301)-698-4201; email brever@solarex.com	amorphous silicone	MST 42: L 1.219m x W 0.657m	0.801		$195	43	24,969	1,073,658	51,794	1,293,221	$4,868,914	1606	$4.53	$3.76
United Solar Systems Corp., 9235 Brown Deer Rd., San Diego, CA 92121-2268, Larry Slominski, Tel. (619)-625-2080, Fax. (619)-625-2083	triple-junction amorphous silicone	SSR-128: L 5.58 x W 0.406m & 22.1 kg	2.270	$538	$1,094	128	8,811	1,127,753	154,176	1,358,379	$9,642,291	1606	$8.55	$7.10
United Solar Systems Corp., 9235 Brown Deer Rd., San Diego, CA 92121-2268, Larry Slominski, Tel. (619)-625-2080, Fax. (619)-625-2083	triple-junction amorphous silicone	SSR-64: L 2.9m x W 0.406m & 11.5 kg	1.180	$269	$547	64	16,949	1,084,746	77,088	1,306,576	$9,274,576	1606	$8.55	$7.10
ASE Americas, Inc. 4 Suburban Park Drive, Billerica, MA 01821- 3980, Moneer Azzam; Tel. (508)-667-5900, Fax. (508)-663-2868	edge defined film silicone	L 1.27m x W 1.8796 m & 108 lbs	2.430	$1,063	$1,607	315	8,230	2,592,593	379,418	3,122,778	$13,226,337	1606	$5.10	$4.24
Energy Photovoltaics, Inc., P.O. Box 7456, Princeton, NJ 08543- 7456, Eva Csige, Tel. (609)-587-3000, Fax. (609)-587-5355	amorphous silicone	L 1.222m x W 0.611m	0.747	$110	$162	40	27,027	1,061,080	48,180	1,302,161	$4,374,050	1606	$4.05	$3.36

2.4 尺度及规模研究

2.4.1 气球现场尺度模拟

1 目的

1.1 市政厅屋顶实体模拟的目的是向深圳市领导、市民、设计师和建筑师们展示市政厅设计的大小和比例，以便为该建筑选择最合适的规模。

1.2 为了挑选出一种最经济最有效果的方法，规划设计师考虑过一系列可能的方法，诸如：搭建毛竹构架、金属管塔架、金属框架、气球提升的格网屋盖等，对它们进行了比较。

2.方法

2.1 实体模型的方法是向设计师们展示最经济、全比例的实体模型，即以许多充满氦气的气球悬在一个合适的高度和位置。

2.2 市政厅屋顶现场足尺模拟可以采用350个直径为2m，间距为18m（边缘加密成9m）的充气气球悬浮在市政厅用地现场，在空中构成市政厅屋顶轮廓，组成屋顶的基本形状供人观赏。

2.3 足尺模拟的气球将用二种不同的颜色向人们展示二种不同的屋顶尺度：477m及531m。

2.4 根据气球的材料、大小及布置网格疏密的不同，费用将有所不同，影响价格差别的主要因素是氦气与氢气的价格差，氦气的价格比氢气约贵5倍多，但氦气的优点是稳定性好、安全性高。由于市政厅屋顶模拟实验在现场保留约二个星期，因此采用氢气球做模拟实验较经济。

3.通告

10月14日至21日，我局将在市中心区（莲花山公园南侧）举办市民广场现场足尺模拟，悬挂气球，模拟出市民广场的轮廓，展示市民广场的规模、尺度和基本形象。诚请广大市民前往参观，并提出意见和建议。现场有解说员和工作人员负责解说和收集意见。意见可当场填表，也可看后撰写寄送或打电话提出。

4.结果

这次活动充分表示了市委市政府要建好新市中心区的决心和意愿，也标志着中心区建设正在向着实施阶段迈进。模拟活动得到了领导和专家的肯定，并引起广大市民的关注。在广泛吸收市民意见的基础上，总结归纳，发现大部分人认为屋顶高度偏低，同时巨大的尺度使一部分人认为建筑离深南大道距离太近（尽管实际距离达

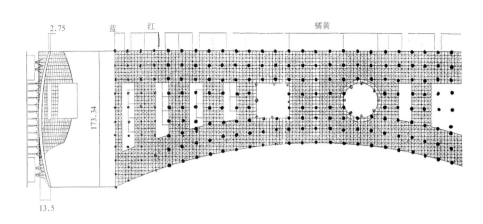

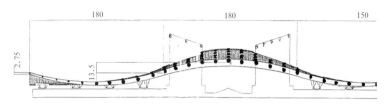

市政厅现场尺度模拟的气球布置方案

市民中心尺度现场气球模拟实验

300m左右）。中心区开发建设办公室及时地把意见反馈给领导及设计人员，以便最终完善市民广场的设计。

2.4.2 城市仿真分析

通过现场气球模拟建筑轮廓，很多领导和市民对建筑高度及与深南路的距离提出了疑问，提出更换选址的建议。中心区尝试应用仿真系统，实时动态地研究建筑在几种高度和位置时与深南大道、莲花山

的相互关系，并借助这种新技术，于1998年1月向市领导和规划界专家作了详细的演示。通过这种交互方式，领导和专家也能参与不同方案的比较过程，随时选择观看的角度和运动方式，了解不同方案在虚拟城市环境中的效果，做出自己的判断。因此最终中心办技术人员研究的结论因为这种手段的交互和直观而变得非常具有说服力，得到领导和专家的认可。这一结论是：

原设计方案建筑高度略显平缓, 大屋顶提高10m更为适宜; 建筑距离深南路约300m, 有足够的空间作为广场, 建筑后退1~2个街区甚至布置到莲花山上的方案通过仿真比较都没有现有位置合适。提高屋顶10m的建议最终也为建筑师所接受, 为这一独特建筑的进一步完善做出了贡献。这次研究也对水晶岛的尺度提出了调整建议, 原有88m高的水晶岛概念方案在仿真环境中被清楚地观察到过于庞大并对市民中心产生遮挡, 缩小一倍(44m高)之后与周围环境的关系则相对和谐的多。

原方案与屋顶提高10m后的体量和比例以及与莲花山关系之比较

水晶岛仿真尺度比较, 上: 原概念88m高的中心广场标志建筑; 下: 仿真分析建议将其缩小到一半的高度

选址后退的广场空间效果比较, 自上至下: 1、原位置; 2、后退一地块; 3、后退两个地块; 4、后退到莲花山上

2.4.3 进一步明确市政厅的规模和尺度

根据市政府办公厅于1997年9月15日组织有关部门专题讨论研究的市政厅设计任务书的修改意见, 深圳市规划国土局向市政府请示进一步明确以下内容:

市政厅位于深圳市中心区北片区, 占地面积约11万 m^2, 总建筑面积约15万 m^2。

一、功能要求及面积分配

市政厅总建筑面积为15万 m^2, 可容纳市政府35个机构约3500人办公(目前在一办、二办办公的市政府系统18个部门, 不在一办、二办办公但合适并有可能进入市政厅的机构有17个, 如财政局、地税局、审计局、工商局、统计信息局、建设局、住宅局、劳动局、民政局、教育局、科技局、文化局、侨务办、台办、证管办、接待办、社保局), 其具体分配如下:

(一)办公: 总建筑面积7万 m^2

(二)市民活动: 总建筑面积1万 m^2

(三)会堂礼仪庆典: 总建筑面积0.8m

(四)档案馆: 总建筑面积1.2万 m^2

(五)后勤服务: 总建筑面积1.3万 m^2

(六)展览: 总建筑面积1.7万 m^2

(七)停车场:

总建筑面积1.7万 m^2(车位500个)。

(八)设备及其他: 总建筑面积0.3万 m^2。

二、关于建筑尺度

建议大屋面总长度为470m左右。

三、建筑层数

建议建筑层数4~5层, 其中首层及二层在建筑立面上处理成坚实的基座, 使市政厅有明显的三段划分。

四、分期建设

市政厅设计应考虑根据实际需要的缓急和资金情况进行分期建设。设计中还应考虑各类办公扩充的可能性。

2.5 前期方案第三稿

2.5.1 任务要求

李名仪／廷丘勒建筑师事务所:

根据市、局领导的指示及我们与各方面专家研究的结果,大家一致认为现在水晶岛建设的条件还不成熟,先启动的项目应是市政厅(暂名),所以,请你们马上着手进行市政厅的设计工作。水晶岛的概念设计,请根据后面所附的修改意见(附件一,略)按照协议完成全部成果。

关于市政厅的规模和高度,根据气球足尺模拟及电脑三维仿真的演示,我们认为市政厅长度470m比较合适;高度应抬高10m,增加一个基座层和一层上部空间,这样建筑规模将可能达到20万m²左右,但近期可按你事务所第二阶段方案设计中工程分期方案B先按15万m²设计建设,先建起四周,内部连接体待以后再建;市政厅的两个筒体底部空间应加大,与中轴线广场气势连通。

随函附中央绿化带的修改意见(附件二,略)以供设计市政厅参考。

深圳市规划国土局
1998 年 2 月 26 日

2.5.2 市政厅进展设计报告

(李名仪／廷丘勒建筑师事务所,1998年5月)

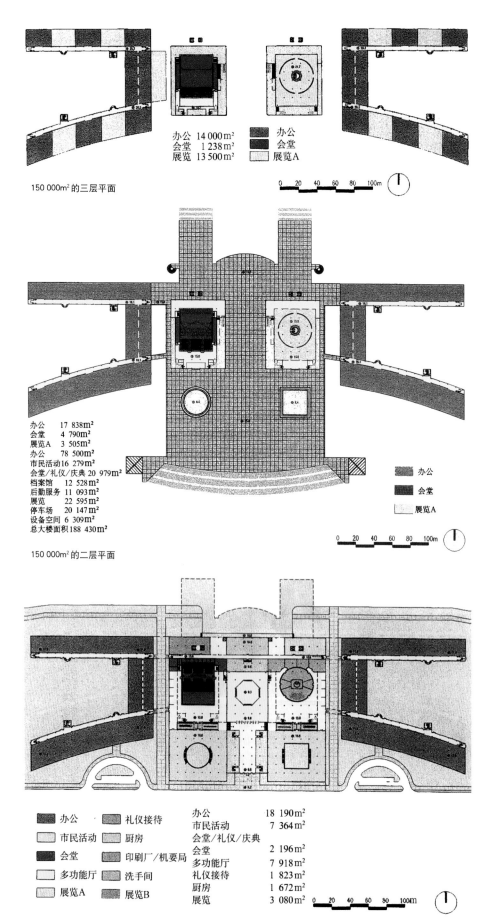

办公　14 000m²
会堂　 1 238m²
展览　13 500m²

■ 办公
■ 会堂
□ 展览A

150 000m² 的三层平面

0　20　40　60　80　100m

办公　　　 17 838m²
会堂　　　 4 790m²
展览A　　 3 505m²
办公　　　 78 500m²
市民活动　16 279m²
会堂/礼仪/庆典20 979m²
档案馆　　12 528m²
后勤服务　11 093m²
展览　　　22 595m²
停车场　　20 147m²
设备空间　 6 309m²
总大楼面积188 430m²

■ 办公
■ 会堂
□ 展览A

150 000m² 的二层平面

0　20　40　60　80　100m

■ 办公　　■ 礼仪接待
□ 市民活动　□ 厨房
■ 会堂　　　■ 印刷厂/机要局
□ 多功能厅　□ 洗手间
□ 展览A　　□ 展览B

办公　　　　 18 190m²
市民活动　　 7 364m²
会堂/礼仪/庆典
会堂　　　　 2 196m²
多功能厅　　 7 918m²
礼仪接待　　 1 823m²
厨房　　　　 1 672m²
展览　　　　 3 080m²

0　20　40　60　80　100m

150 000m² 的地面层平面

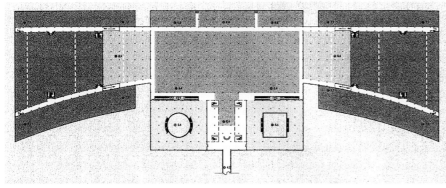

办公 28 640m²
市民活动 8 915m²
档案馆 12 528m²
后勤服务
职工食堂 / 小型接待餐厅 7 174m²
印刷厂 / 机要局 3 129m²
服务中心 790m²

■ 办公　　　　　　　　■ 印刷厂 / 机要局
□ 市民活动　　　　　　■ 服务中心
■ 职工食堂 / 小型接待餐厅　■ 洗手间
■ 档案馆

0 20 40 60 80 100m

200 000m² 的半地下层平面

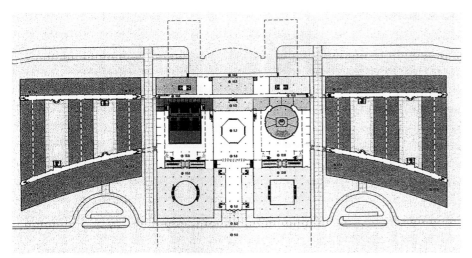

市民活动 26 400m²
会堂 / 礼仪 / 庆典 7 364m²
会堂 2 196m²
多功能厅 7 918m²
礼仪接待 1 823m²
厨房 1 672m²
展览 3 080m²

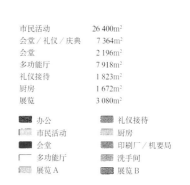

■ 办公　　　　　　■ 礼仪接待
□ 市民活动　　　　■ 厨房
■ 会堂　　　　　　■ 印刷厂 / 机要局
□ 多功能厅　　　　■ 洗手间
■ 展览 A　　　　　■ 展览 B

0 20 40 60 80 100m

200 000m² 的地面层平面

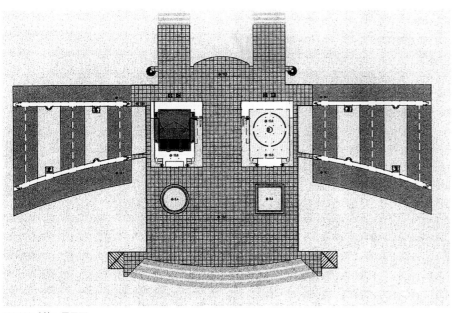

办公 26 400m²
会堂 4 790m²
展览 3 505m²
办公 126 644m²
市民活动 16 279m²
会堂 / 礼仪 / 庆典 20 979m²
档案馆 12 528m²
后勤服务 11 093m²
展览 22 595m²
停车场 20 147m²
设备空间 6 309m²
总大楼面积 236 574m²

■ 办公
■ 会堂
■ 展览 A

0 20 40 60 80 100m

200 000m² 的二层平面

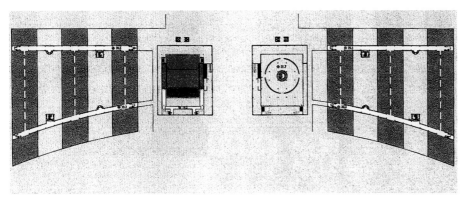

200 000m² 的三层平面

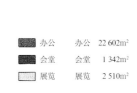

	办公	办公 22 602m²
	会堂	会堂 1 342m²
	展览	展览 2 510m²

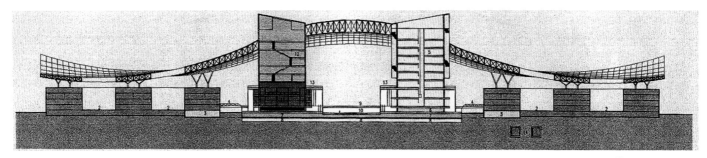

剖面

1.办公室 2.中庭 3.员工自助餐厅 4.桥 5.展览A 6.会议室
7.档案馆 8.停车场 9.露天平台 10.多功能厅 11.会堂
12.展览B 13.屋面露天平台 14.地铁

0　15　30　45　60　75m

深圳市政厅设计计划修改

分类	个	m²/个	建筑面积(m²)	总建筑面积(m²)	甲方估计(m²)
I 办公				62 925	70 000
一类办公			4 040		
首长办公室	2	200	400		
市级领导办公室	18	150	2 700		
市长办公会议室	2	200	400		
市级领导中型会议室	1	150	150		
市级领导小型会议室	6	65	390		
二类办公			15 875		
大办公室	35	85	2 975		
办公室	145	60	8 700		
会议室	35	120	4 200		
三类办公(普通办公室)			41 550		
可容纳3 300人的办公室	3 300	12	39 600		
会议室	30	65	1 950		
(约1 000~1 100m²办公面积配一个会议室)					
集中会议室			1 460		
普通会议室	5	110	550		
多媒体会议中心	1	150	150		
	1	260	260		
	1	500	500		
II 市民活动				7 000	10 000
新闻发布			1 000		
政府资料检索			1 000		
市民咨询、信访、接待			2 000		
各类社会公益机构办公窗口			1 000		
公众礼仪活动			2 000		
III 会堂礼仪庆典				5 760	8 000
2 500座大会堂	1		3 000		
多功能厅	1	1 400	1 400		
厨房					
礼仪接待					
大接待室	2	300	600		
中接待室	2	200	400		
小接待室	4	90	360		
公众小吃部					
IV 档案馆				12 000	13 000
历史档案			3 000		
行政档案			5 000		
城建档案			4 000		
V 后勤服务				12 950	13 000
职工食堂	2	3 000	6 000		
小型招待餐厅	6	75	450		
机关服务中心			1 500		
机关通讯、机要局			1 000		
机关印刷厂			3 000		
警卫			1 000		
VI 展览				17 000	17 000
工业展览			10 000		
城市建设、特区发展史			4 000		
精神文明、文化宣传			3 000		
VII 停车场				17 000	17 000
VIII 设备及其他				3 000	3 000
总大楼面积				137 635	150 000

部分中心广场与水晶岛的标高比较

地点位置	标高(m)
莲花山山顶	113.0
福中路	9.8
空间架中心最高处	80.2
盒形玻璃结构最高处	30.0
露天平台	15.0
装卸区/市民活动上层	10.8
七号路入口	9.2
档案馆/市民活动下层	6.4
停车场	3.0
七号路	9.0
双层步行道最北端	15.0
中心广场最北端	9.2
地下一层停车场最北端	4.2
地下二层停车场最北端	0.3
双层步行道最南端	14.0
中心广场最南端	8.2
地下一层停车场最南端	3.2
地下二层停车场最南端	-0.7
深南大道	8.0
水晶岛最高处	72.0
观景台	60.0
玻璃结构顶尖	31.0
漫步环瀑路面	14.0
漫流水瀑起点	13.5
水晶岛最低处	3.0
深南大道	8.0
空间架翼端	54.3
空间架最低处	37.2
办公区屋面	28.7
第五层办公	24.5
第四层办公	20.3
第三层办公	16.1
第二层办公	11.9
第一层办公	7.7
地面	9.2
地铁站顶棚	5.6
地铁交通枢纽	0.2
地铁站台	-4.8
地面	8.2
地铁站顶棚	4.6
地铁交通枢纽	-0.8
地铁站台	-5.8
桥面	17.0

2.5.3 研讨会纪要

深圳市中心区中轴线公共空间、市民广场设计研讨会于1998年5月4日~5日在深圳市五洲宾馆举行。会议由规划国土局总规划师郁万钧主持，李子彬市长到会祝贺，刘佳胜局长出席会议。与会领导和专家分别听取了日本建筑师黑川纪章关于中轴线公共空间第二阶段概念设计汇报和美国建筑师李名仪关于水晶岛及市民广场设计的汇报。会议邀请的国内外著名规划建筑专家吴良镛教授、周干峙先生、齐康先生、潘祖尧先生、陈世民先生分别发言讨论，现纪要如下：

1、关于中轴线公共空间（略）

2、关于水晶岛（略）

3、关于市政厅

（1）基本同意市政厅办公、团体活动和公众活动等主要功能的布置。

（2）专家一致认为市政厅应扩大其面积，增加其功能，丰富其内容，以和市政厅体量尺度相称；并使其变成一个市民中心而不是单纯的政府办公建筑；同时使大屋顶的经济性更加合理。

（3）专家认为政府办公在市政厅应有明显入口和接待空间，可考虑在市政厅侧面开口，若这种做法被认可，有可能成为不同于国内政府办公机关一般常规的规划布置方式的一个先例。

（4）有专家建议大屋顶中间可适当开一条缝，下面巨大的通透空间可再设置一个有传统装饰的方形拱门。

（5）有专家建议现在应成立一个专门小组研究市政厅的具体使用内容，把工作深入细化下去。

2.6 筹建工作的确定

2.6.1 筹建工作思路

在1998年5月召开的"市中心区中轴线公共空间、市民广场（暂名，本节市民广场所指即市政厅）设计方案研讨会"上，专家和领导一致认为市民广场设计方案原则上可以通过。为加强市民广场前期工作，争取早日动工建设市民广场。我局计划在7月底将市政厅正式方案向领导作一次全面汇报。现就有关筹建工作请示如下：

1.市民广场总建筑规模增加到20万m²

市民广场总建筑规模1997年3月经市政府确定为15万m²，通过市民广场尺度现场气球模拟实验和电脑三维仿真的研究分析，普遍认为为使市民广场的功能、形式、经济达到完美结合，市民广场需增加建筑层数并提高屋顶高度。为充分利用市民广场的建筑空间，使项目特别是大屋顶的经济性更趋合理，建议市民广场的建筑面积再增加5万m²，使总建筑面积达到20万m²。这样，政府办公面积仅占总规模的三分之一。使市民广场更具公众性、开放性、服务性。建议增加的5万m²用作社团机构办公，并通过市场运作方式进行开发，吸引社会资金，进一步减少政府对市民广场项目的投资。同时能起到进一步加强政府和公众联系的作用。现特请市政府对市民广场新增加的5万m²作为社团机构办公的功能给予确认。

2.成立"市民广场筹建组"

为了全面和统筹地做好市民广场的筹建工作，使市民广场工程能达到高水平设计、高标准建设、高效能管理的目标，保证市民广场这个优秀的设计方案的实施、运作及管理也能达到国际先进水平，建议尽快成立市民广场筹建组（非常设机构、非专职人员），以制定市民广场开发计划，组织项目策划、资金运作、设计和工程管理等工作。

2.6.2 征名（复印件深规土1998—300）

为了给即将建设的代表深圳市未来标志性建筑物的"市政厅"取个好名称，我局从4月30日至5月30日在全局范围内展开了"市政厅"征名活动，共收集到30多个方案。6月19日郁万钧总规划师召集有关处室人员进行了评议，由于建筑物设计外形象征大鹏展翅，许多征名方案为"大鹏广场"、"鹏程大厦"等，考虑到深圳有大鹏镇，不宜使用与"鹏程"相关的命名。另外为了不与中心区水晶岛南北大广场相类同，也不宜使用"广场"两字。因此拟选用"深圳市民中心"作为市政厅的名称。该名称简明扼要，具有唯一的标识性，非政府性建筑不会使用"市民"两字；并且高度概括了市政厅多功能综合性的特点，表明了该建筑系政府部门为民决策为民服务以及市民活动交流的场所，树立了政府办公楼亲民的好形象。

2.6.3 深圳市五套班子的决策

1998年7月15日，深圳市委书记张高丽带领市五套班子有关领导及有关部门的负责同志到市中心区调研，并主持召开现场办公会议。关于市民中心有关问题，会议确定：1、将市政厅命名为市民中心，建筑面积为20万m²；2、将市博物馆与市民中心合建，不另外划地建博物馆，博物馆设计要有发展眼光和超前性，面积要够和留有余地；3、成立专门开发公司负责市民中心筹建。要选好、选准公司领导人，严把用人关，调选那些政治素质好、业务水平高、事业心强并有实际施工管理经验的人进入公司领导班子；4、现在市府二办办公的政府部门全部搬入市民中心。市民中心办公用房不对外出售或出租，取消原规划的5万m²办公用房的商品用途；5、市民中心建设资金可通过下列渠道解决：将一些协议用地收回重新拍卖；将搬入市民中心办公的政府部门自建办公楼拍卖；财政注资；银行贷款。

3.方案设计及修改

3.1 市民中心正式方案(1998年8月)

3.1.1 方案成果

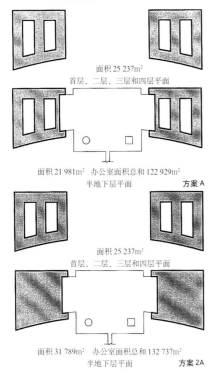

面积 25 237m²
首层、二层、三层和四层平面

面积 21 981m² 办公室面积总和 122 929m²
半地下层平面   方案 A

面积 25 237m²
首层、二层、三层和四层平面

面积 31 789m² 办公室面积总和 132 737m²
半地下层平面   方案 2A

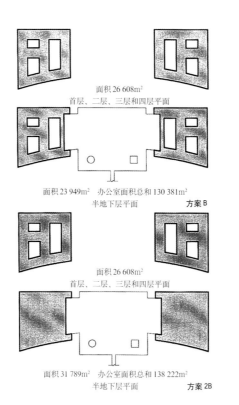

面积 26 608m²
首层、二层、三层和四层平面

面积 23 949m² 办公室面积总和 130 381m²
半地下层平面   方案 B

面积 26 608m²
首层、二层、三层和四层平面

面积 31 789m² 办公室面积总和 138 222m²
半地下层平面   方案 2B

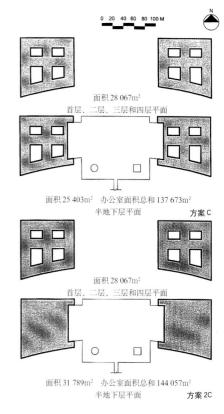

面积 28 067m²
首层、二层、三层和四层平面

面积 25 403m² 办公室面积总和 137 673m²
半地下层平面   方案 C

面积 28 067m²
首层、二层、三层和四层平面

面积 31 789m² 办公室面积总和 144 057m²
半地下层平面   方案 2C

0 20 40 60 80 100 M

办公室侧翼面积比较

总建筑面积	234 384m²
办公	114 028m²
市民活动	17 785m²
会堂庆典礼仪	19 893m²
档案馆	12 642m²
后勤服务	9 118m²
展览	19 319m²
停车场	18 717m²
设备空间	15 873m²
辅助空间	7 009m²

分类		数目	面积	13.5 m	12 m	9 m
A	一类，首长办公室	2	200m²			
B	一类，市级领导办公室 一类，市级领导中层会议室	18 1	150m²			
C	二类，大办公室	35	80m²			
D	一类，市级领导小会议室 二类，办公室 三类，普通会议室	6 145 40	60m²			
E	二类，会议室	35	120m²			
F	三类，普通会议室	3300	12m²			
G	三类，多功能会议中心	5 1 1 1	100m² 180 座 260 座 500 座			

1.办公室布局和模数研究

办公室模数具体设计

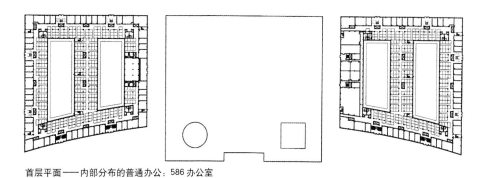

首层平面——内部分布的普通办公：586 办公室

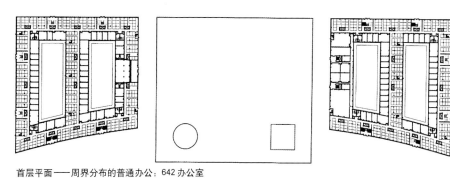

首层平面——周界分布的普通办公：642 办公室

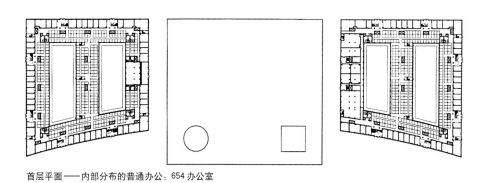

首层平面——内部分布的普通办公：654 办公室

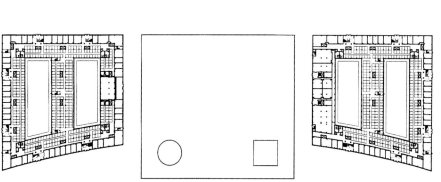

2.办公室及走廊布置比较

首层平面——周界分布的普通办公：697 办公室

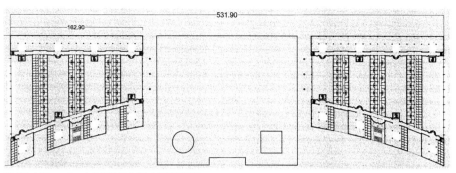

08/97方案——9m办公部结构柱距/辐射状网络

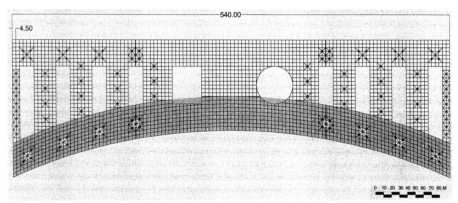

4.5m空间构架/辐射状网络/两种树型立柱形式

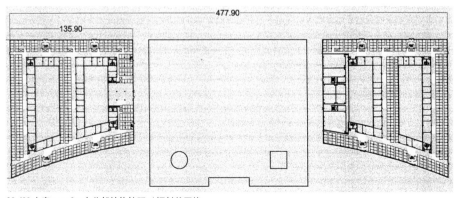

08/98方案——9m办公部结构柱距/辐射状网络

3.办公室及屋顶结构模数研究

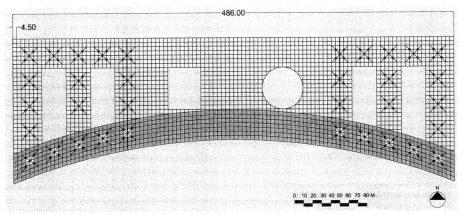

4.5m 空间构架／辐射状网络／一种树型立柱形式

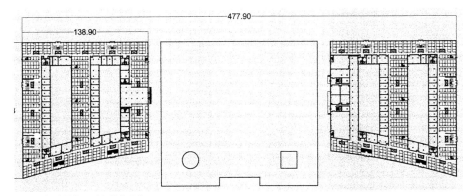

6m 办公部结构柱距／辐射状网络

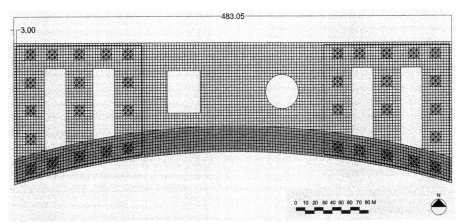

3m 空间构架／辐射状网络／一种树型立柱形式

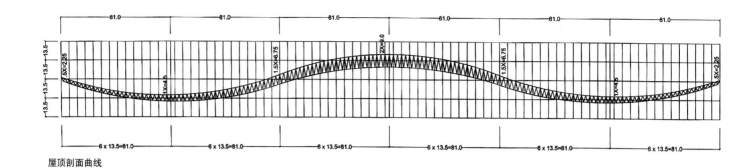

屋顶剖面曲线

屋面结构轴测图

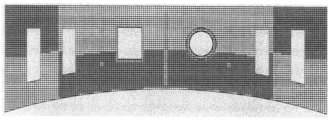

PV板面积＝25 633m²

模型照片

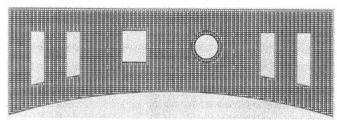

PV板面积＝27 206m²

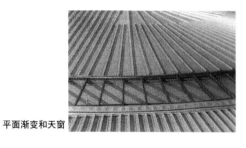

平面渐变和天窗

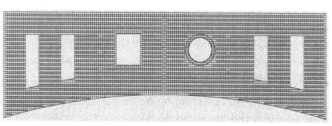

PV板面积＝27 206m²

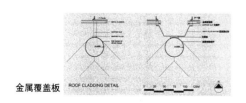

金属覆盖板
ROOF CLADDING DETAIL

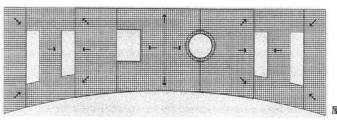

屋面排水图示

4.屋顶研究

A 市政厅

1 排列整齐一致的树
2 广场
3 有顶棚设施
4 喷泉
5 角亭入口

常年生树木
高大树木
中等高树木
低矮树木
草坪
低矮常青树木

0 25 50 75 100 125M

N

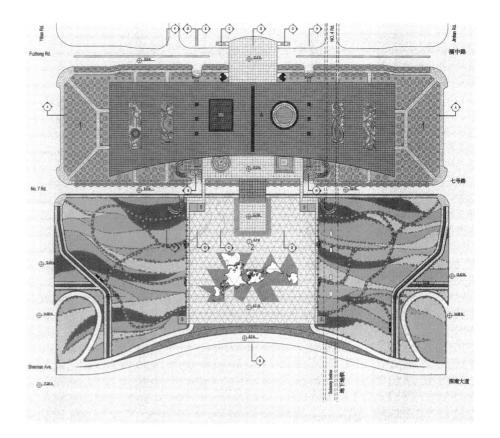

总平面

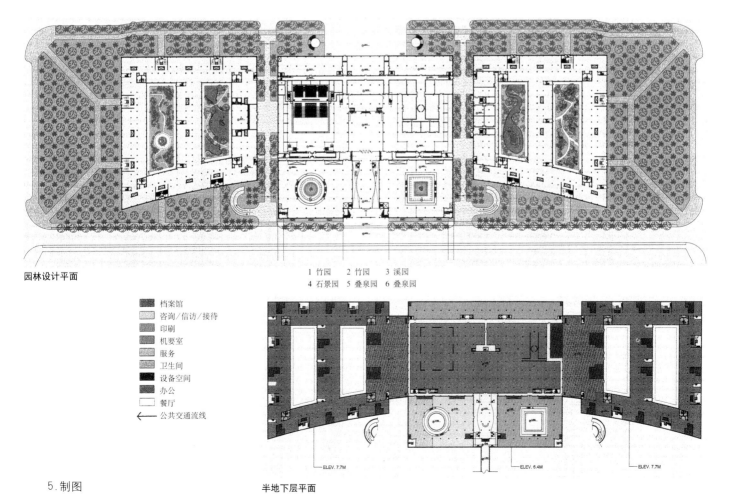

园林设计平面

1 竹园   2 竹园   3 溪园
4 石景园 5 叠泉园 6 叠泉园

档案馆
咨询/信访/接待
印刷
机要室
服务
卫生间
设备空间
办公
餐厅
公共交通流线

5. 制图

半地下层平面

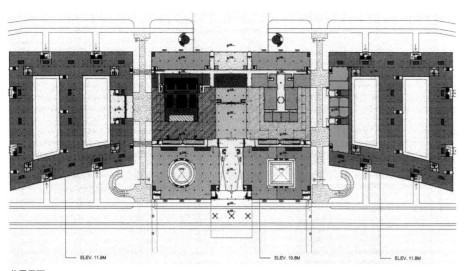

多功能厅	1 803m²	
会堂	4 553m²	
会议室	4 761m²	
公众礼仪	4 146m²	
新闻发布会	2 464m²	
社会福利会	1 526m²	
备餐	660m²	
库房	2 557m²	
装卸区	850m²	
卫生间	1 260m²	
设备	1 138m²	
快餐吧台	180m²	
办公	22 270m²	
会议室	1 596m²	
← 公共交通流线		

首层平面

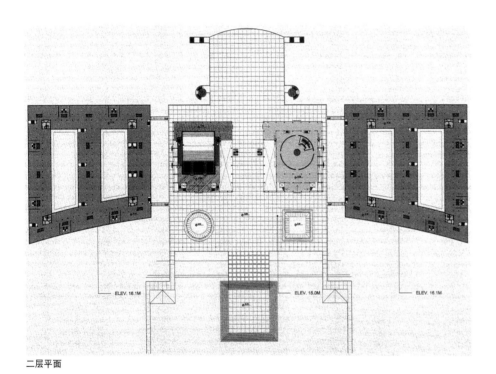

会展	1 823m²
展览	878m²
展览	3 875m²
设备空间	886m²
卫生间	847m²
□ 办公玻璃桥体	
← 公共交通流线	

二层平面

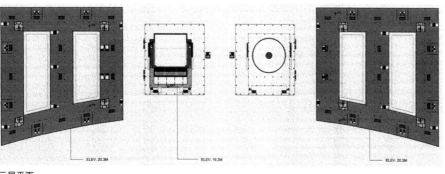

会堂	1 199m²
办公	11 933m²
设备空间	686m²
卫生间	718m²

三层平面

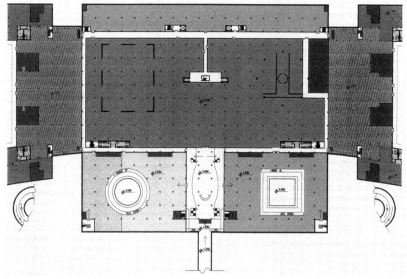

6.40m 标高平面

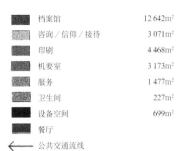

档案馆	12 642m²
咨询／信仰／接待	3 071m²
印刷	4 468m²
机要室	3 173m²
服务	1 477m²
卫生间	227m²
设备空间	699m²
餐厅	
← 公共交通流线	

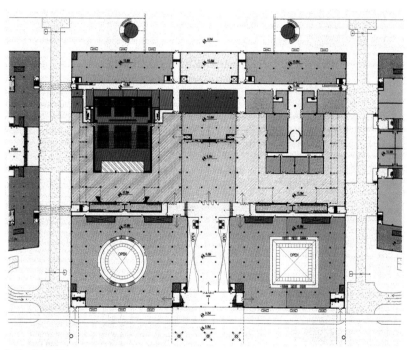

9.80m 标高平面

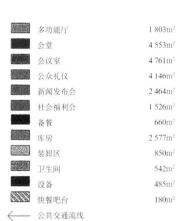

多功能厅	1 803m²
会堂	4 553m²
会议室	4 761m²
公众礼仪	4 146m²
新闻发布会	2 464m²
社会福利会	1 526m²
备餐	660m²
库房	2 577m²
装卸区	850m²
卫生间	542m²
设备	485m²
快餐吧台	180m²
← 公共交通流线	

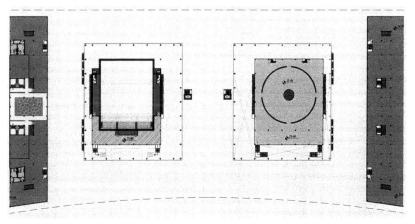

23.40m 标高平面

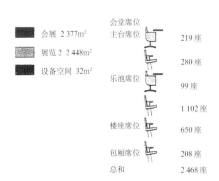

会展 2 377m²		
展览2 2 448m²		
设备空间 32m²		

会堂席位	
主台席位	219 座
	280 座
乐池席位	99 座
	1 102 座
楼座席位	650 座
包厢席位	208 座
总和	2 468 座

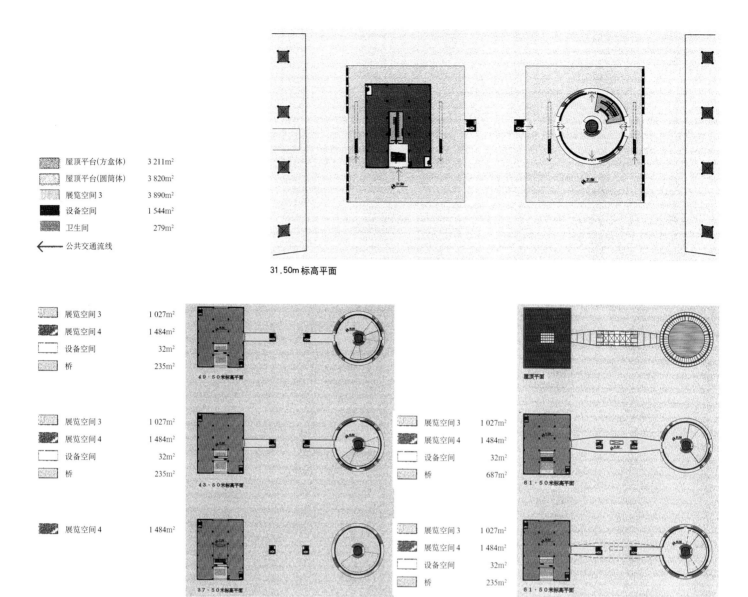

屋顶平台(方盒体)　　3 211m²
屋顶平台(圆筒体)　　3 820m²
展览空间3　　　　　　3 890m²
设备空间　　　　　　　1 544m²
卫生间　　　　　　　　279m²
→ 公共交通流线

31.50m 标高平面

展览空间3　　1 027m²
展览空间4　　1 484m²
设备空间　　　32m²
桥　　　　　　235m²

展览空间3　　1 027m²
展览空间4　　1 484m²
设备空间　　　32m²
桥　　　　　　235m²

展览空间4　　1 484m²

37.50m～49.50m 标高平面

展览空间3　　1 027m²
展览空间4　　1 484m²
设备空间　　　32m²
桥　　　　　　687m²

展览空间3　　1 027m²
展览空间4　　1 484m²
设备空间　　　32m²
桥　　　　　　235m²

61.50m 标高平面、屋面

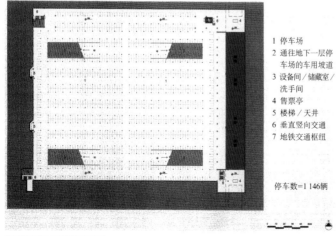

广场地下二层停车场平面

1 停车场
2 通往地下一层停
　车场的车用坡道
3 设备间/储藏室/
　洗手间
4 售票亭
5 楼梯/天井
6 垂直竖向交通
7 地铁交通枢纽

停车数=1 146辆

广场地下一层停车场平面

1 停车场
2 地下步行街
3 设备间/储藏室/
　洗手间
4 停车场出入口
5 楼梯/天井
6 垂直竖向交通
7 青苔坪
8 青草坡

停车数=930辆

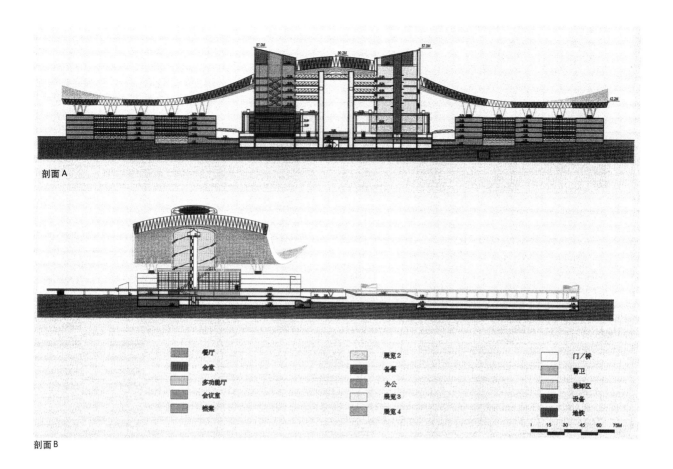

剖面 A

剖面 B

餐厅		展览2		门/桥	
会堂		备餐		警卫	
多功能厅		办公		装卸区	
会议室		展览3		设备	
档案		展览4		地铁	

15	30	45	60	75M	

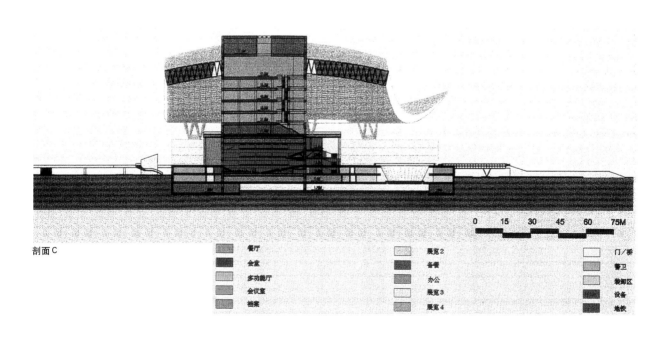

剖面 C

餐厅		展览2		门/桥	
会堂		备餐		警卫	
多功能厅		办公		装卸区	
会议室		展览3		设备	
档案		展览4		地铁	

0	15	30	45	60	75M

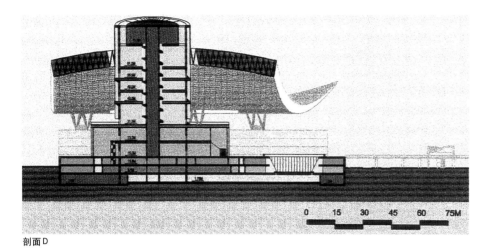

剖面 D

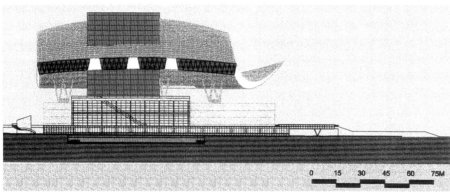

剖面 E

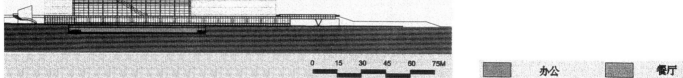

剖面 F

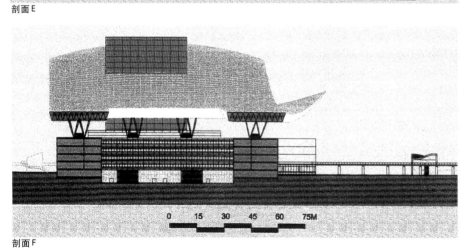

东立面

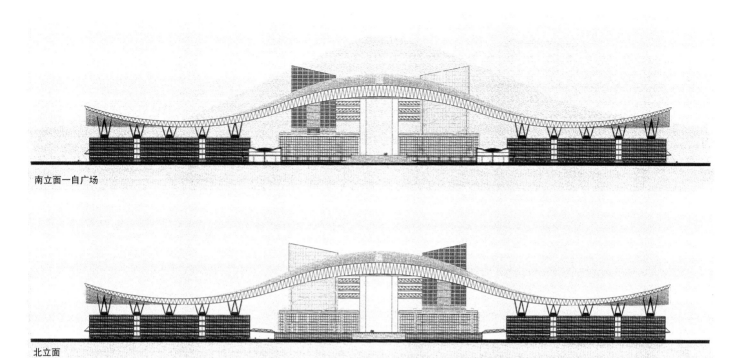

南立面一自广场

北立面

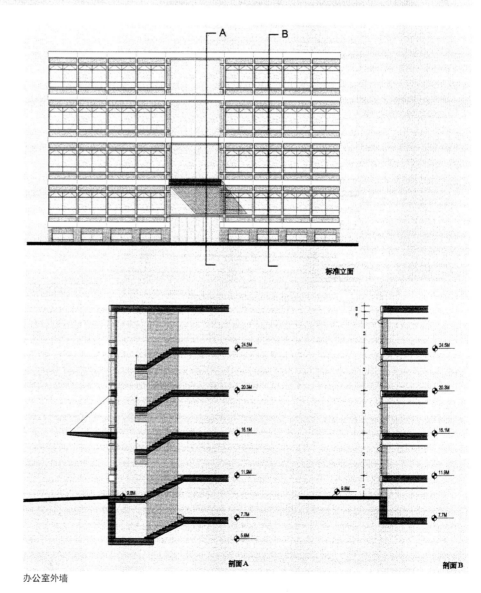

标准立面

透明玻璃
非透明玻璃
铝板
石材
雨棚

办公室外墙

剖面A

剖面B

3.1.2 市民中心方案审定会会议纪要

深圳市中心区中轴线公共空间系统详细规划设计暨市民中心方案审定会于1998年8月2日~3日在深圳市五洲宾馆举行。主管副市长、刘佳胜局长出席会议,会议由规划国土局总规划师郁万钧主持,文化局、城管办、地铁办、市总工会二宫筹建办、工业展览馆等有关部门领导和代表参加了会议。与会领导、专家听取了美国建筑师李名仪关于市民中心方案设计,日本建筑师黑川纪章关于中轴线公共空间详细规划设计的汇报,以及第二工人文化宫规划设计方案的汇报。会议邀请吴良镛(中国科学院院士、中国工程院院士、清华大学教授)、周干峙(中国科学院院士、中国工程院院士)、齐康(中国科学院院士、中国建筑设计大师、东南大学教授)、钱绍武(中国著名雕塑家、中央美术学院教授)、杨辛(中华全国美学学会理事、北京大学教授)、潘祖尧(香港著名建筑师、潘祖尧顾问有限公司)、钟华楠(香港著名建筑师、钟华楠设计事务所)、陈世民(陈世民设计事务所、中国建筑设计大师),以及黑川纪章建筑师、李名仪建筑师等专家学者进行研讨。会议纪要如下:

关于市民中心

1.市民中心的造型很有创意,体现了深圳二次腾飞的精神寓意。市民中心的命名很好,体现出政府和市民的密切关系,可以说是中国民主进程的表现。

2.市民中心方案设计研究很有成效,平面布局合理,内容和规模都有充实,充分利用建筑空间,使建筑更趋合理,可转入下一阶段设计。

3.两翼的办公部分的结构体系应为今后的使用提供较大调整的灵活性。

4.应保持市民中心中轴线大平台的开阔、通透,二筒之间的两个电梯间和空中连廊应取消,中轴线大平台需考虑绿化系统的连续通贯。二筒下方的主体玻璃盒子要适当降低缩小或考虑取消,同时要考虑到整个建筑的遮阳问题。

5.注意加强市民中心各部分之间的交通联系,处理好入口的主次关系。各部分之间都应有方便和明确的通道可以到达。

6.关于屋顶,有些专家认为大屋顶和筒体应保持原方案的构思,相互脱开,让光线直射下来。也有专家建议两个筒体不露出屋面。

7.在下一步设计中,要注意解决好展览馆,历史博物馆的人流交通、展品运输、消防及相应设施等问题。

3.1.3 深圳市民中心工程设计方案技术审查意见

我局于1998年8月6日~8日在深圳市新世纪酒店召开市民中心工程方案设计技术专家审查会。由我市建筑设计行业各专业专家以及市机关事务管理局、市人防办的代表和我局中心办、法规执行处人员共同参加的审查会,对李名仪/廷丘勒建筑事务所提交的市民中心设计方案进行了审查,各专业的审查意见汇总如下:

一、建筑专业

1、交通与流线问题

(1)缺交通流线分析图:车流、货流、人流,如政府工作人员、机关访客;博物馆及展览馆的工作人员、参观人员、展品运货;2 500人大会堂的会议人员集散流线、大会堂非会议用途时的舞台、道具、乐器的货运;餐厅货运和卸货;垃圾运输等,必须对上述功能的流线作深入分析,才能使市民中心的使用便捷合理。

(2)首层平面南入口(主入口)需加宽路面,增设港湾式停车区,宜取消天桥柱子,以适应2500人会场等群众性集散高峰时上下车和等停车靠的需要。

(3)场地设计中应设10个左右大巴停车位,以解决上下班、2 500人集会、单位团体参观博物馆或参加群众性庆典活动时的需要。

（4）结合消防车道设计,建议将各办公区入口的上下车落点尽可能靠近该入口,并最好设雨棚,以适应深圳多雨气候。

（5）2 500人会堂西侧厅西墙宜向外开门,以便散会时疏散或紧急出口。

（6）办公布置的走道应该通畅,与地下车库入口和餐厅、天桥等连接处的走廊应适当加宽,以适应较多人流的需要。

（7）地下餐厅应加设过道,直接连接机关办公区和礼仪公众区及东部博物馆区的地下通道,此通道应成为整个市民中心的地下主要联系通道。

（8）地下车库仅一部客梯,远不够用,宜有若干电梯直通各主要部门或室外活动广场。

2.功能布置

（1）应按设计要求深化设计,达到我市规定的建筑工程设计方案的深度要求。

（2）应加强建筑内各部门之间的交通联系。如有些部门的入口可用户外（有顶盖）廊道相连接,以免完全通过内部长走廊联系;或在建筑四周设环廊围绕,既联系方便,又适应亚热带地区酷暑的气候条件。部分连廊可辟在南北办公部分靠内庭院一侧,适当扩大廊道作为休息、交往、观赏空间,使办公室内外空间更加丰富多彩。

（3）机关上下班无主入口,现有主入口如作为日常使用位置不合适,电梯数量不够。进入主入口到达各办公区路线不方便。

（4）各次要入口从门至电梯的距离太近（约4米）,其两侧的剪力墙应去掉,以便在入口处增设收发窗口、传达和会客、值班秘书等内容。

（5）2 500人大会堂应考虑为社会服务,增加用途。如普通的文艺演出、电影等。如果有此要求,对于该会堂设计应增设相应的化妆演员、舞台道具的用房及人、货出入口等。并按防火规范要求核实:大会堂消防疏散的走道和门宽度是否满足2 500人的需要。

（6）公用大面积的洗手间布局应改进,提高文明程度。洗手间尽可能分散布置到各功能区,以方便使用。

3.造型与空间

（1）大屋顶是一个巨大雕塑,实用功能不太大。建议研究:屋盖只做中间段（两塔之间）,其他部分为仅用网架作成的"造型",或从有屋面板过渡到无屋面板的"渐变"形成"灰空间"。局部不铺屋面板,可能会取得意想不到的效果。既节约了造价,又为将来适时铺装太阳能屋面板提供可能。

（2）整个建筑既要做到现代化,有宏大气魄,又要加强细部处理,反映中国建筑文化。在广场和大屋顶下应增设一些亲切宜人尺度的建筑细部和雕塑、灯具、绿化等,避免在大广场大屋盖下对"大鹏"惊叹有余,亲切不足。

（3）方、圆二筒在满足造型与视觉质感要求的前提下,应设法开放一些,以满足人们从内向外环眺中心区景色的需要。现方案处理完全封闭,过于沉闷,要做到尽可能通透一些,技术上是可行的。

（4）应在"日"字形内庭院中加强室内外空间的联系,可增加半开敞空间或必要的联系走廊,使局部互相打通和向外打通。

中间的办公用房宜在底层或相连部分作局部的架空处理。

（5）市民中心活动的大空间设计既要大众化,又要园林化。市民活动其中必不可少的服务设施应予考虑周全。

二、园林绿化专业

1.市民中心场地绿化布置

市民中心东西两端的两片绿地完全行列式规划栽植不适宜,棕榈科植物与阔叶乔木也不宜隔株混交。这两片绿地面积较大,应在内部组织园林空间,创造优秀园林景观,便于市民休憩、观赏、留影。

2.市民中心的内庭院

内庭院与外部空间应有所联系,建筑

底层宜局部架空，使内庭院不过于封闭。

3.关于五层屋顶绿化

应利用市民中心的五层屋顶建设屋顶花园，以便供人休憩、眺望、游览。

4.市民广场

(1)应丰富市民广场的景观设计，减少硬质铺地，降低热辐射，增加广场的绿地布置。

(2)应考虑南方城市的气候特点，广场内应渗透绿化，尤其在广场四角，如广场北面两角宜各配置一组高大乔木(如木棉、榕树)以衬托建筑，广场南面两角宜配置相对较矮的、耐修剪、整形的乔木。广场东西两侧(靠近人行天桥部分)也宜适当栽植乔木。

(3)广场停车场可在楼梯、天井口处增设水景，自然光泻落下来，以便打破停车场的沉闷感。地下步行商业街顶部的广场地面可为玻璃砖，使自然光进入步行街人行道。

三、结构专业意见

1.基础及地下室

市民广场地下室的基础设计需考虑水浮力作用。

建议西侧办公楼增加一层地下室，东侧因风化岩石露头，改作半地下室，东、西中三部分设沉降缝脱开处理。

2.屋顶结构

屋顶结构方案设计采用三段结构，中段结构存在如下问题：

(1)中段的典型板面结构，抗风不利。

(2)地震作用下两个筒因长方形与圆形的差异会引起屋面结构较大的内力与扭矩，于抗震不利。

(3)温度应力的影响。

(4)中段结构的吊装、拼装与施工工艺的困难。

(5)投资的巨额。

3.屋面板

屋面盖板与腹板的存在，既增加屋顶的重量，更不利抗风，并造成投资增加，可否调整。

4.建议

(1)本屋顶结构设计中应综合考虑在地震与风荷载作用下的结构的安全性；建造的成本；施工的可能性与简单性。

(2)对结构设计应进行多方案比较优化，比较方案可为三段、四段、整体拱形屋面结构。

(3)应进行风洞实验。如采用三段方结构案应进行震动台实验。

(4)建议采用整体拱形双曲屋面结构，以东西两翼为整体支持(与两个筒体塔楼脱开)。这样内力计算简单，受力明确，投资会减少。

四、给排水专业

1.生活消防用水，直接从城市管网抽水，不符合中国有关规范和深圳市地方管理要求，需要设储水池，并有两条城市管线从不同方向接入的进水管。储水池容量应按有关规定计算，其中包括消防、自动喷洒，水幕和生活水量。

2.消火栓系统和自动喷洒系统共用管网，不符合中国消防设计规范要求，应分开各设独立系统，两个系统均应设稳压措施和初始水量供给，一般情况设屋顶水箱，按设计规范要求，一类建筑水箱容量不小于18m³，二类建筑水箱容量不小于12m³。

3.消火栓系统，按规范要求，应设置成环状供水，要适当设置阀门，以保证某一处发生故障，整个系统还能正常供水灭火。在本建筑物中采用树枝状供水是不许可的。

4.自动喷洒系统，按规范要求，应设报警阀以便报警和启动自动喷洒水泵投入灭火工作。

5.自备发电机房，电话交换机房，计算机房，档案库等，不能用水灭火的场所，应考虑设置气体灭火。

6.生活给水系统,应设高位调节水箱,或设变频调速水泵加压供水。

7.卫生间的热水供应部分,设计不妥,电容积热水器可能不好使用,热水管为树枝状,较长时不用会变冷,尤其冷热水管在水龙头处压力差较大,很难调节,实际会造成无用结果。

8.请建筑专业考虑,屋顶水箱、地下储水池、加压水泵房和竖管的管道井设置。

五、电气专业

1.强弱电部分设计规范、条例、标准:

以中国国家标准、设计规范为设计与审查标准依据。当中国国家标准、设计规范尚无明确规定时,可参考美国国家标准规范。

2.强电设计部分:

(1)根据市中心区规划设计,本中心以10kV电源供电。深圳市供电部门常规区域变电站10kV出线开关多为630~1 250A,当增大回路容量时,应经深圳市供电局审查批准。

(2)本方案设计按照大楼4个主体功能建筑分区,设置相对应的变配电系统,系统结构清晰、布置合理。但高压采用2条平行电缆配电,降低供电可靠性。建议:高压配电房的2段10kV母线各出3个配电回路,分别给中央变电所,西楼变电进行高压配电;变压器双头高压配电盘采用双母线高压配电盘,集中布置,方便管理。

(3)主配电变压器1500/2000kVA的高压侧采用限流熔断器保护,其高压开关必须充分考虑因熔断器熔断开关切断开关时,高压开关应具有切断该转移电流的能力。

(4)方案设计中,对于大楼的电能计量,无功率因数补偿(深圳供电局有专门要求)未作出说明。

(5)具急启动功能的柴油发电机,宜安装在一层或地下一层,并按深圳市环保局有关规定进行相应的排烟、排油,防噪声等环保工程处理。单机容量可适当增大,台数采取两台为宜。

(6)根据中国规范,消防用电设备的用电必须在最末一级,配电箱处设置自动切换装置,因此要求消防泵房等消防用电设备的供电,必须增加一回供电线路,并在最末一级配电箱处实现自动切换功能。

(7)根据市民中心方案(第二稿)的修改意见,第5条,大楼太阳能板的问题"先不考虑上马,但要留有以后再上的余地……",因此低压配电系统应考虑与太阳能电源的相应接口及保护措施。

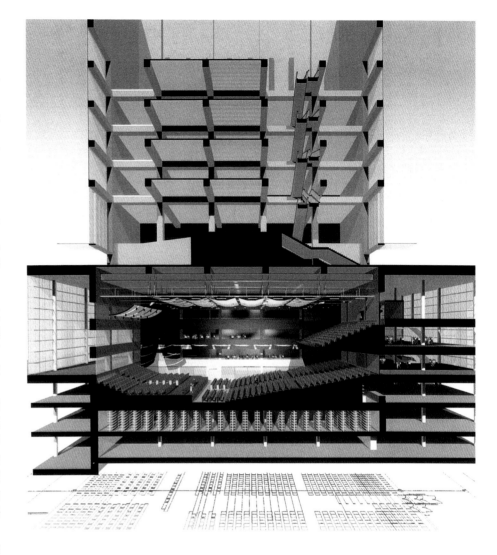

(8)按中国规范推荐采用建筑物的基础接地为大楼的主接地形式,当接地电阻小于1欧姆时,采用多种接地共用接地体的综合接地形式。无须在建筑物底板下,另设接地地极。

(9)赞赏"尽量利用自然采光,将使用节能日光灯和电子镇流器实现照明度"的设计方案,但鉴于目前国产电子镇流器产品性能稳定性及寿命等因素,设计中除介绍国外该优质产品外,还需在配电线路上,留有充分的余地。

(10)预计用电负荷表应在初步设计中,根据各专业提供的用电负荷条件及各功能建筑用房的照明布置进行详细准确的校核,进而提供本大楼的用电负荷计算表。

(11)大楼屋顶和室外的建筑艺术效果灯光照明,宜做灯光效果图比较和照度计算。

(12)低压配电竖向干线,当供电层数少、容量小时(如200A及以下),宜采用电力电缆供电。

3.弱电设计部分:

(1)说明书3.9条,无交待大楼消防中心的设置,及办公室、会议室等各类场所的探测器安装原则,大空间礼堂,多功能厅等场所特殊探测器的选择。

(2)按照中国建设部关于《建筑智能化系统工程设计管理暂行规定》,大楼智能化系统设计,应由该大楼设计单位总体负责,而智能系统集成商在设计单位指导下作系统详细设计。对于市民中心作为跨世纪,深圳二次创业的象征建筑物,必须具备相应水平的智能化系统功能与设施。智能化程度和标准,结合目前各政府机关的运作实际,采取用户提供要求,专家论证确定方式作为设计依据。在方案设计时,充分考虑这部分设施的用房与通道。

六、采暖通风与空气调节专业

1.设计规范:

设计规范是设计的主要依据,本工程本专业设计依据的规范应为:

（1）采暖通风与空气设计规范GBJ19—87

（2）高层民用建筑设计防火规范 GB 50045 — 95

（3）汽车库、修车库、停车场设计防火规范 GB 50067 — 97

（4）通风与空调工程施工及验收规范 GB 50243 — 97

（4）其他国外或地区规范只能作为参考。

2.室内设计条件

（1）应列出本工程有关的功能房间的温度、湿度、新鲜空气量、噪声及灰尘含量的要求。

（2）冬天空气温度要求 22℃（有人）通过什么措施达到。

（3）地下室的档案储藏及博物馆除配置稳定温度系统外还需考虑湿度的要求及控制。

3.新鲜空气量

新鲜空气量每人每秒10立升偏高，应根据我国现行卫生标准来确定各功能房间的新鲜空气量。

4.冷冻水系统

根据现有设计办公楼采用32台风冷空调机组而主楼群则采用两台中央制冷机提供冷冻水。

采用风冷空调机组的方案不尽合理

（1）大楼两翼四层屋面上均布置了16台风冷空调机组，这样良好的观赏空间不能利用十分可惜。

（2）办公楼屋面上装设16台大型风冷空调机组，它的振动和噪声将会影响下层办公用房的安静环境。

（3）香港地区因缺少淡水所以采用风冷系统比较普遍，而深圳地区目前绝大多数采用水冷系统。

（4）风冷空调系统的用电和设备均比水冷系统为高。

根据上述情况综合考虑认为本工程全部采用水冷中央制冷系统较为合适，便于今后节省能源，方便操作、维修。结合本工程建筑 BAS 系统更为有利，使操作管理现代化。

根据现有2台中央制冷机而采用3300V的电源不合适。

根据本工程总冷量为26500kW(7536USRT)则可选用6台1300USRT或4台2000USRT的中央制冷机组。

5.据目前设计的2台中央制冷机冷量为7032kWX2，而末端装置 AHU 冷量只有12436kW。为何末端装置比制冷机冷量少

那么多？

6.M—000图纸上CH/1、CH/2和CT/1、CT/2水的进出口温度不对。

7.本设计缺少消防的防排烟设计。

8.本设计缺少人民防空设计。

深圳市民中心工程设计方案技术审查会邀请局外专家名单：

许安之：深圳市大学建筑与土木工程学院 院长教授（建筑）

左肖思：深圳市左肖思建筑事务所总经理 总建筑师（建筑）

魏琏：中国建筑科学研究院深圳分院院长、教授级高工（结构）

王彦深：深圳市建筑设计院总院顾问

总工程师、高级工程师（结构）

贾长麟：深圳市给排水学术委员会主任、高级工程师（给排水）

许国元：深圳市城市规划设计研究院顾问总工程师（电气）

卢耀麟：深圳市建筑设计总院三院副总工程师、高工（暖通、空调）

郭秉豪：深圳市园林学会顾问康发公司总经理（园林）

吴钊肇：中国海外园林设计建设公司总经理、总工程师（园林）

深圳市规划国土局
1998 年 8 月 10 日

3.2 方案设计修改

3.2.1 设计任务书补充文件

本任务书(补充文件)是在深圳市政府办公厅于1997年9月15日确定的市民中心(原名市政厅)设计任务书(修改稿)基础上,根据1998年7月深圳市政府领导的要求,以及各专业技术专家的意见而提出。

市民中心位于深圳市中心区北片区,占地面积约9.1万m²,总建筑面积20万m²。

一、功能要求及面积分配

市民中心总建筑面积约为20万m²,可容纳市政府35个机构约3500人办公,具体面积分配如下:

(一)办公:总建筑面积7.0万m²

(以下各项面积为使用面积)

1.一类办公:(市级领导)

首长办公室2个,200m²/个

市长办公会议室1个,200m²(位于两个首长办公室之间)

市级领导办公室18个,150m²/个

市级领导中型会议室1个,150m²

市级领导小型会议室6个,60~70m²/个

2.二类办公:(局级领导)

大办公室35个,80m²/个

办公室145个,60m²/个

会议室30个,120m²/个

3.三类办公:(普通办公室)

办公室:面积标准12m²/人,大约可容纳3300人办公。

会议室:30个,每个60~70m²(约1000~1100m²办公面积配一个会议室,均匀分布)。

*注:二、三类办公参考附件《市政府办公要求》的要求具体划分35个办公分区。

4.集中会议室:

普通会议室5间,100~120m²/个

多媒体会议中心,考虑先进会议室设施的配置,每个座位带扶手及可折叠记录板。包括:

150座会议室1个

260座会议室1个

500座会议室1个

(二)市民活动:总建筑面积约1.0万m²

其中各部分使用面积的分配:

1、新闻发布1000m²

2、政府资料检索1000m²

3、市民咨询、信访、接待2000m²

4、各类社会公益机构办公窗口1000m²

5、公众礼仪活动2000m²

(三)会堂礼仪庆典:总建筑面积约0.8万m²

其中各部分面积分配:

1.大会堂,2500座观众席,考虑满足会议以外的其他使用需要,如晚会、电影、非专业演出等。

2.多功能厅,建筑面积1400m²

3.礼仪接待,大接待室2个,使用面积每个300m²;中接待室2个,使用面积每个200m²;小接待室4间,使用面积每个80~100m².需考虑礼仪接待的合理流线和合适位置。

(四)档案馆:总建筑面积约1.2万m²

其中包括历史档案、行政档案、城建档案三部分,各部分建筑面积为:

历史档案3000m²

行政档案5000m²

城建档案4000m²

(五)博物馆:总建筑面积3.0万m²

1.1000m²,层高9m以上的大厅一个

2.观众服务部分2500m²

3.保管部分2000m²

4.修复加工部分2500m²

5.学术研究部分1800m²

6.图书资料阅览室及库房部分2000m²

7.管理中心部分2000m²

8.附属部分1000m²

(六)展览:总建筑面积约2.7万m²

其中:

1.工业展览20000m²

2.城市建设、特区发展史4000m²;精神文明、文化宣传3000m²

(七)后勤服务:总建筑面积约1.3万m²

其中各部分建筑面积为:

1.职工大型食堂1个,4000m²(包括厨房)

2.职工中型食堂1个,2000m²(包括厨房)

3.小型招待餐厅1个,1000m²(包括厨房)

其中:贵宾房大房1个,150m²;中房2个,100m²/个;小房8个,60m²/个。

4.机关服务中心:建筑面积1500m²(包括健身、保健、理发美容等)。

5.机关通讯、机要局:1000m²

6.机关印刷厂:3000m²(可设于地下室)

7.警卫:1000m²

(八)停车场:总建筑面积约2.4万m²(约600~700车位,确切车位数根据平面功能的设计要求确定)

按中心区交通规划,市民中心总停车数约2500辆。为方便使用,利于疏散,建议一部分放在市民中心的市民公共活动部分及市民中心西翼办公部分地下,其他停车部分仍放在市民中心南广场地下及市民中心北中央绿化带地下,分期建设。

根据交通规划初步拟定市民公共活动部分及市民中心西翼办公部分地下停车位约600~700个,其中市领导专用车位50个,设单独出入口两个。

(九)设备及其他:总建筑面积约0.6万m²。

二、关于建筑尺度

建议大屋面总长度为480m左右。

三、建筑层数

建议建筑层数4~5层,其中首层在建筑立面上处理成坚实的基座,使市民中心有明显的三段划分。

3.2.2 工程设计会议纪要

1998年9月2日至4日,由郁万钧总规划师主持召开会议,市机关事务管理局、市地铁办、市文化局、市博物馆、市经发局、市工业展览馆、市民防办及市规划国土局的有关部门参加了会议和讨论。会议对市民中心工程的总建筑面积分配及有关功能布局问题进行了专题研讨,经请示市领导同意,现纪要如下:

一、建筑面积

(一)市民中心总建筑面积20万m²(包括地下停车库),考虑到该工程功能复杂,所需公众开放空间较多,因此,允许总建筑面积浮动5%,即总建筑面积不得超过21万m²。

(二)保证市政府办公面积7万m²,基本确定博物馆建筑面积3万m²,工业展览馆1.3万m²。其他部分建筑面积可根据实际功能布局作适当调整。

二、关于功能布局

(一)西翼为市政府办公,设一层地下停车库及设备用房,地下停车数量按设计确定,其中50个专用车位设单独出入口。

(二)东翼为博物馆、城市建设和精神文明展览,以及部分市民活动功能。

(三)(西侧)方筒布置底部设2 500座大会堂,上部为档案馆、机关服务中心等;(东侧)圆筒底部为市政府礼仪接待、公众礼仪活动,上部为工业展览。中部首层及地下布置多功能厅、食堂、停车库等。

(四)为保证市民中心周围的环境设计效果,本工程所需大巴停车位集中设在中心区33—7和33—8地块的公共停车场内。

(五)食堂、多功能厅等辅助面积集中设置,各部门不再单独设立。

(六)市领导接见外宾路线要做到环境优美、路线便捷、保证安全。

(七)必须加强市民中心东、中、西各部分之间联系,方便步行及公众活动。

三、关于结构及设备

(一)屋顶设计一定要做好,建筑外装饰材料要高级,需进口的设备、材料可以向有关部门申请免税,请李名仪事务所列出拟进口材料设备的清单报规划国土局。

(二)李名仪设计事务所应尽快提出结构方案、进行结构经济比较报规划国土局。

(三)已经委托的详勘必须在10月8日前完成。

(四)抓紧进行风洞实验,一个半月完成。

四、关于地铁、人防

(一)地铁水晶岛站厅层与市民广场地下一层直接联系,并设一条步行通道与市民中心中部的半地下室直接连接,此步行通道平战结合。地铁中心线坐标应尽快与市民中心柱网坐标协调好。

(二)地铁水晶岛的出入口、风亭位置已初步确定,具体造型及环境关系由李名仪设计事务所在市民广场设计中统一设计。

(三)市民中心中部地下二层面积约6 000m²做人防设计,平时做停车库,北边预留出口,平战结合。

(四)针对李名仪事务所提出的对地铁噪声、振动要求,地铁办抓紧与有关部门商讨,研究提出具体设计、施工措施。

五、其他

(一)会后一周内,李名仪事务所向规划国土局提交市民中心方案平面、剖面定稿图。

(二)各有关方面抓紧做好前期工作,保证市民中心于今年年底开工建设。

深圳市规划国土局
1998年9月8日

3.2.3 方案修改图(1998年9月16日)

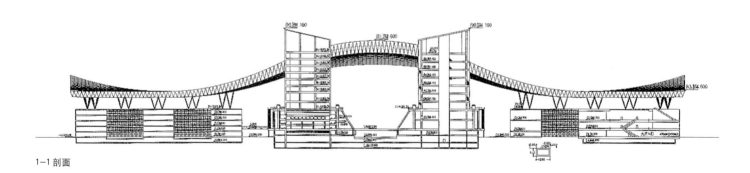

1—1 剖面

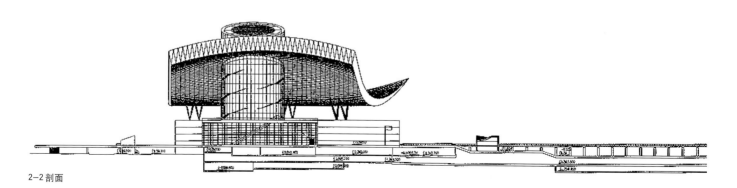

2—2 剖面

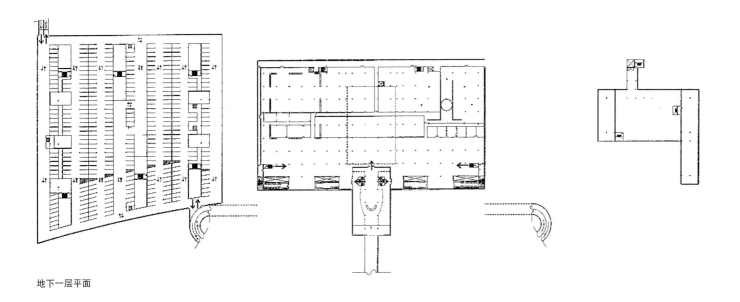

地下一层平面

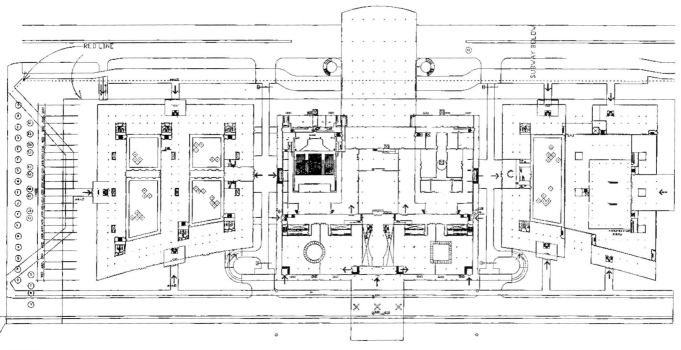

一层平面

3.2.4 中心办审查意见

1998年9月17日美国李名仪／廷丘勒建筑师事务所把深圳市民中心的修改方案报到了中心办,根据"深圳市民中心设计任务书(补充文件1998—08)"及"深圳市民中心工程设计方案技术审查意见",我办对修改方案进行了审查。由于基本方案已经确定,此次审查的重点在面积指标与功能的合理性上。经审查,修改方案的面积安排基本满足最新任务书的要求,但也许是时间仓促的缘故,设计图纸的深度不够,1:500的比例尺太大,还存在许多问题需要解决。

一、政府办公与市民活动部分:

市政府办公是市民中心的重要组成部分,功能安排是否合理,使用是否方便关系重大,因此,我办与机关事务管理局的有关人员就调整方案交换了意见,下列情况我们认为应予以考虑:

1.70 000m²安排35个局面积不够,目前的面积只能安排20个局左右。(而35个局进市民中心是市委常委会决定了的事,此问题应如何解决,是仍按现70 000m²做,还是增加面积以达到能够安排35个局,须确定下来,以便开展下步工作。)

2.从现在的设计来看,电梯数量不足。

3.机关事务管理局建议方圆两个筒体对调位置,我们认为比较合理,原因如下:

(1)市领导接见外宾须从西翼办公楼下来,通过西面的筒体,再到达东面的筒体

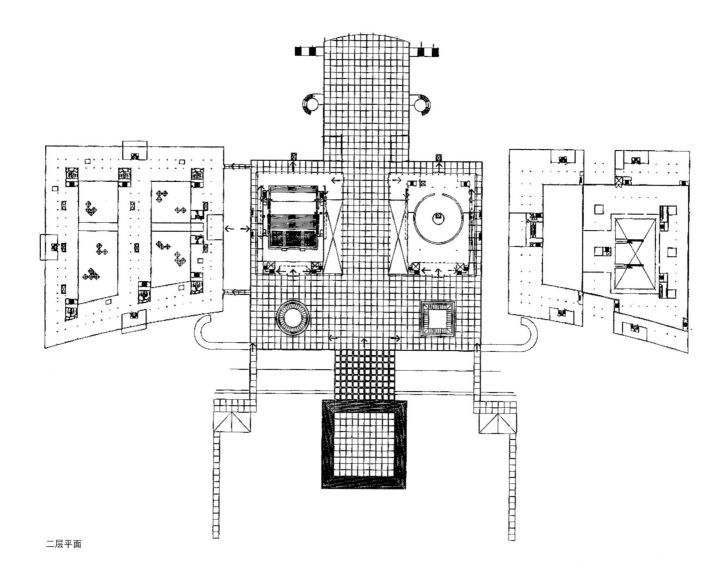

二层平面

才能进行会见，联系不方便，换过来关系顺得多，距离也近得多；

（2）2 500 座的大会堂在西面的筒体，距西翼办公楼很近，开会或有重大活动时交通量大，会影响办公，特别是市级领导的办公室也在这一边。

4. 修改方案中约 600 辆车的地下车库只有三个出入口，不合规范。按规范，停车场 300 辆至少应设两个出入口，而且出口和入口应分开设置。按此规范，所有的车都将集中于一两个口进入车库，而于另外的口出来，这样在上下班的时间段内将会造成拥挤和混乱，对长期在此办公的人来说会造成很大的不便。

5. 修改方案把约 6 000m² 的食堂置于市民中心中部的地下一层，但对于西翼政府办公的 3 000 多人来讲，只有一个出入口显然是不够，也不方便的。另外食堂内的卫生间数量多了一些（关于食堂的位置，黑川先生也有很好的建议，可参考）。

6. 修改方案中几乎所有的卫生间都是暗厕，是否合适？

7. 设于地下一层的印刷厂没有直接的对外出入口；保安只有一个出入口，不合规范。

8. 还应考虑设置洗衣、理发、医疗及银行等项服务的用房。

9. 东、西两个筒体后部各设了一部电梯，应该再各加设一部人员电梯和疏散楼梯，形成两个筒体上部交通的主体。

二、博物馆部分：

据与博物馆的同志交换意见，认为博物馆部分存在的主要问题有以下几点：

1. 文物库房面积不够；

2. 管理中心与修复室之间应有专门的通道，不应穿展厅；

3. 没有考虑屋顶展场。

三、消防审查意见：

1. 西翼办公楼地下室设车库，存在安全问题；

2. 印刷厂属易燃易爆的场所，设在地下室，安全隐患很大，应该换地方；

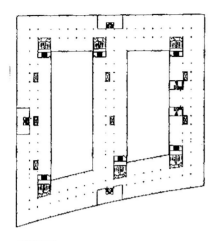
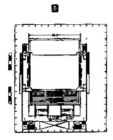
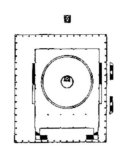
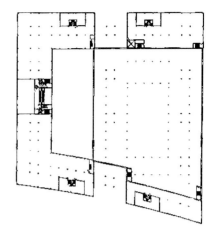

三层平面

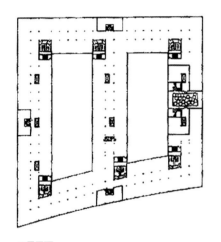
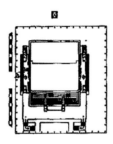
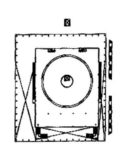
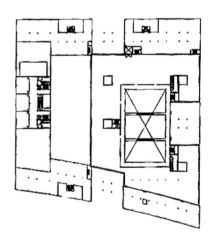

五层平面

3.东、西两个筒体没有环行车道和登高面，于消防不利，应采取其他补救措施，而且还应考虑筒体内的人员上屋顶的疏散通道。

四、几点建议：

1.应做一个详细的交通组织分析，并在图面上表现出来。

2.关于地下停车的问题，国外有一种"智能搬运器式停车系统"，其特点是车库占地面积小，储车容量大，是普通地下停车库的几倍；调车速度快，自动化程度高，出车时间平均只有3分钟左右；与普通地下停车库相比要节省造价。我们认为在市民中心中应采用世界上先进的技术来解决存在

的问题，因此我们建议在市民中心项目中部分采用智能搬运器式停车系统，可用现有地下车库一半的面积来做这个系统，另一半面积可做备用，或可考虑做其他用途。

3.在地下食堂与西翼办公楼之间应加设几条通道，方便工作人员就餐。

4.建议在市领导办公区与中部的筒体之间加设一条通道，方便领导活动。

3.2.5 协调会纪要

1998年10月7日下午由主管副市长主持会议，就市民中心修改方案中的有关问题进行了研究，明确以下几点：

一、为了使市民中心的功能更为合理，在下步设计中将方、圆两个筒体对调；

二、与人防办协商将地下二层的人防单元从1 000m²扩大到2 000m²；

三、与消防局协商将地下一层的消防单元从1 000m²扩大到1 500m²左右；

四、机械停车系统暂不考虑，但可预留空间，待以后有需求时再上；

五、机关印刷厂不考虑放在市民中心大楼内；

六、争取市民广场明年开工；

七、市民中心的全部设计工作由中心办负责把关，市民中心建设办公室负责施工；

八、所有建筑材料的选择由中心办把第一关。

4.初步设计及施工图

4.1 初步设计

4.1.1 第一次初步设计

4.1.1.1 第一次初步设计成果(1998年11月)

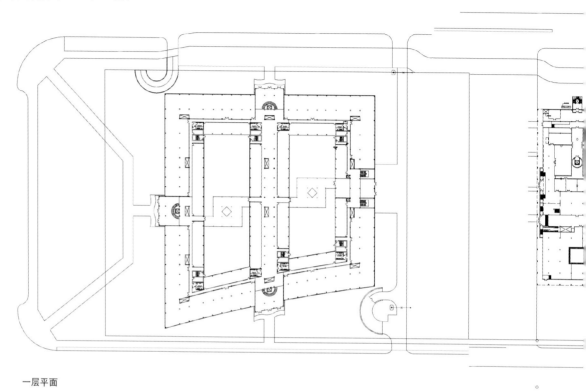

一层平面

4.1.1.2 第一次初步设计审查意见

李名仪／廷丘勒建筑事务所、深圳市建筑设计总院第二设计院:

我局于1998年11月26日～27日在深圳市设计大厦召开市民中心工程初步设计技术审查会,由我局中心区办公室、市民中心建设办公室、法规执行处共同主持,邀请各专业专家(附件一)共同会审。对你们共同提交的市民中心初步设计文件进行了审查,现提出如下意见:

一、汇总各专业的审查意见(附件二),本次初步设计文件的设计深度尚未达到中华人民共和国建设部1992年颁布执行的《建筑工程设计文件编制深度的规定》中关于初步设计的编制深度要求。请你们尽快按照《建筑工程设计文件编制深度的规定》的要求组织市民中心的设计工作。

二、1998年12月28日将举行"深圳市中心区重点工程(包括市民中心)暨地铁奠基典礼"随即将开始市民中心的地基土石方开挖工程。因此要求市民中心各阶段设计成果必须与工程建设进度同步协调进行。具体设计进度要求如下:

1998年12月30日严格按国家初步设计标准完成市民中心的正式初步设计文件(包括工程概算)。

1999年1月10日完成详细的初步设计概算。

1999年1月25日完成初步设计审查(国土、消防、民防、环保、防疫)。

1999年3月30日完成底板承台图(含插筋图)。

1999年4月30日完成±0.000以下所有图纸。

1999年5月30日完成全部施工图设计。

1999年6月30日完成室内装修设计图纸。

三、为保证市民中心工程设计及施工配合工作的高效率进展,我局建议你们两家合作设计单位尽快组成合作设计班子在同一地点(建议优先选择深圳市)共同开展设计工作,以便及时交流,密切合作,力争在较短时间内完成设计工作。请你们在1998年12月10日前将该工程的具体设计分工、时间进度控制表及切实可行的合作方式上报我局。

深圳市规划国土局
1998年11月30日

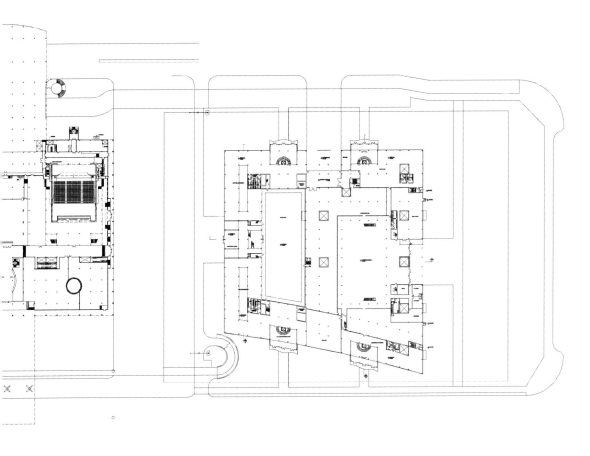

附件一

深圳市民中心初步设计审查意见邀请专家名单:

许安之:深圳大学建筑与土木工程学院 院长 教授(建筑)

左肖思:左肖思建筑设计事务所 总经理 总建筑师(建筑)

魏 琏:中国建筑科学研究院深圳分院院长、教授级高工(结构)

甄星灿:艺洲建筑事务所 总工程师(结构)

贾长鳞:深圳市给排水学术委员会主任(给排水)

凌智敏:机械部深圳设计院 主任(电气)

卢耀鳞:深圳市建筑设计总院三院副总工程师(空调)

附件二

市民中心扩初设计专家审查意见

一、建筑专业:

总的来说,设计深度与我国建设部关于《建筑工程设计文件编制深度的规定》有较大距离,具体如下:

1.总平面图缺:各建筑物层数;风玫瑰图;主要经济技术指标和工程量表;另外,个别标高、坐标有错漏。

2.各层平面:

(1)许多大于60m²的房间只有一扇门,不符合防火规范,如大会堂贵宾厅近200m²,只有一扇门出入。大屋盖下平面屋顶上的大片面积如何有效利用?相应构造措施,此平面图应补一张图或几张。首层平面东西向走廊与东西翼关系未加以组织,没有联系。

(2)西翼办公平面、剖面必须改进,内庭的形状、尺度、剖面适当架空处理,使南北两院通透,可利用庭院组织内部交通人流,并充分利用院内园林环境休息、观赏,以充分提高使用效果。

3.剖面:12—12剖面与所引的剖切位置不符,屋顶有组织排水未表示。

4.立面:屋顶斜杆为圆滑梭形,与实际结构构件有出入,屋盖檐口尺度过大,与办公楼楼面尺度不一致。

5.2 500座大会堂应另列出:

(1)视线设计,楼层两侧包厢席位应根据视线合理性加以改进;

(2)观众厅纵剖面设计;

(3)列出座位宽度和排距,精确的座位数;

(4)音质设计(混响时间、本底噪声);

(5)照明及电声系统。

由于大会堂上部为设备用房和电梯井离地铁线较近,应评估由于这些不利影响所带来的大会堂本底噪声升高及所采取措施,及能够达到的本底噪声级,是否符合国家关于会堂噪声标准。

6.从方案到初步设计的平面中,所有电梯都是单个设置,使用中容易造成因人流方向或使用问题而出现忙、闲不均衡,应在主要入口或人流集中的厅堂将电梯成组并联设置为宜。

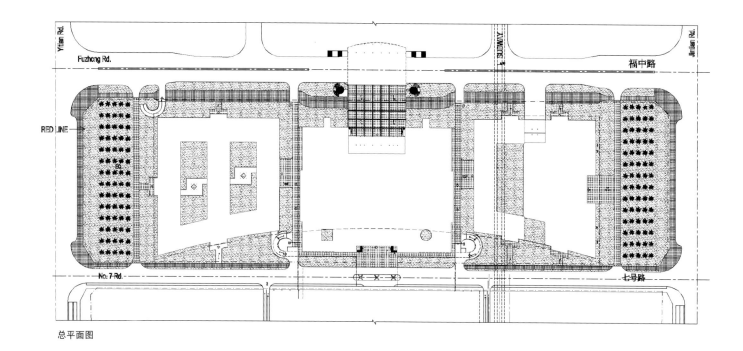

总平面图

7.设计说明中所列材料中关于进口材料表中所列材料有些应多采用国产材料(如花岗石),特别应多采用深圳产的质量过关的材料,市民中心应是国产材料的一次最好的永久性展览场所。

8.根据我国建设部规定,初步设计应列出门窗表,包括洞口尺寸,材料及类型,按此要求这次送审图纸未列出也未统计。

二、结构专业:

此次提交的扩初设计图纸其深度远远没有达到扩初设计应达到的深度,特别是在关键的结构问题上(如空间网架、支座节点、大跨度会堂等)没有提出任何量化的数据及理论分析依据。荷载的计算也没有提出,还有诸多上次专家评审提出的结构方面问题。

1.本结构设计的设计深度仅为结构方案的整体构思阶段,与深圳市结构专业的扩初设计审查深度相差甚远。

2.在结构设计中未考虑抗震设计,本建筑物是深圳市的第一工程,属于生命工程,其抗震设计应按七度抗震、八度设防考虑。

3.要求补充下列资料:

(1)结构专业的扩初设计说明书。

(2)提供不同荷载的取值,尤其屋盖部分的风压取值。

4.补充进行计算(提供计算程序的必要说明),并用国际通用程序进行校核比较,并提供下列计算结果数据:

(1)应进行抗震计算并提供在风力和地震力作用下的层间位移与最大位移,提供结构自振周期。

(2)提供在风力与地震力作用下的屋盖部分会产生挠度变形的最大点的最大变形值。

(3)提供屋盖支座在地震力与风力作用下的最大竖向力值。

(4)提供方筒转换层上下剪切刚度比。

(5)提供屋盖中间部分桁架的主断面尺寸与受力。

5.现屋盖中间部分为双曲平面桁架体系。本设计中成功解决了温度变形的影响,但在风与地震力的作用下屋盖与两个核心筒的整体变形的协同工作问题应加以解决。尤其在地震力的作用下,不同支座发生位移,对屋盖产生的内力与挠度影响应加以分析。

6.屋盖部分两个筒体上的一个联结点为固定端,在地震力作用下,固定端的水平力相当大,应研究解决水平力的传递问题。

7.应进行核心筒与屋盖钢桁架连接处的支座设计,支座结点应考虑可行。

8.提出屋盖的施工方案。

三、空调专业:

1.目前的图纸设计深度不够,将会给下一步施工图设计带来很大困难。

2.设计应按照中国有关的国家标准、规范进行。

3.对于8月10日国土规划局所提意见并未完全答复。

4.市民中心的空调负荷设计太小,根据初步估算及以往建成楼宇统计数据看,全楼冷水机装机总容量最少不抵于7 000USRT。具体装机总容量应以重新核算为准。

5.空调回风、新风、排风系统以目前设计情况看,运行情况复杂,难以保证系统新风量,在下一步设计中应仔细研究解决好这一问题。

6.在水系统设计中,二次泵应考虑采用变频调速技术以节能,其控制应与楼宇自控系统紧密结合起来。每台水泵均设备用泵,是完全不必要的,庆采用多台一备或互为备用的方式。

7.大会堂上层为设备层,应提供设备噪声、振动的详细解决方案。

8.冷水机组、水泵、自控系统建议用进口设备,其余可用国产设备,冷水机供电电压建议改为380V。设计中应提出详细的设备参数,以便于下一步施工图设计。

9.目前防排烟未设计,通风设计也不完善,煤气系统也未进行图纸设计,说明也没有。应预以补充完善。

10.设计中应对楼宇自控提出要求,并应在设计中对控制系统做出说明。

四、给排水专业:

1.水源:利用市政自来水($P=3kg/cm^2$)可从东、西、北三个驳接口引入给水管。

2.地下储水池除满足消防($V=540m^3$)

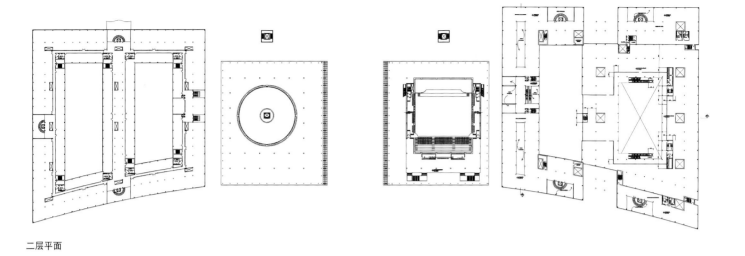

二层平面

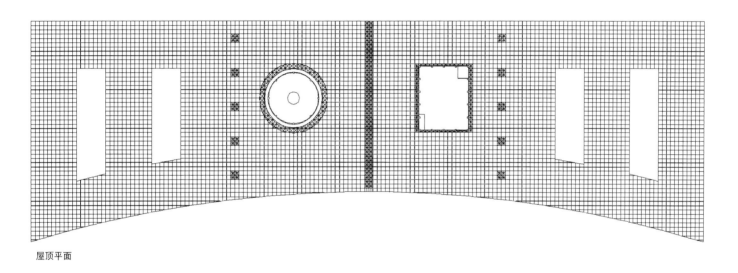

屋顶平面

及生活调节容量外,应考虑市政停水,抢修时间内的供水,抢修时间可按2~4小时计,或按职能重要性予以保证连续供水。

3.用水量标准:生活用水、直接饮水按规定文件之上限取用,展览馆、博物馆用水量宜少于办公用水量标准,其余办公用房均按高于正常标准选用。

4.管材:生活给水管采用铜管,污水管,雨水管按政府文件规定,采用UPUC塑料管。

5.系统分区:屋顶须设水箱一座,与冷却塔放在一个筒体内,不得影响建筑物的美观。低区生活用水只能到四层;中区、高区通过计算而定,使用压力不得超过规范规定,中高区给水支管设减压阀供水。

6.化粪池:不设,中心区污水处理系统已近完善,可直接排入市政污水管网。但与市政污水管网接驳处须作防毒处理,即

在出口处加一P型存水弯。

7.天面雨水立管设置在支架内筒内。

五、电气专业

由于设计方对我国国情及相关的设计规范不够了解,不够理解,其初步设计存在以下两个方面的不足及缺陷。

1.设计深度

电气(含强电及弱电)初步设计的深度极浅,完全达不到建设部或深圳市规划国土局的要求。

2.设计内容及技术

(1)关于市民中心用电量的设计

我们认为初步设计的用电量过大,例如,办公楼设计了四台1500kVA变压器,进行复核、估算,其用电量不足原设计用电量的1/2或更少,这势必会增加用电设备的初投资,造成运行费、维护费的浪费。

(2)关于10kV高压配电系统的设计

10kV高压配电系统的初步设计,是无法得到供电局的认可,该产品尚未在深圳使用过,且供电可靠性欠佳,这将给今后的订货、使用及维护工作带来困惑或困难。

我们建议10kV高压配电系统采用"放射式"或"放射式 + 环网"的供电方式。

另外,请复核市民中心的用电量,再行考虑10kV电源进线为三回线或两回线。

(3)关于备用型柴油发电机容量的设计

据悉,空调专业的初步设计未设计防排烟部分,当然也不会提出防排烟设备,如防(排)烟风机,进风机,加压风机等设备的用电量。同样,水专业亦未提出相关的消防设备用电量,不知设计方是如何确定发电机容量?仅认为建筑面积大致相同,因此发电机容量也相同的设计是不科学的。

(4)关于利用太阳能发电的设计

利用太阳能的能量发电是件值得欢迎

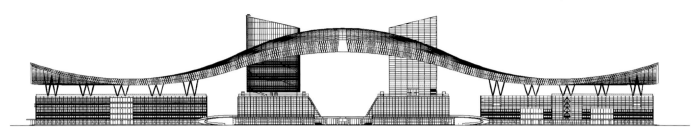

南立面

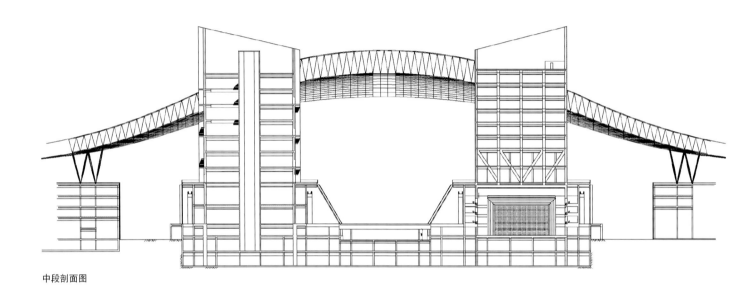

中段剖面图

的事,电气专业在施工图设计中亦可考虑,但设计方应提供如下参考:在四个区域内,太阳能转换为电能的kW数分别按多少考虑。

(5)关于冷水机设备使用的电压等级

对于大容量的冷水机组采用高电压以减少工作电流的设计是无可非议的,由于深圳地区从未使用过该产品,也无法解决由此带来的一系列问题,因此建议采用额定电压为400V的产品。另,冷水机组设计的台数少了,是否可增加至6台,或合适的台数,满足市民中心多功能用途的要求。

(6)关于密集型母线槽的设计

初步设计中过多地选用了母线槽设备,有些场合,仅一台配电箱,设计中选用电缆供电,然后改成母线槽,此设计令人费解,这种设计不仅浪费,而且可靠性反而下降。

(7)关于防雷设计太过简单,仅有几句

话,无法令我们理解其设计思想,请补充。

(8)在施工图中,各设备用房的位置及面积均会有较大的变更。

由于初步设计的不足和缺陷,必会给施工图带来较大的变化及困难,例如,如前所想,冷水机房的设备应增加,为其供电的变配电室,亦要进行调整及增加;又如设计中未考虑发电机组如何进风、排风、及排烟、泄爆等,因此调整发电机房设置的位置是必须的,这些调整必然会加长设计周期。

(9)BA系统(即楼宇自动化系统)的初步设计缺项。

据我们估算,空调设备用电量约占市民中心全部用电量的1/2以上,因此空调设备的节能运行极为重要,设计方在初步设计中未能设计以空调设备节能为主的BA系统,这属缺项,应补上。

(10)关于市民中心智能化设计及用电

设备选型的几点建议:

智能化设计是一门多学科的系统工程设计,它的内容包括CA(通讯自动化)、OA(办公自动化)、BA(楼宇自动化)三大系统以及综合数据传输的通讯网络系统——结构化布线系统。

我们建议中心办成立智能化设计专家组,由设计院方面牵头,对智能化系统定位。此外,还要认真分析深圳乃至全国智能化建筑失败的教训及成功的经验,这样才能作出符合国情的设计。

关于设备选型方面,我们建议如下:

高压配电设备、柴油发电机组、火灾自动报警设备及智能化设备选用进口产品;其他设备可选用国产优质产品。

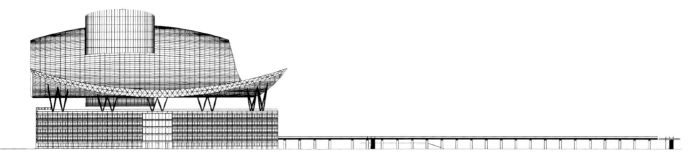

西立面

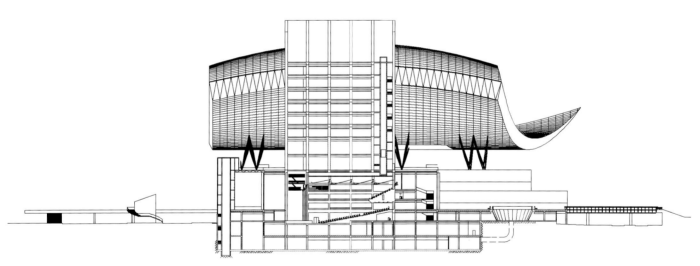

南北剖面

4.1.2 第二次初步设计

4.1.2.1 第二次初步设计成果

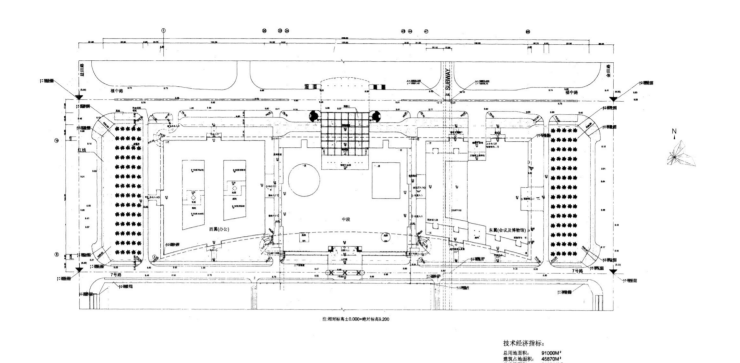

注:相对标高±0.000=绝对标高9.200

技术经济指标:

总用地面积:	91000M²
建筑占地面积:	45870M²
总建筑面积:	219314M²
容积率:	1.80
覆盖率:	50.4%
绿化及道路面积:	49.6%

成果说明

一、设计规模及范围

1.设计规模:

总建筑面积: 206 099m²

层数(不包括地下):

办公: 5层

展厅: 10层

博物馆: 展厅3层

管理办公室3层

辅助用房5层

屋盖拱顶高度: 72.8m²

设计范围:

深圳市民中心由美国李名仪／廷丘勒建筑设计事务所承担建筑、结构、给排水、电力、照明、通讯、自动化控制以及通风、空调等方面的设计。由深圳市建筑设计研究总院第二设计院配合协助进行以上的设计工作并进行地下室人防工程设计。

2.设计特点:

深圳市民中心将于21世纪初建成,势必受到国际上关注,要满足新时代的双重要求——既严格又灵活应变;在设计构思中既考虑国际性因素,同时也反映中国民族及地区的种种特色。

强调贯彻整体的生态设计思想,以中央绿化带为主轴,以中、低层建筑群为主体的建筑布局,形成良好的城市生态环境,并具有深远的意义。

采纳先进技术,诸如:"节能"、"节耗"、"有回报"的技术措施,设计综合发电、遮阳并举的屋顶,"遥控"、"遥测"的实用管理技术,以及办公"智能化"的基本系统等。

进一步完善屋顶檐口曲线;深化内庭院的设计,添加有顶回廊,使交通便捷且更具中国特色。

更确切地调整了"市民中心"与"市民广场"之间的几何关系与尺度关系,使之暗含着中国城市的历史韵味。

市民中心采用西、中、东三段平面组合,西翼为"日"字形平面,为办公部分;中段由方、圆两个中筒组成,为会堂及工业展览厅;东翼以博物馆为主,兼有部分市政展览厅。三部分既有独立的竖向交通枢纽组织,又能在横向进行必要的联系,合理解决各种使用功能的分区与连接。

西、中、东三部分主楼均采用框架结构,大屋顶采用钢网架形式。办公、展厅、博物馆等均有开敞、灵活的空间,同时展厅、博物馆部分根据功能要求采用不同层高以充分合理地利用空间。

二、总平面

(一)红线要求:

市民中心主体建筑北退20m,东西两面各退80.5m。

(二)主要出入口位置及流线:

1.人流:

1)市政厅西翼办公部分,首层主要有四个办公专用出入口,西面为二办的主入口,东侧为一办市长专用出入口,便于管理、保安。

2)中段的展厅、会堂部分,首层南面为主要入口,面临7号路,二层平台南面与广场相连,在北侧分别设置了两个楼梯及电梯通至裙房平台,使上下、内外空间可以畅顺地衔接。北面首层设卸货平台,便于货物的出入。并预留5个大巴停车位。中段西、东两侧,均有辅助出入口与西翼、东翼相连,便于人流疏散。

3)东翼为市政展览厅及博物馆部分。市政展厅与中段展厅相通,并在西侧设有会议厅出入口,南北侧各设有独立的出入口;博物馆东侧为主要出入口,北侧为货物出入口，南侧为博物馆办公出入口，这样三个出入口将参观、办公、货物搬运清晰地分开。

广场地下部分与地铁相通，将大部分人流直接引上广场，再带进展厅部分。

2.车流：

西翼办公地下一层，中段地下二层设置停车场，西翼地下一层停车场可停261辆，中段地下二层可停222辆。由于高度较高，大部可考虑双层机械停车。西翼西北角、东南角，及中段南面的西、东两角均设有地下车库双线环形坡道出入口。一办首层主出入口及公众礼仪主出入口的通道（西翼与中段之间,中段与东翼之间通道），两端均设有保卫卡，便于加强保安。

博物馆及展览、会堂的参观群众，均可使用南面广场的地下停车场停车。大巴的地上停车，可与北面音乐厅共用，白天主要为市政府部分使用，夜间为音乐厅使用，可以提高停车场的利用率。

货物停车本着即到即卸即走的原则，中段北面及博物馆北面均设人大面积卸货平台和卸货区，博物馆部分还应使用特殊要求划分出临时存放卸货区，方便大型临时展品的停放、保安。

三、平面功能

（一）平面组合：

1.西翼办公部分：

办公部分设地下停车库，首层至五层均为"日"字形的市政府办公用房，内有两个庭院。并与侧边办公楼用房有机地连接。

2.中段会堂及展厅部分：

中段地下二层为设备用房及地下车库，地下一层大、小食堂、厨房、保卫用房及设备房;首层南侧为市政府对外的信访、咨询、市政档案室、新闻发布室等，方形部分为2500座的会堂;中部为多功能厅，其北侧为卸货区，圆形部分为公众礼仪、会客室及工业展览厅的贮藏室;二层为市民广场、方形会堂、公众礼仪部分及圆形工业展览厅主入口。

方筒：四层为会堂，30.9m标高为设备房，37.2m标高为服务中心，44.2m标高为信息交流中心，49.2~74.2m标高均为档案室，74.2m为露天设备房。

圆筒：15.0m标高为工业展览多功能厅；60.9m标高为办公；

22.4m标高为新产品定期展示厅；66.9m标高为公众形象展厅；

30.9m标高为出口产品展示厅；72.9m

标高为露天设备房；

36.9~60.9m为公众形象展示厅。

3.东翼博物馆及市政展览部分：

东翼与中段相临一侧，分别为市政展览厅、城市建设成果展厅、精神文明展厅和会议厅（三~五层）。博物馆部分，中间为3层高的大堂，并设置展厅，北侧为储藏室、书店、资料、档案等，南侧为博物馆管理办公，功能分区明确。

（二）空间组合：

西翼办公部分，两个内庭园将办公区有机的围合在一起，为办公部分提供了良好的外动内静的办公环境。

中段广场进入主体二层平台处，将大环境的室外广场引入了主体建筑的半室内广场，又通过展览、会堂的通廊大堂将室内多功能厅扩大至广场，使中段广场成为一个公众集合的中心。进入圆筒形的工业展览厅内，每层扇形平面之间以上下旋转空间，为市民参观者提供了一个崭新和富有动感的视觉感受，不仅是展品的引人入胜，就是工业展览厅本身体态及内部变换，足以让人驻足举目。

东翼博物馆由于本身的功能要求，内部设有3层高的大堂,环绕大堂的展厅并联系各层的自动扶梯，为博物馆提供了合理的参观路线。

大堂上空设置玻璃光棚，足使共享空间明亮和富丽。

（三）垂直交通：

1.西翼办公部分，地下室为停车场及设备用房，共17 107m²，分别设置5部电梯6个楼梯直通首层，办公部分主体共5层，每层办公面积13 538m²，设备用房213m²，每层均设有5部由地下至顶层的电梯和11个由首层通至顶层的楼梯。

大堂电梯采用1.588吨液压客梯，行政办公大堂电梯采用0.907吨液压客梯。

2.中段共有四部电梯及10个楼梯由首层通至地下二层。将地下车库、食堂及市政府对外办公部分竖向结合。为进入食堂方便，另在首层西、东两侧各增加了一个通往地下层食堂的疏散楼梯；地下室设备房部分有两部电梯及两个楼梯通至首层，为方便货运，在北侧卸货台通地下一层厨房处，设一部货运电梯。

方筒内部主要以四部楼梯为会堂垂直交通，上部市政机关的配套服务部分，增加了两部自动扶梯及两个由二层平台起跑的直跑楼梯分别到达各层，于北侧设一台

消防电梯和楼梯，停首层、二层并在30.9m标高处转换到方筒内的消防电梯及楼梯。

圆筒部分，内筒设一消防电梯通至各层，南向设两个楼梯服务首层至三层；北面设两部电梯及楼梯（含消防电梯及楼梯）服务至30.9m标高处。筒外侧，由东西两侧设置的二部由二层平台通至顶层的直跑楼梯和两个自动扶梯，中段部分电梯选用有3.629吨牵引货梯3台，2.268吨货梯1台，1.588吨液压客梯2台，1.134吨牵引货梯1台，0.907吨液压货梯1台。

3.东翼市政展览部分，南北对称各设一部由首层通至各层的电梯，并在中间设两部电梯，两部自动扶梯及两个楼梯，方便各层使用。

博物馆部分，贮藏区设一由地下室至地上各层的8.165吨液压货梯满足展品运输；入口大堂处设两部自动扶梯至三层，并在三层转换为另外两部自动扶梯通至屋顶展区。其余展览厅部分另增设一部电梯及七个楼梯，供参观者使用。南北侧办公区，各设一部电梯及一个楼梯，供内部使用。

一般大堂电梯采用1.588吨液压客梯，行政办公大堂电梯采用0.907吨液压客梯。

四、立面设计

1.市民中心主体建筑由西、东两翼和中部主体三段组成，东西两侧以办公、博物馆为辅，中段为方、圆筒、裙房与展览、档案、市民活动中心为主体，通过双曲面的大网架连为整体，两翼屋面与中部裙房平台齐高，造型简洁、精美、富有动感，大有大鹏展翅之势，实为人们喜爱的雕塑性建筑。

2.大胆地采用虚实、块体、色彩、材料的对比，如主体裙房大片玻璃幕与圆筒金属穿孔板，方筒金属板实体的对比；主体、方、圆筒之间与南面露台凹下的圆、方玻璃锥筒的平面与立体的交错对比；红色的方筒、黄色的圆筒、蓝色的金属板屋盖的三种原色的强烈对比。种种手法均使该建筑既有鲜明突出的建筑个性，又与周围的建筑环境充分协调。

3.屋盖下的树状斜撑体系形象与中国建筑传统"斗栱"外貌不尽相同，但精神实质却大为相通，既显中国建筑在结构上的传统特色，又极具通透的现代建筑气魄。

4.双曲面的网架屋盖，外饰蓝灰色铝板，虽为结构构件，但其造型却具有强烈的雕塑感，其造型有刚有柔、有放有收、形态极为舒展。

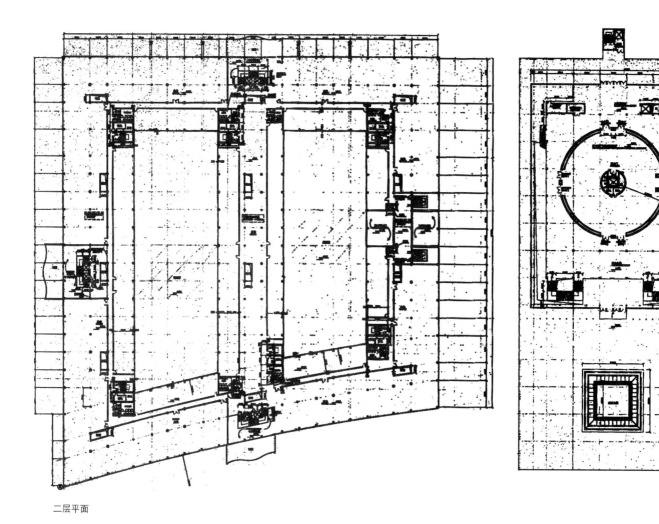

二层平面

4.1.2.2 第二次初步设计审查意见

1999年1月11日深圳市规划国土局邀请各专业专家对李名仪／廷丘勒建筑事务所及市建筑设计二院于1999年1月4日第二次提交的市民中心工程初步设计从深度、广度及修改等方面进行专业分组(建筑、结构、给排水、电气、通风空调)讨论并汇总,形成了审查意见。会议纪要如下:

一、建筑部分

本次初步设计对上次设计审查提出的意见进行了一些答复、修改、完善,也较详细,设计文件也得到了补充,有了较大的提高。

1.总平面方面

总平面布局需与城市公交结合考虑。

道路中(南面)天桥柱的处理,尽量取消或只保留一根柱,不要设计成梅花形柱子。

中轴线南侧入口退后,扩大入口处广场。

各入口处须考虑汽车上、下点与道路的关系,解决好交通人流、车流等的关系。

适当考虑设置自行车的停放位置。

与消防局联系后,按消防车的型号、规格及消防高规要求。

2.建筑艺术与环境

整个建筑设计应充分考虑中国文化背景,反映深圳特区的政治、历史、文化渊源,充分考虑当地使用对象和市民的具体情况,建议全面考虑与园林、室内装修、艺术、雕塑、字画等艺术手段相结合,使建筑空间不仅满足使用功能,且要使市民中心建筑具备相当的文化艺术内涵。

平面布局尤其是办公部分过于呆板且过分追求对称,使空间效果过于平淡,可在内廊转折部分与园林结合处理成"厅"、"堂"形式,使平面处理自然而有生气,从而增强建筑内部的特性和可识别性。

要根据深圳地区的气候、地理条件借鉴岭南建筑的传统做法,在入口处增辟架空的园林空间,以方便市民出入大厅可等候、停留。

3.平面布局

剖分平面布局未按上次审查会议的建议进行调整。

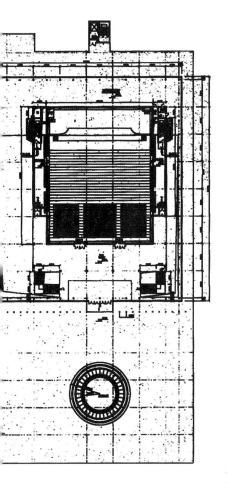

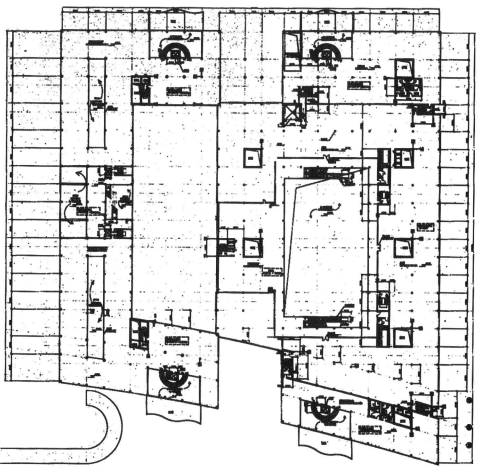

首层应设置保安、清洁等辅助用房。

中区地下一层厨房部分需对备餐、餐厅等部分的面积进行核算,应单独设置厨房及服务人员的卫生间。

2 500人会堂视线处理分析深度不够,避免视线死角,最好按错位安排座位。

舞台纵深较浅,应与结构结合考虑,加大舞台的纵深,或考虑前排位置安排活动座椅,为今后不同功能的需求提供余地。

酒吧处理是否可灵活生动些,为装饰设计提供空间。

部分门的宽度、数量、高差须进一步复核、调整,以满足消防、交通、疏散的要求。

后台贵宾入口处理局促(应大于1.4m

为宜),贵宾房使用功能设计意图不明,设备管井较多,影响美观。

女演员与贵宾合用卫生间且演员上台经过贵宾房欠妥,应调整。

4.消防

防火门未表示位置、等级,防火分区的划分不太清晰,且防火分区面积超标,需考虑调整。

地下室楼梯(经常使用)旁应设消防器材堆放间。

大屋顶以上部分怎样防火,在设计中应体现。

按规范中"宜"字标准的设计,应事先与消防部门沟通。

5.防排水

五层屋面排水未做处理,建议结构找坡。

地下室防水设计应考虑防排结合。

东区博物馆货梯应设在总库房的外面,文物储藏室上面不应设有水的房间。

适当提高±0.000的标高,同时解决好室外雨水的排放问题。

6.图纸设计不合理部分

办公入口门厅处楼梯过长且不适用,考虑调整。

地下车库的布局欠合理,面积浪费较大。

办公部分走道需加宽。

市长办公室入口处的处理:正对入口的柱要调整。两台电梯分两边设置,从使

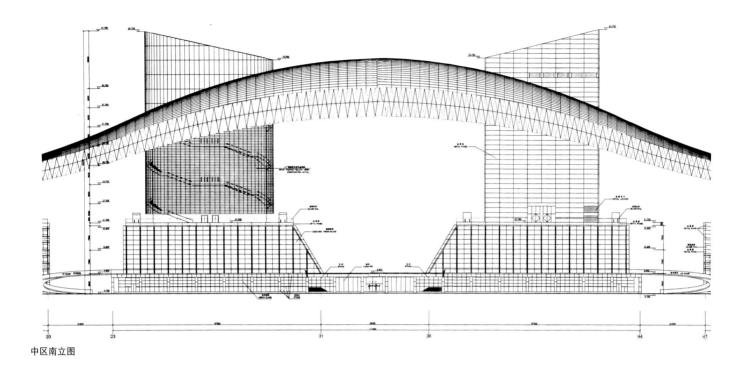

中区南立图

用角度考虑不方便。

对残疾人的无障碍设计,应更详细周到。

中区有三部电梯未落地,极不安全,亦不符合政府有关规定要求,须调整。

7.图纸遗漏

图纸重点部位的比例应放大到1:100,以达到设计深度要求。

中区南侧螺旋车库坡道入口路线表达不清,须明确。

楼梯从哪层到哪层需明确。

电梯选型应尽快确定。

博物馆设计应考虑到对文物的特殊处理。

要求有门窗表,利于概算,进行投资控制。

在下步深化设计中,应考虑标志牌位置、尺度比例等方面的问题,在立面设计中同时报建。

二、结构部分

1.本次扩初设计从深度方面比上次均有较大进展,原则同意此扩初设计。

扩初设计深度仍然不够。主要是大屋顶网架及其支承节点的设计尚未完成,有待深化。

为保证工期要求,同意提前进行桩基、承台及底板的施工图设计。

结构抗震按七度区乙类建筑设计。

2.建议及要求

建议做圆筒与方筒整体的振动台试验。

风荷载涉及安全及经济效益,要求承担试验单位完成分析报告并建议指标参数,主要是明确风荷载的设计考虑取值。

中心建设办尽快与地铁办协调地铁线路事宜。

建议中心建设办尽快组织进行施工招标,可由承建商邀请有关专业设计单位参加设计。

由中心建设办或设计二院组织邀请专家分别针对如下问题进行专题讨论:

地铁穿越市民中心东区而引致的隔声、减振。

大面积混凝土因水化热而引致开裂。

地下室底板及侧壁防水。

大屋顶支座节点构造及水平位移对屋架体系引发的内力。

风荷载的取值。

3.设计单位完成扩初设计再报审批同意后,方可进行施工图设计。

三、给排水部分

给排水各系统设计较合理,但图纸内容和深度未达到建设部有关规定的要求,应予以完善。

1.给水部分:

室外给水接口的位置,应与现场实际相吻合。

生活用水量计算,应重新复核,要考虑理发店、洗衣机房、冲洗汽车用水等水量。

室内生活给水系统的分区,应结合市政管网的压力,并结合用户需要予以综合考,既要利用管网自由水压,节省能源;又要保证安全可靠供水。

生活水箱供水应有保证水质不受污染的措施,建议在水箱出水箱上设置过滤器。

生活水池应考虑排污措施。

2.直饮水部分:

饮用水系统设计,建议留有余地,充分考虑检测手段。

应考虑各储水点的减压措施。

应考虑各单位用水的自动计量。

应考虑整个系统不存在死水。

饮用水嘴的设置由甲方确定。

水处理设备采用进口设备。

3.热水部分:

办公部分设置集中热水系统(公共厕所可不设),其他部位根据甲方要求,设置局部热水系统 。

4.排水部分:

室外排水接口的位置应与现场相吻合。

污水不设化粪池。

室内通气管在施工图设计时应完善。

屋面室内雨水管DN300,请设计院再复核一下,并考虑安装要求。

排水泵出水管应设减振措施。

5.消防部分:

喷淋泵、雨淋泵均应设过滤器和减振措施。

消防水箱应分格。

屋顶试验消火栓应设压力显示装置。

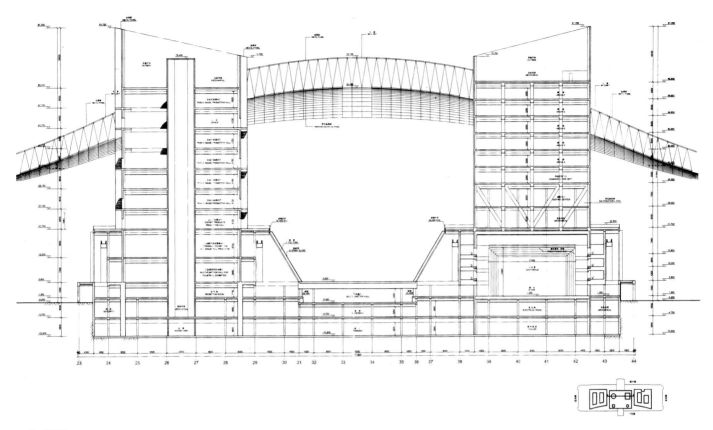

2-2剖面

气体灭火由专业消防公司设计，设计院应提出设置CO_2的具体位置。

6.其他：

生活给水管采用铜管。

污水管采用柔性排水铸铁管。

水泵采用进口泵。

水池进水采用液位控制装置。

四、电气部分

市民中心电气初步设计经过深圳市建筑设计二院的努力，已达到初步设计深度，可以通过初步设计审查。尚有如下问题须解决：

1.强电

市民中心由于用电量较大，设计了三路高压电源进线及两台备用柴油发电机组，对于一类用电负荷来说，供电是可靠的，再加之选用进口的10kV断路器配电设备及电缆，设备的可靠性也是有保证的。

10kV配电系统图及平面图的设计中均为三电源、四段母线、七开关，请修改为三电源、四段母段、六开关，可以省去一台开关柜，约20余万元。

10kV三电源的电源开关与分断开关间无法实施机械联锁，且供电局不要设机械联锁，仅设电气联锁即可。

为节约成本，减少日后市民中心的运行费用，设计院应重新设计10kV配电系统，三条同时工作的电源线路应设符合供电局计量要求的10kV专用计量柜，令市民中心实施电费高压计量。取消10kV高压母线槽，可节约投资20万元。

请重新计算及分配负荷，原设计变压器共17台(不含备用)，现建议改为14台，具体建议为：1#变电所原设计10台变压器，现改为8台，3#变电所原设计3台变压器，现改为2台。

高压配电设备宜采用放射式方式向各配电变压器供电，为安全可靠，2#～4#变电所各变压器高压侧设带保护外壳的负荷开关，取消原设计的环网柜设备。原设计中17台变压器由16台馈线柜供电，现改为14台变压器由14台馈线柜供电，可节约40余万元设备费。原设计中10kV高压配电室共设35台高压开关柜(含备用2台)，现改为32台高压开关柜(含备用2台)。取消带熔丝保护的环网馈线柜8台，联络柜3台(详电初02图)，约节约46万余元。上述10kV高压配电系统的修改，总计可节约120多万元。此外，请取消BZT继电保护设备，进线请取消延时过电流保护。

由于变压器台数减少，低压柜的台数定会减少，请按供电局的要求，或计及变压器的损耗，进行低压侧功率因数补偿。

请改正图中多处笔误。

冷冻系统及水泵系统用配电箱最好不要采用抽屉柜。

10kV配电系统为小接地短路电流系统，与以往的不接地系统相比，接地故障增大许多倍，为安全计，10kV配电系统的接地应与低压配电系统的接地分开，如若共用接地体，其接地电阻应不大于0.1Ω。

发电机房不要设太多间隔，配电室应靠近机组，请核实两台发电机组的进风、排风面积，请考虑消烟池的位置，油箱应有泄爆措施。

大功率的电动机应降压起动。

利用金属屋面板做接闪器是合理的，有许多做法及要求请在施工图中进一步考虑，请将东、西、中三部分的基础贯通。

2.弱电

火灾自动报警系统的联动设计中，除对消防泵、喷淋泵等要求实线连接手动直接起动外，对排烟风机、加压风机等也提出此要求，这势必增加强电控制设计及平面线路布置的工作量(规范中并无此要求)，请与强电工种协商。

广播系统的容量除满足消防要求外，是否还应满足其他灾害，例如震灾、核灾发

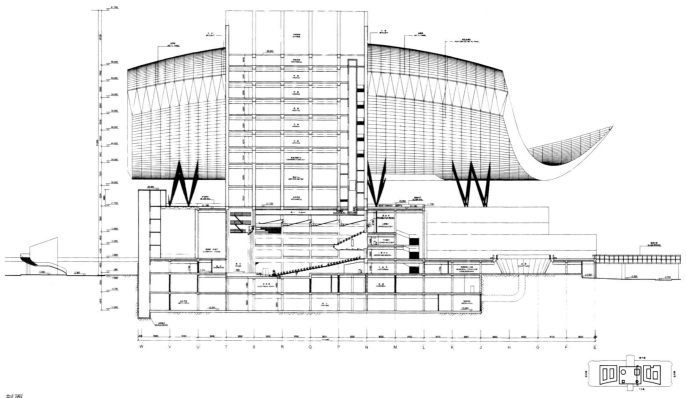

剖面

生时，对全大厅广播的要求。

BA系统的功能点的设计，应在实用前提下，力求经济，例如检测水泵（冷却泵、冷冻泵）不见得要用价值300余美元的压差开关，可以采用功能相当的水流指示器，其价格仅为100余美元。

智能建筑是一项高科技、高投入、多学科的工程，投资风险大，稍有不慎，势必给国家造成巨大损失，进行设计前，还需进行大量艰苦、细致的准备工作，特别是市民中心智能化定位事宜值得集思广益，不能急于求成。

五、通风空调部分

经过专家们深入的讨论，一致认为通风空调的设计既有一定的先进性又稳妥可靠，基本满足了市民中心这样一个跨世纪一流建筑的要求，专家认为通风空调专业初步设计是基本成功的，可以通过审查。但也存在以下问题在下一步施工图设计中予以落实完善。

总的装机容量8500RT是适中的，从单位建筑面积的冷量指标看不高，但在下一步设计中应对同时使用系数进行进一步核实，以便核验精确的装机容量。同时机组配置方案应根据档案馆、博物馆恒温恒湿的面积核实冷负荷后重新配置。

风柜集中设置，应充分考虑噪声和振动的处理问题。

风系统管网复杂、管路长，阻力平衡难，设计单位应进行精确计算，并设置调节装置予以调节。同时运行中的节能问题也应予以充分考虑，有条件的系统应搞变风量设计。但末端是否采用变风量末端经考察有成熟的产品时考虑使用。有的风系统过于庞大，请建筑予以配合，给一定的机房，将系统改小，以利于将来的运行及节能。

集中回风，为余冷利用创造了条件，在可靠有效的条件下，应考虑余冷利用。

为了降低噪声，保证运行效果，应根据系统情况决定采用单风机系统还是双风机系统。

防火分区不合规范要求的，本专业应向建筑专业提出；同时应按规范要求做好防烟分区的划分。

空调自控系统应将节能运行计划纳入其中。

深圳市规划国土局
1999年1月11日

附：专家名单

许安之：深圳大学建筑与土木工程学院院长 教授（建筑）

左肖思：左肖思建筑设计事务所 总经理 总建筑师（建筑）

付秀蓉：深圳华森建筑与工程设计顾问公司 高级工程师（建筑）

魏 琏：中国建筑科学研究院深圳分院院长、教授级高工（结构）

甄星灿：艺洲建筑事务所 总工程师（结构）

贾长鳞：深圳市给排水学术委员会主任（给排水）

凌智敏：机械部深圳设计院 主任（电气）

卢耀鳞：深圳市建筑设计总院三院副总工程师（空调）

许国元：深圳市规划院 高级工程师（电气）

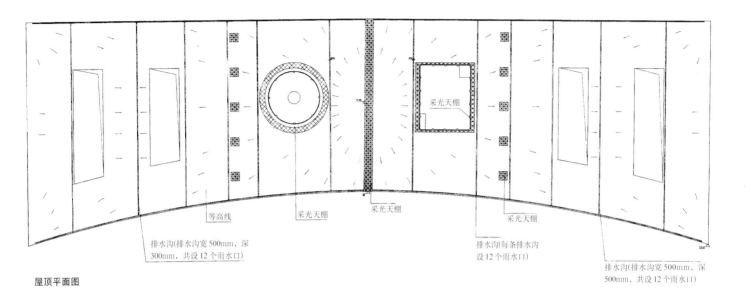

屋顶平面图

等高线
采光天棚
采光天棚
采光天棚
排水沟(排水沟宽500mm，深300mm，共设12个雨水口)
排水沟(每条排水沟设12个雨水口)
排水沟(排水沟宽500mm、深500mm，共设12个雨水口)

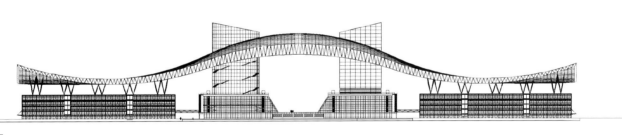

东西向剖面图

4.1.2.3 屋顶结构讨论意见

1999年3月29、30日在深圳市市民中心建设办公室举行了深圳市市民中心钢屋盖部分扩大初步设计专家审查会，经过深入讨论与研究，专家一致认为钢屋盖部分的结构方案考虑比较周到，是合理与可行的，同意设计单位提出的扩大初步设计，但还有以下问题有待改进与优化：

一、对抗震设计问题应进一步进行工作，设计中应考虑下部简体与上部钢网架的协同工作，进行整体的抗震验算。建议在扩初设计阶段进行振型分解反应谱法计算，在施工阶段进行罕遇地震的弹塑性时程分析。根据地震计算结果，对薄弱环节进行改进与加强。

二、风荷载的体型系数应按照风洞模型试验结果以及参照荷载规范有关系数两种情况进行计算，并取其较大的内力值作为杆件设计依据。

三、屋盖两翼与中间部分宜脱开，不用插接方式。

四、屋盖部分，网架的形式与尺寸宜进一步优化，特别应注意主桁架的总体稳定以及与次桁架的连接。

五、网架结构的节点应在施工方便可行的基础上，分别考虑采用焊接球节点、螺栓球节点或相贯节点的可能性，并在设计文件中予以确定。

六、中部结构简体上固定铰支座的数量与构造方式应进一步深化研究，并建议做足尺的节点试验。

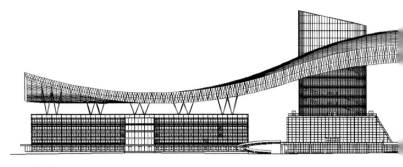

立面1

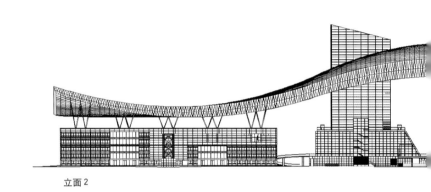

立面2

东西剖面

4.2 施工图

4.2.1 施工图主要图纸

4.2.2 审批意见

4.2.2.1 1999/9/27意见

所报市民中心施工图,为配合其工程进展的要求,拟同意先开展工程施工准备工作。由于该项目功能复杂、规模庞大、地位重要,设计机构仍需认真考虑和落实各个设计阶段的政府职能部门审批意见及评审专家意见,严格保证设计质量和水准。并请筹建单位认真组织设计监理机构审查施工图,审查意见及落实情况报我局。以下

有关室外公共空间和环境的改进意见也须认真落实并予以回复:

1.室外环境须进行详细的专项设计,特别是东西两翼广场及各个入口须进行环境艺术方面的重点处理,使其既整体统一又具有可识别的个性特色,同时便于聚散、等候和休憩。

2.建筑内部庭院须进行详细设计,目前施工图设计简单雷同,相对封闭,应予改进。各庭院应具有主题和特色,方便进入和分享,达到景观办公的目的。

3.东西两翼和中间段的二层平台之间缺乏联系通道。本项目为多种公共建筑的

综合体,相互之间应形成一个以中段大平台为中心的公共通道系统,以便公众使用及参观访问。

4.建筑屋顶平台应充分利用并进行精心的环境设计。现阶段设计或未考虑平台利用,或通过封闭消防梯进入屋顶,屋顶长凳、绿地、铺装设计均过于简单,应予改进。

4.2.2.2 1999/10/10批复意见

建设部门来文就我局批复的市民中心工程施工图审批意见的第三点(即要求加强东西两翼和中间段的联系)提出不同意见,并由设计机构附文提出解释:"根据甲方提

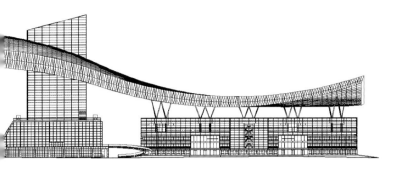

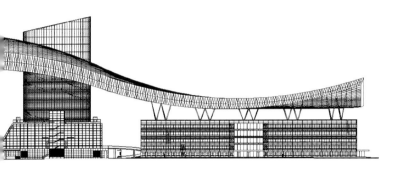

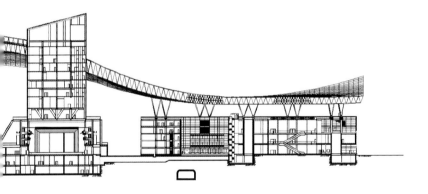

供的项目内容修改文件，建筑使用功能有重大调整。在多次专家领导会审讨论中，根据各方意见，均认为东西两翼和中部二层平台之间联系通道应该取消。"现就来文意见回复如下：

市民中心是由政府办公、博物馆、工业展览、档案馆、会堂及市民活动等内容组成的综合性公共建筑群，上部由480m长的屋顶连成整体的建筑形象。从设计逻辑和使用角度讲，也应有一个公共平台系统将各功能区连成互通方便的整体。创造新的方便公众使用的城市空间，应是市民中心的设计主旨之一。

甲方于1998年8月提供的项目内容修改文件(设计任务补充文件)，与东西两翼和中部之间联系通道的取消并无任何关系。其中联系西翼和中间段的通道在1998年9月设计方案修改中还存在。

遍查会议纪要和审批意见，在"多次专家领导会审讨论中"，未见"根据各方意见，均认为东西两翼和中部二层平台之间联系通道应该取消。"的记录。关于东西翼和中段联系问题，1998年8月方案设计技术审查意见提到"应加强建筑各功能区之

间的交通联系"；1998年11月初步设计技术审查意见提到"首层平面东西向走廊与东西翼关系未加以组织，没有联系"；1999年1月扩初设计审查意见提到"部分平面布局未按上次审查会议的建议进行调整"。事实是，各功能区的联系通道在初步设计多次审查的中间阶段，不但未能按专家意见予以加强，反而被取消。

以上为市民中心公共通道问题的设计和审批过程的说明，市民中心的设计和建设目前由市民中心建设办公室负责，我局将尊重市民中心建设单位的决定。

4.2.3 市民中心建设过程中的重大设计修改

4.2.3.1 市民中心前面道路改造

市民中心项目施工图目前正在报建审查中,其中设计单位提出需要做较大变更的是对市民中心前福中三路(金田路至益田路之间段,下同)竖向标高进行加高改造。现将有关具体情况报告如下:

一、市民中心项目初步设计审查后,深圳城市规划与国土局同意设计单位提出将±0.00标高提高0.40m。在进行市民中心周边交通、竖向设计时,设计单位提出对市民中心前福中三路竖向标高进行加高改造处理,最高处加高约1.5m,以便于从福中三路北与市民中心入口坡度控制在3%左右,且竖向衔接平缓。

二、1999年10月15日上午由主管副局长主持召开了有市内建筑、总图、市政方面高级技术人员参加的讨论会,对设计单位提出的建议进行了详细的研究。认为设计单位综合周边已建市政道路资料,为便于地面排水,将±0.00标高提高0.40m是合理的,但解决市民中心入口坡度问题的技术处理手法仅抬高已建市政道路竖向标高过于简单,不是解决问题的唯一方法,设计者工作不够深入细致。

三、目前市民中心项目进度紧张,基坑已经开挖,大部分施工图已完成,若要求设计单位以已建福中三路竖向标高不变为前提修改建筑物部分室内外标高,工作量较大,所增加的投资与改造福中三路竖向标高(约350万元)相差不大。

综上所述,解决市民中心入口坡度问题的方法,一是改造已建福中三路竖向标高,二是要求设计单位修改建筑物部分室内外标高。但是为保障工程进度,结合专家意见,深圳市规划国土资源局认为改造福中三路竖向标高是较简单可行的方案。

4.2.3.2 大屋顶结构的重新设计和监测

市民中心大屋顶的钢结构设计进行了2次设计,经优化后的设计将节约钢材2 000吨。市民中心大屋顶钢结构主体工程于2000年6月由建设工程交易中心公开招标,招标书中有关技术参数由李名仪/廷丘勒建筑师事务所提供。以中建二局南方公司为牵头单位的联合体以优化设计中标,并于2000年7月20日签订工程承包合同,合同总价为3659万元,用钢总量为3 888吨。大屋顶钢结构设计2001年1月完成。

工程中标后,中建二局联合体的设计单位中国海军设计院,经国内知名钢结构专家咨询后认为,李名仪/廷丘勒建筑师事务所提供的设计参数和中国有关设计规范不符、不合理。中建二局由此提交了《关于市民中心大屋盖设计计算中风荷载计算的几个问题》的报告,涉及到结构安全的重大问题。2000年9月23日,由建设局总工程师支国桢在市民中心建设办公室组织专题研讨会,做出决议,对原结构设计的边界条件进行重大改变,使得结构计算风荷载大幅度提高。同时,同济大学第二次风洞试验的结果及对风振系数的理论计算值亦相继提出实验报告,证明风振系数与原设计参数相差达3.2倍。由于设计的边界条件发生重大变更,经过中国海军设计院再次的结构设计计算,大屋顶结构的用钢量大幅增加(约为5 300~5 500吨)。由于设计图纸几次修订,使得大屋顶结构工程的工期延误已达10个月之久,极大地影响了工程的总体进度。

市民中心大屋顶钢结构系统超出了中国现有设计规范范围,结构形体世界少见。大屋顶结构在服役期间,当强风等外部荷载作用时,由于现场条件所限,人们很难及时地了解、科学及准确地判断屋面网架结构构件内力有无出现超出承载力,甚至造成结构构件损伤的情况。因此,对市民中心大屋顶结构进行智能化健康监测非常必要。该智能化健康监测系统能对大屋顶结构所遇台风、地震及超负荷等进行全年不间断监测并作出预警,在大屋顶结构发生危险时会自动监测报警,从而避免因结构变形而事先没有预警的突发事故发生。该项目由国内知名专家和清华、同济等大学建议,并历经半年多时间共同讨论研制,由香港理工大学和武汉工业大学进行设计。经过国内专家鉴定,该设计达到国际先进水平,符合21世纪建筑高科技技术的发展趋向,因此由市民中心建设办公室提出申请在市民中心大屋顶项目中增加结构智能化健康监测系统。

根据深圳市市长2002年10月检查市民中心建设现场会议精神,为抓紧市民中心工程的建设进度,严格控制投资预算,经深圳市规划与国土局商请市公安局消防局并经公安局消防局审核同意,同意在满足方塔和圆塔登高面增设能开启的外窗的情况下,取消市民中心方塔和圆塔之间钢网架上的人行连廊,同时取消市民中心大屋面钢结构防火喷涂处理。

4.2.3.3 取消安装太阳能板

市民中心原方案大屋顶设计采用太阳能发电,以太阳能发电屋面系统占整个屋面系统1/2计算,资金预计投入约为6 000万人民币。市民中心建设办公室于2002年5月举行市民中心屋顶太阳能光伏系统招标,北京科诺伟业科技有限公司中标。2002年9月市民中心屋顶太阳能光伏系统施工合同签订。

2003年1月市民中心建设办公室认为太阳能光伏发电系统设计、施工、验收等存在以下问题:

一、太阳能板与大屋面整体色彩不一致。根据市政府批准的投资立项,太阳能电池的覆盖面积为9 290m²,占大屋面面积的2/15。根据太阳能电池实际到货样板发现其颜色不能与1999年就确定的屋面颜色一致。

二、太阳能板在大屋面的平面布置问题。太阳能发电系统中标单位提供的太阳能电池平面不只实施方案与李名仪／廷丘勒建筑师事务所的布置方案不同。建筑师认为,考虑市民中心整体效果,太阳能电池布置方式不符合其设计意图。中标单位认为建筑师提供的布置方案由于电池板的倾角、塔楼阴影等原因,太阳能发电系统不能发挥太阳能电池板的最大效能。若要达到招标文件规定的发电功率,需要增加太阳能板的数量。

三、太阳能电池板与大屋面连接方式问题。中标单位提供的设计文件表明,太阳能电池板成组、集中地通过固定件固定于肋型铝板上,限制了上封板的自由伸缩,会影响大屋面结构受力性能,不能保证上封板的正常使用,导致上封板整体变形,甚至会造成局部破坏。这些问题的技术解决需要协商论证,具体落实时间不能确定。

四、太阳能发电系统及方向设置问题。根据中标单位提供的系统设计要求,要在原设计未加考虑的圆塔楼顶层布置每台荷重2吨的四台逆变器机房,需要对机房楼板进行加固处理,也需要较长时间占用现有施工电梯,增加相应措施费用。

五、太阳能发电系统设计、安装、验收问题。中标单位不具备电力行业设计资质,同时也不具有电力工程施工资质。因此太阳能发电系统及并网发电系统的设计、安装和验收纳不纳入基本建设程序都引发一系列的难题。

六、太阳能系统投资回报问题。市民

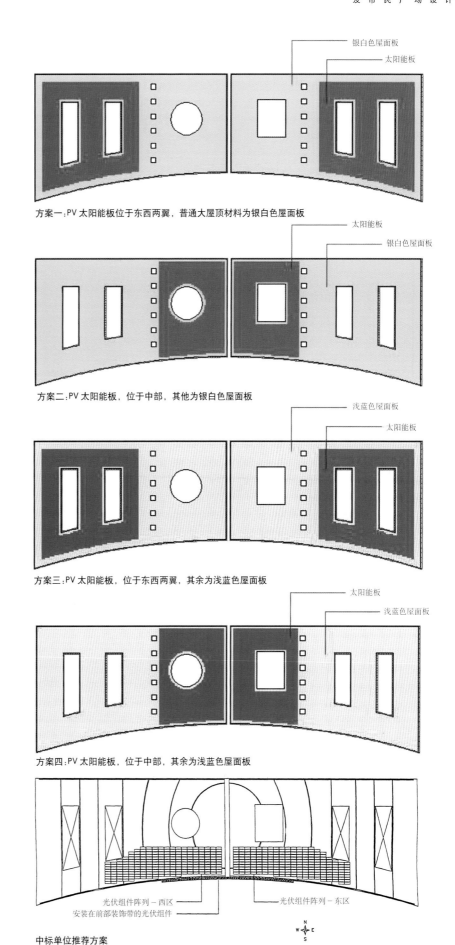

方案一:PV 太阳能板位于东西两翼,普通大屋顶材料为银白色屋面板

方案二:PV 太阳能板,位于中部,其他为银白色屋面板

方案三:PV 太阳能板,位于东西两翼,其余为浅蓝色屋面板

方案四:PV 太阳能板,位于中部,其余为浅蓝色屋面板

中标单位推荐方案

中心太阳能光伏发电系统投入资金6188万元，估算每年生产功率1 752 000kWh，按照深圳商业、服务业用电0.7元/kWh计算，每年节省电费122.64万元，投资回收期超过50年，加上备件损耗，实际回收期更长。而招投标文件中仅要求使用寿命20年以上。

七、太阳能发电系统设备订货问题。为保证太阳能发电项目建设时间表要求，中标单位急需马上订购设备，已提出申请亟待答复。

基于以上难以解决的问题，深圳市规划与国土局2003年1月正式向市政府建议取消市民中心大屋面太阳能板，以保证工程质量和进度。中标单位提出市民中心停止建设太阳能系统的7项影响。最终深圳市政府决定将合同预定的太阳能板用于其他场所。

4.2.3.4 市人大进入市民中心

市人大领导于2000年10月19日到市民中心现场办公时，确定由市人大进驻市民中心东区办公。市民中心建设办公室按照市人大领导的要求，委托深圳市第一建筑设计院对原来作为城市建设成果展厅的2万m²空间进行内部调整，作为市人大办公之用，并进行面积分配和房间布置。美国李名仪／廷丘勒建筑师事务所对反复修改的方案提出多次意见，主要是：不主张在两层通高主门厅内重新架设楼板的修改。建议遵照市领导"原则上保持现有建筑不做大改动"的原则，尊重工程现实，保留已建成的公共门厅宽敞明亮、庄重大方的原设计特点。慎重考虑变更后造成的该重点入口主要空间整体空间变化、结构改变、新增设楼板与已建成外立面玻璃幕墙的矛盾等等相关问题。同时建议重新分割房间的隔墙要遵循建筑模数以便与玻璃幕墙自然衔接。

对深圳市人大常委会办公厅2002年6月提出多种增建停车库的问题，经深圳市人大有关部门及领导与深圳市规划与国土资源局的反复研究和现场勘察，初步确认在各种可能的方案中，从市民中心中区地下二层车库约200个车位中为人大停车进行调配的方案是联系路线比较方便同时对投资和工期影响也是最少的方案，其他另建车库的方案在工期、造价上都存在较大问题，不再加以考虑。

4.2.3.5 加建常务会议室

市政府常务会议室由原西区四楼调整

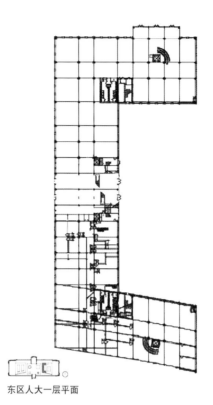

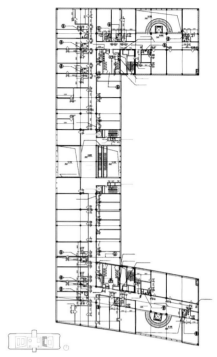

东区人大一层平面　　　　东区人大三层平面

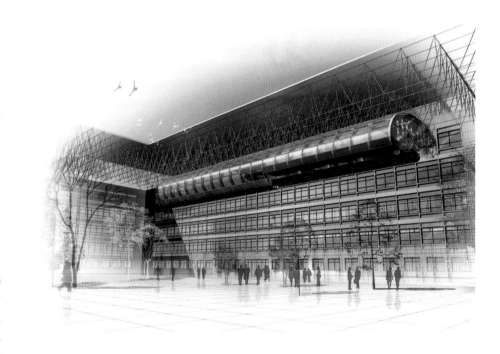

到西区中部五楼位置,是将原设计总共4层的中部增加至5层。市民中心建设办公室于2002年4月组织深圳市9家设计、装修双甲级资质的单位进行了设计方案竞赛,并对竞选方案组织了专家研讨。竞赛及专家研讨结果认为,常务会议室"弧形顶"方案设计较有新意。

该方案最终没有得到批准。针对随后委托深圳市第一建筑设计院提交的新加建方案,深圳市规划与国土资源局在9月及10月的两次批复认为:加建部分东西两侧檐口应与原设计的周边檐口保持一致。加建部分结构高度应特别研究,除会议室需要必要的净高外,其余辅助空间结构高度应与原有设计的其他五层办公空间结构高度尽量一致。李名仪／廷丘勒建筑事务所也针对加建方案对此提出书面意见,要求考虑重复加设的位于办公空间上空的公共卫生间的必要性、会议室的直接通风采光、入口前厅和候会厅的布置、设计模数等问题。

另外市政府领导办公室的位置和平面也由深圳市第一建筑设计院作了较大的调整。

4.2.3.6 中区方塔与圆塔增开窗户

中区方塔内部为档案馆,该项目经过意见征询、多方讨论,方才进入施工图设计及一系列专业技术设计工作,得到使用方的明确认可后,施工实施。其间,档案馆使用方未曾提出过外墙开窗要求。在主体结构早已完成,室外玻璃幕墙也大部分已安装,中区幕墙技术审核结束,材料定型加工基本结束,等待安装之际,档案馆方面多次提出增开窗户及其他使用要求并提交由深圳市第一建筑设计院提交的改造方案。市民中心建筑师李名仪／廷丘勒事务所分别于2002年4月、7月、9月三次提出书面意见,要求尽可能尊重已通过的设计和施工现状,认为方塔档案馆设计修改图纸引起的技术调整、施工变化、工程造价变更及工程进度影响都很严重,请档案局、国土局、建设办、监理、和各相关单位慎重对待,妥善解决。深圳市规划与国土局多轮审批,综合各方意见,同意以原有施工洞为基础增加的窗户。要求窗户外面采用穿孔铝板,色彩与周边墙体材料一致,使立面基本维持原设计效果。不同意方塔幕墙东立面为后来增加的空调冷却塔再加设百叶窗的立面做法。

圆塔内部为工业展览馆,2003年提出在施工电梯位置开窗,以便增设消防登高面出入口。该要求得到批准。

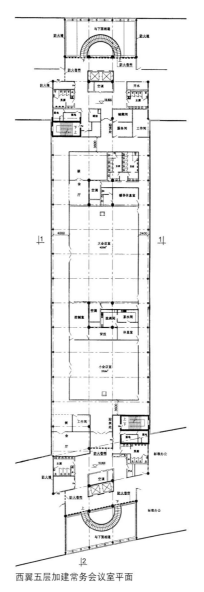

西翼五层加建常务会议室平面

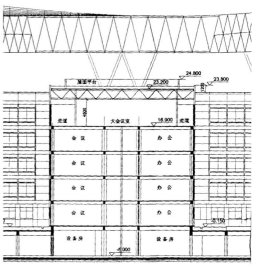

檐口突出的剖面

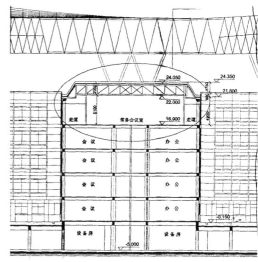

檐口一致的剖面

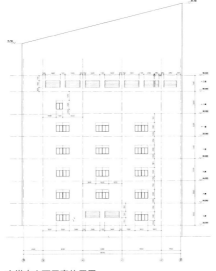

方塔南立面开窗位置图

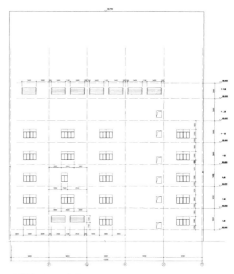

方塔东立面开窗位置图

4.2.3.7 博物馆改为临时高交会馆

市政府第三届十三次常务会议决定，将市民中心东区博物馆自2001年起改为高交会临时展厅以满足高交会规模增大的要求。市民中心建设办公室会同市科技局高交会展览中心组建了项目建设领导小组，提出了项目调整方案及概算，之后又根据主管领导指示对展区功能作了进一步调整，并得到市政府就该建设项目的资金、立项、计划和内容等的进一步确认。博物馆通过空调、电气等一系列工程改造，成为2001、2002、2003年三次一年一度的高交会分展场。

4.2.3.8 烟道

深圳市机关事务管理局在项目建成之后，要求中区地下层餐厅区服务功能和标准提高，致使餐厅厨房设计发生重大调整。根据新的使用要求，厨具专业公司设计厨房需30万m³排气量而不是原设计排烟井的10万m³排气量，因此提出增设烟道的申请，并由深圳市第二建筑设计院提出了三个方案，其一是排烟井五层以下沿圆塔内卫生间敷设，五层以上在圆塔外疏散通道沿墙至圆塔屋面排放，其二是排烟井沿圆塔内卫生间敷设至圆塔屋面排放，其三是排烟井沿北侧楼梯玻璃幕墙敷设并突出楼梯屋面排放烟气。三个方案分别涉及中区圆塔外部、内部、中区西北角玻璃楼梯筒玻璃幕墙的改变。市民中心建筑师李名仪／廷丘勒事务所于2002年9月提出详细的书面评价，认为三个方案都存在较大的技术难题，首先建议通过排烟技术改进来解决烟道不足问题，其次在不得已增设排烟井的情况下推荐沿地下敷设管道至北面室外平台螺旋楼梯圆筒顶部排放烟气的方案。经过多次反复论证和研究，最后终于决定食堂需要额外增加的排烟道选择在中区北侧偏西的楼梯筒一侧，因此中区北侧两个突出的楼梯筒需进行修改设计。明确要求厨具专业公司在现有烟井的基础上通过技术优化来解决。

4.2.3.9 西区政府办公门厅的楼梯

深圳市领导多次现场视察，认为已建成的政府办公的三个门厅由于弧形楼梯突出在中间而显得窄小。经深圳市第一建筑设计院的多方研究，2002年11月深圳市规划与国土局决定取消市民中心西区和东区南侧门厅一层和二层的弧形楼梯，在门厅的一侧加建楼梯。

4.2.3.10 坡道

由于设计考虑不周，市民中心中区平台前面两侧的弧形汽车坡道存在柱子与下面的车道冲突的问题，加上弧形汽车坡道的体量比较突兀，2002年11月深圳市规划与国土局决定取消市民中心中区南侧通往二层平台的两个汽车坡道。汽车坡道改在用地北侧红线边缘的绿地中布置，要求该处原设计的人行楼梯结合坡道重新设计，设计以简洁轻盈、尺度宜人及能融合在绿化环境中为原则。

4.2.3.11 外立面主色彩研究

市民中心2001年底主体基本完成之后，市政府领导多次视察工地，对市民中心主体采用红、黄、蓝三种颜色表示疑虑，指示对颜色进行慎重研究。2002年4月深圳市规划与国土局回顾了设计的确定过程，利用电脑仿真进行了多种颜色的比较，并汇报了由美国李名仪／廷丘勒建筑师事务所书面撰写的关于市民中心颜色设计理念的说明。最后市政府领导接受了深圳市规划与国土局及建筑师的意见，市民中心原

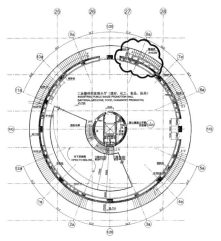

新增烟道方案一

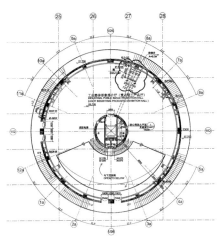

新增烟道方案二

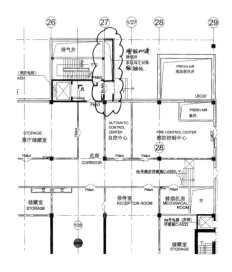

新增烟道方案三

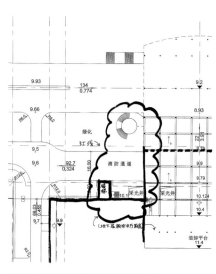

李名仪／廷丘勒建筑师事务所推荐方案

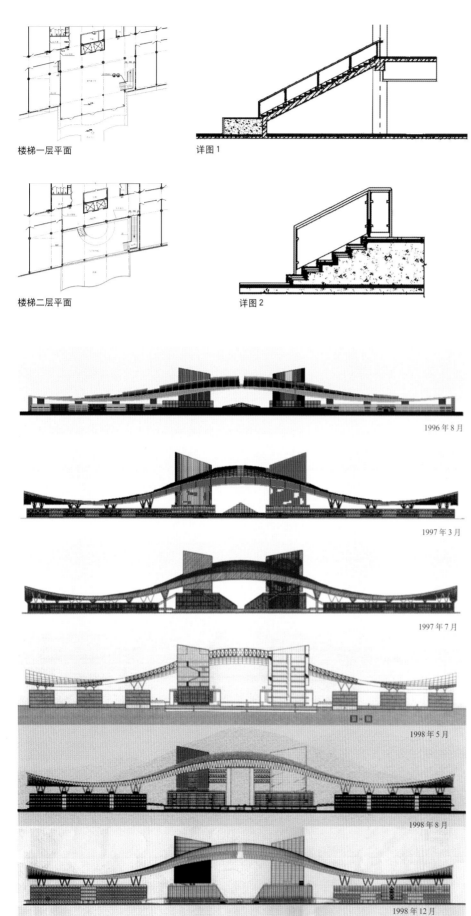

楼梯一层平面

详图 1

楼梯二层平面

详图 2

1996 年 8 月

1997 年 3 月

1997 年 7 月

1998 年 5 月

1998 年 8 月

1998 年 12 月

市民中心历次设计演变

建筑色彩保持不变。

美国李名仪／廷丘勒建筑师事务所关于市民中心建筑物主体色彩构思说明如下：

设计考虑"市政厅"是城市的最高政府行政机构，代表中央政府管理并服务于所在城市。其背景首先是国家的象征，政权机构。由此，建筑主体设计为两个坚固塔楼支撑巨型曲面悬浮屋面的造型，并考虑中华人民共和国国旗代表国家，国旗之主导色为红色和黄色，被分别设计在两个塔楼上。

最初设计两个塔楼为代表政府的民主过程的集会大厅，一为圆形，另一个为方形。这些集会大厅有力的稳固支撑着大屋顶，同时凝聚了整个综合体。因此，市民中心建筑主体塔楼的色彩不能任意的仅仅凭据个人审美偏爱而简单化选择处理，而是应该具备特定的象征意义，尤其所具备的政治含义十分重要。这是我们建议慎重选择以国旗主导色的红色和黄色作为市民中心塔楼主体色彩之设计根源。万望慎重。

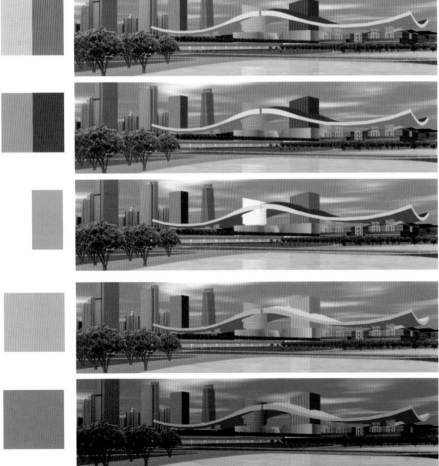

　　巨型曲面悬浮屋面的色彩——蓝色，则来源于将附设安装其表面的太阳能板。因为太阳能板没有太多可供选择的色彩。太阳能板标准板基本上为黑色和蓝色。若选择大屋顶为黑色，则显得过于压抑和阴郁，和市民中心本身性质极不协调。设计选择蓝色的更重要原因是，在中国，蓝色为传统所普遍接受的象征性。同时，蓝色也象征天或海洋。由此，市民中心的红色黄色两座塔楼如擎天巨柱，支撑蓝色大屋顶，也意味着深圳市政府作为人民政权承托着一片青天，意味无穷而影响深远。

　　为避免色彩过于单纯鲜艳，设计特别采用国际色彩标准系列慎选所用色，并根据一贯执行的工程程序，由市民中心建设办公室和京圳监理提供材料样板，设计方最后审核确定。目前，市民中心建设办公室和京圳监理在工地现场备有材料样板，可供参考。

5.环境设计

5.1 草案及审批意见

庭院之一草案效果

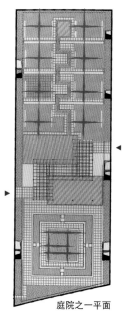

庭院之一平面

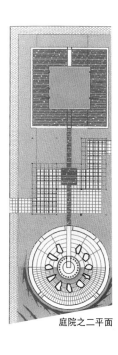

庭院之二平面

市民中心建设办公室分别于2000年2月、4月、2001年1月报送李名仪／廷丘勒建筑师事务所关于市民中心的环境设计草案，规划审批意见如下：

1.2000年2月第一次报审批复意见

为了保证市民中心的办公环境，客观和专业地做好评审工作，我局组织深圳园林专家对市民中心花园和屋顶平台环境设计方案进行了评议，评议意见如下：

(1)市民中心作为深圳市最重要最具代表性的建筑，其庭园设计应确立具有一定民族地方特色和文化内涵的主题，目前方案缺乏立意，主题不明。

(2)目前方案园林设计手法简单、生硬、重复，未能创造一定的景观和意境，也缺乏美感。

(3)建议重新组织市民中心环境设计，提出明确的任务和要求，然后在多方案比较的基础上，再确定理想的实施方案。

请市民中心建设办公室尽快向市领导和使用单位汇报并落实意见，重新组织设计报送我局。

2.2000年4月第二次报审批复意见

屋顶平台环境设计是在原方案基础上加以细化而没有实质改进，未能落实上一轮的复函意见，请重新组织设计报送我局。

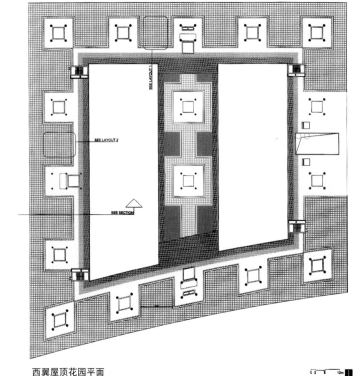

西翼屋顶花园平面

3.2001年1月第三次报审批复意见

仅仅进行了局部的细部调整，仍未体现出对上两轮审批意见的明确改进，对于方案的立意、主题等依然不明确。我局建议你单位征求市领导和使用单位意见，提出明确的任务和要求，重新组织市民中心环境设计，然后在多方案比较的基础上确定理想方案。

5.2 正式汇报

5.2.1 正式汇报成果

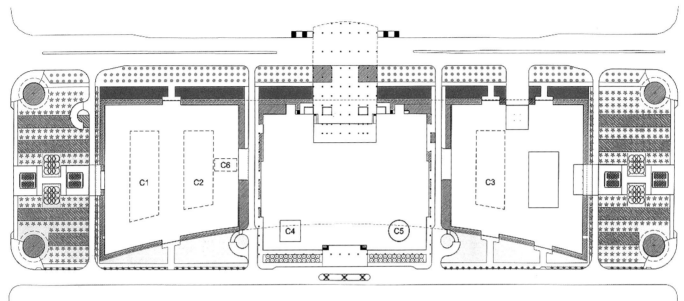

市民中心植物配置总图

5.2.2 修改意见

2002年5月25日上午市民中心项目建筑师李名仪在建设大厦六楼向深圳市规划与国土资源局及市民中心建设办公室有关人员介绍了市民中心环境设计方案，随后展开了讨论。5月28日中心区建设办公室与市机关事务管理局、市博物馆、市雕塑院有关人员针对市民中心环境设计也进行了讨论。在以上讨论基础上，汇总整理市民中心环境设计修改意见如下：

1.市民中心周边的硬地应尽量采用朴素、环保、舒适和经济的材料。

2.东西广场在格局统一的基础上要能体现各自作为博物馆入口广场与政府办公入口广场而应该具有的不同场所特点和识别性。例如博物馆入口广场要创造一定的历史和艺术氛围，要考虑博物馆室外雕塑的摆放、展览广告牌的设置。政府办公入口广场要创造一定的政治气氛，要考虑国旗、国徽、机构名称的位置。广场的大面积绿化也要考虑人进入观赏、停留和休憩的要求。方案利用土坡将入口通道划分为相对外向与内向、喧闹与安静的两个方形小广场的思路是可取的，但所等分的两个

小广场的比例是否适合实际使用的要求、休息长凳的设置是否照顾人的使用习惯、通道中间植物的配置是否会遮挡建筑入口的视线，这些方面都应该有更周密的考虑和改进。目前东西两个广场的划分图案完全一样，而建筑设计中对称的两个筒体以及中间平台的两个内庭院即是采用"方"和"圆"作为反复对比的主题元素，因此建筑设计的主题能否考虑延伸到两侧广场，西边的政府广场采用方形（或方中有圆）母题，代表公正严肃，博物馆广场采用圆形（或圆中带方），寓意博大精深。

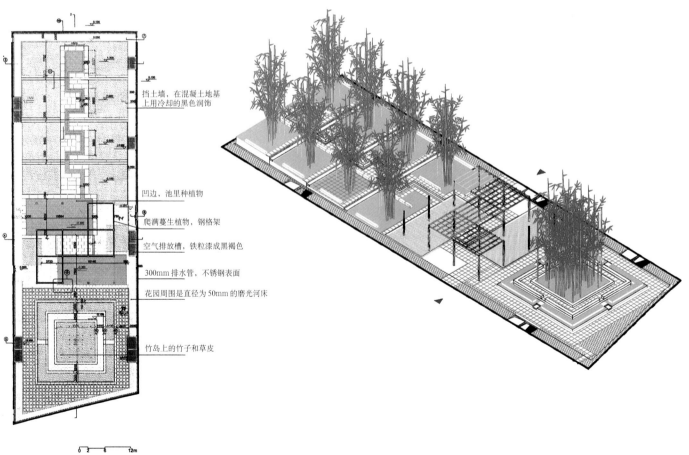

挡土墙，在混凝土地基
上用冷却的黑色润饰

凹边，池里种植物

爬满蔓生植物，钢格架

空气排放槽，铁粒漆成黑褐色

300mm排水管，不锈钢表面

花园周围是直径为50mm的磨光河床

竹岛上的竹子和草皮

0 2   6   12m

3.西区屋顶适当布置一些休闲健身活动设施。

4.增加市民中心室外标识系统设计。

5.市民中心绿化品种应适当突出深圳的市树市花和本地树种。西区政府办公绿化的周边请考虑能否布置领域感较强的绿篱,以保持环境的安静,同时也利于保卫工作。但绿篱的高度不高于1m,要保持视线的通透。

6.中区前方两个弧形坡道要采用绿化手段加以遮掩。

7.三个内庭院的绿化的品种和数量应考虑不会造成对室内采光的影响,同时应有各自的特色和识别性。博物馆方明确表示观众不会进入和使用东区内庭院,但要考虑夜间保安在此巡逻的方便。

8.市民中心作为深圳最重要的公共建筑,其所有庭院、大厅、门厅、屋顶花园以及公众休息等候的场所都应对雕塑、壁饰等艺术品的摆放位置和要求提出建议。

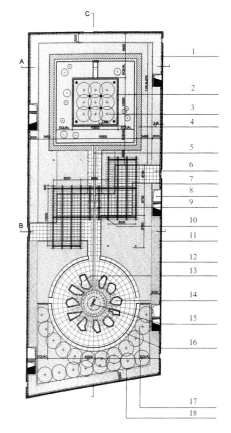

1.倾斜的挡土墙,冷感、跳跃的花岗石在混凝土地基上热磨光
2.凹进的池子
　在湖中种满四方的植物丛池、四壁和底部用冷感的、跳跃的"山青"色修饰
3.竹岛上的竹子和地被植物
4.花岗石铺砌斜坡,混凝土用冷感的、跳跃的"山青"色最后润饰,磨光
5.水煤混凝土四周和底部,用冷感的、跳跃的"山青"色修饰磨光
6.花岗石的铺地750mm×750mm冷跃的"山青"色打磨润饰
7.提升排水沟
8.空气排放管道,铁皮漆成黑褐色
9.花岗石板桥,冷感、跳跃的"山青"色
10.钢格架结构栽满蔓生植物
11.300mm排水管道,不锈钢表面
12.磨光圆形的河床,花园周围铺满碎石
13.雾圈的范围
14.在花岗石铺地上自然的石块,用蓝黑色在花岗岩上进行了热

磨光,重新协调润饰
15.喷泉,(在溪流终点处有50mm厚的圆盘,影线象征水雾的范围)
16.整块石料做成的花岗石长椅,五彩缤纷的颜色,用钻石装饰
17.竹栽,地被植物
18.盆栽周围用250mm花岗石,冷跃的彩虹色最后打磨上光

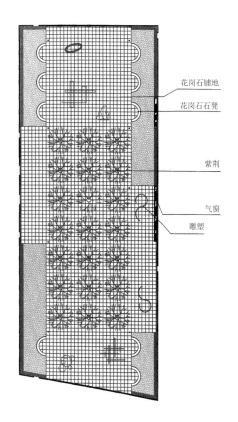

花岗石铺地

花岗石石凳

紫荆

气窗

雕塑

东区庭院紫荆树效果

9.博物馆要求其屋顶平台与人大办公的屋顶平台隔离。所有缺漏没有设计的屋顶平台都要补充环境设计。

10.要增加市民中心夜景灯光设计。

11.庭院设计可以进入下阶段设计,以配合工程进度需要。

深圳市规划与国土资源局
2002年7月10日

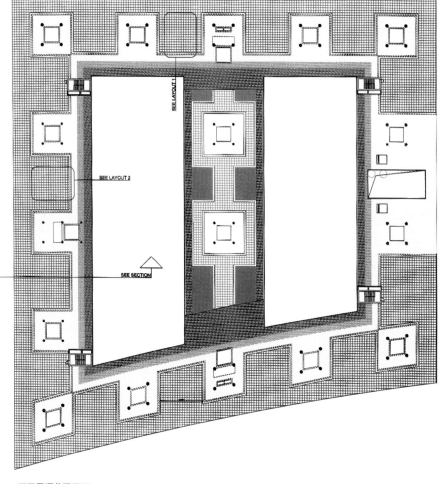

西翼屋顶花园平面

屋顶效果图

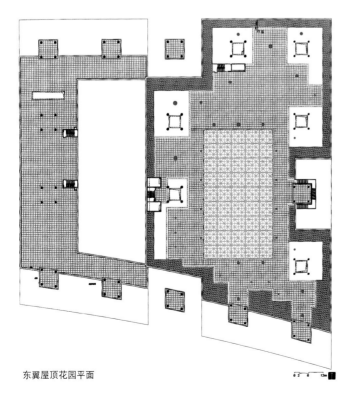

东翼屋顶花园平面

棉竹
季节性花：秋海棠，风仪花
花岗石铺地
天窗
● 雕塑

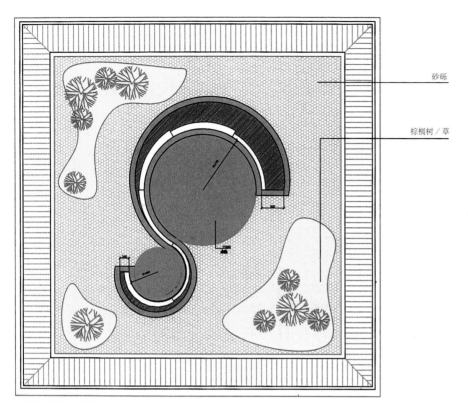

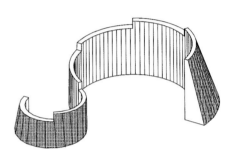

中区方形庭园平面

砂砾

棕榈树／草

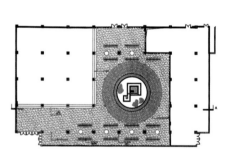

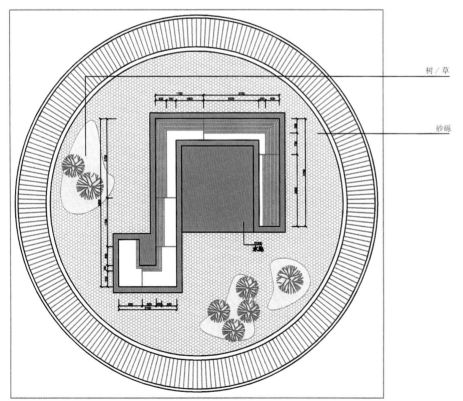

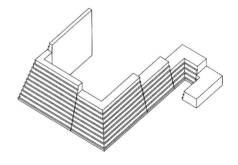

树／草

砂砾

中区圆形庭园平面

5.3 实施方案

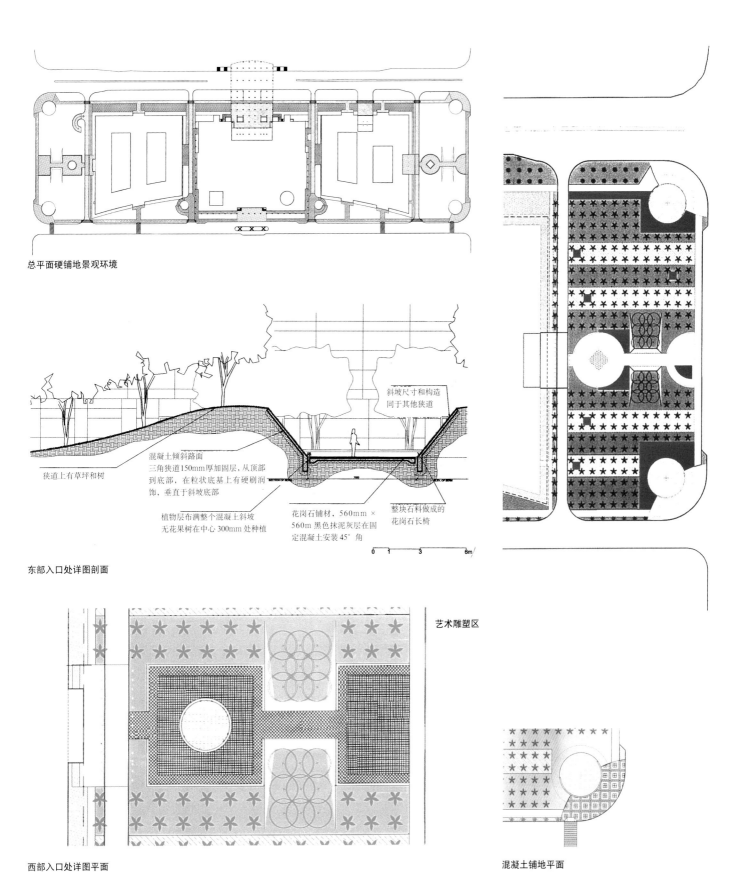

总平面硬铺地景观环境

斜坡尺寸和构造
同于其他狭道

狭道上有草坪和树

混凝土倾斜路面
三角狭道150mm厚加固层，从顶部
到底部，在粒状底基上有硬刷润
饰，垂直于斜坡底部

植物层布满整个混凝土斜坡
无花果树在中心300mm处种植

花岗石铺材，560mm×
560m 黑色抹泥灰层在固
定混凝土安装45°角

整块石料做成的
花岗石长椅

东部入口处详图剖面

艺术雕塑区

西部入口处详图平面

混凝土铺地平面

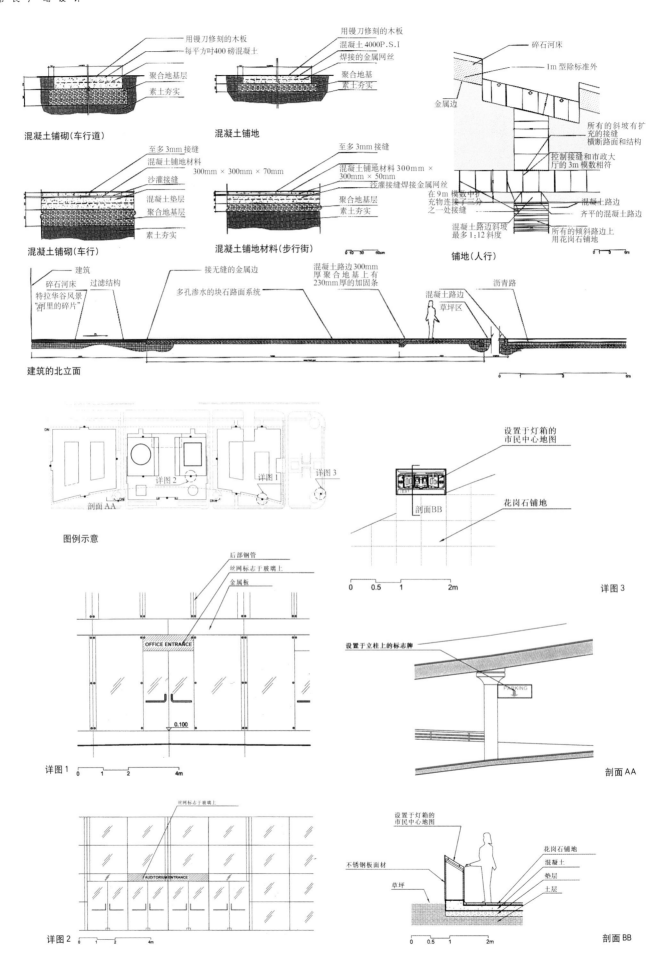

用镘刀修刻的木板
每平方吋400磅混凝土
聚合地基层
素土夯实

混凝土铺砌(车行道)

用镘刀修刻的木板
混凝土4000P.S.I
焊接的金属网丝
聚合地基
素土夯实

混凝土铺地

碎石河床
1m 型除标准外
金属边
所有的斜坡有扩充的接缝
横断路面和结构
控制接缝和市政大厅的3m 模数相符
混凝土路边
在 9m 模数中的充物连接了二分之一处接缝
齐平的混凝土路边
混凝土路边斜坡最多1:12斜度
所有的倾斜路边上用花岗石铺地

至多3mm 接缝
混凝土铺地材料
沙灌接缝
混凝土垫层
聚合地基层
素土夯实

混凝土铺砌(车行)

至多3mm 接缝
混凝土铺地材料300mm × 300mm × 70mm
混凝土铺地材料300mm × 300mm × 50mm
浆灌接缝焊接金属网丝
聚合地基层
素土夯实

混凝土铺地材料(步行街)

铺地(人行)

建筑
碎石河床
过滤结构
特拉华谷风景"卻里的碎片"
接无缝的金属边
多孔渗水的块石路面系统
混凝土路边300mm厚聚合地基上有230mm厚的加固条
混凝土路边
草坪区
沥青路

建筑的北立面

图例示意

详图 2
详图 1
详图 3
剖面 AA
DN
DN

设置于灯箱的市民中心地图
剖面BB
花岗石铺地

详图 3

后部钢管
丝网标志于玻璃上
金属板

OFFICE ENTRANCE

0.100

详图 1

设置于立柱上的标志牌

PARKING

剖面 AA

丝网标志于玻璃上

AUDITORIUM ENTRANCE

详图 2

设置于灯箱的市民中心地图
不锈钢板面材
草坪
花岗石铺地
混凝土
垫层
土层

剖面 BB

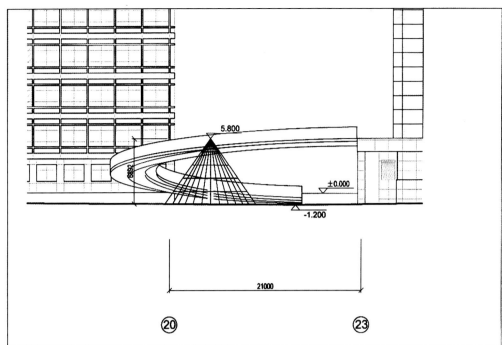

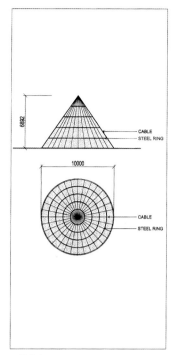

坡道立面

网格构架

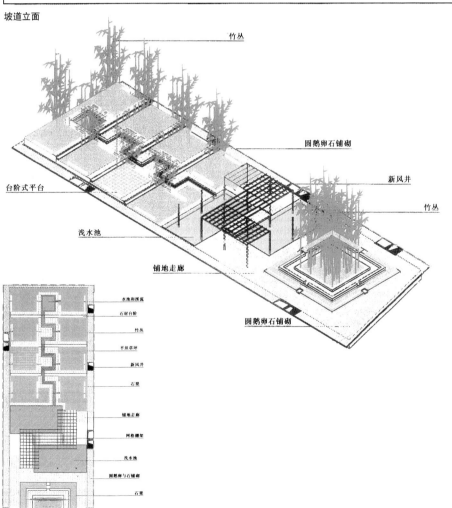

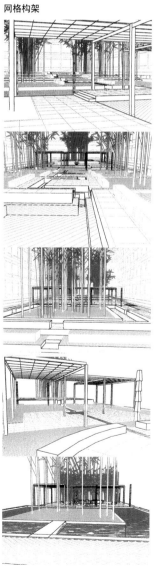

岩石雾霭园景

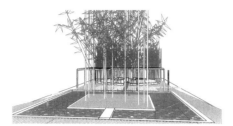

水池岛屿树林园景

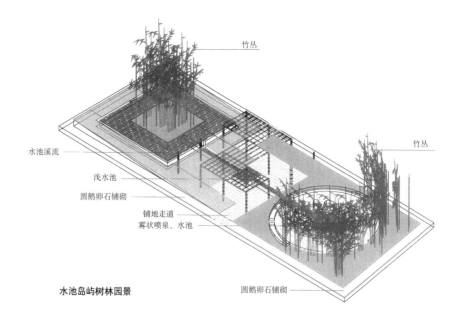

水池岛屿树林园景

水池溪流
浅水池
圆鹅卵石铺砌
铺地走道
雾状喷泉、水池
竹丛
竹丛
圆鹅卵石铺砌

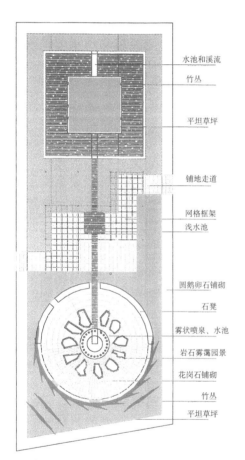

西区庭院花园

水池和溪流
竹丛
平坦草坪
铺地走道
网格框架
浅水池
圆鹅卵石铺砌
石凳
雾状喷泉、水池
岩石雾霭园景
花岗石铺砌
竹丛
平坦草坪

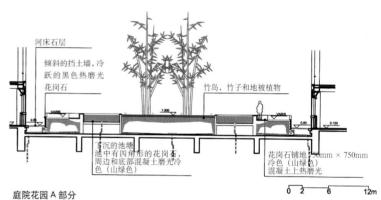

河床石层
倾斜的挡土墙，冷跃的黑色热磨光花岗石
竹岛，竹子和地被植物
沉的池塘，池中有四角形的花岗石，周边和底部混凝土磨光冷色（山绿色）
花岗石铺地，750mm×750mm 冷色（山绿色）混凝土上热磨光

庭院花园A部分

0 2 6 12m

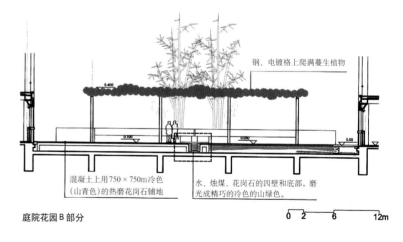

钢、电镀格上爬满蔓生植物
混凝土上用750×750m冷色（山青色）的热磨花岗石铺地
水、烛煤、花岗石的四壁和底部，磨光成精巧的冷色的山绿色。

庭院花园B部分

0 2 6 12m

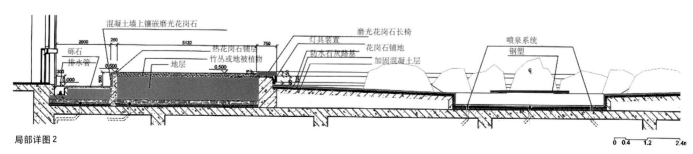

混凝土墙上镶嵌磨光花岗石
2000
250
5132
750
灯具装置
磨光花岗石长椅
喷泉系统
钢塑
砾石
排水管
300
热花岗石铺层
竹丛或地被植物
地层
防水石灰路基
花岗石铺地
加固混凝土层

局部详图2

0 0.4 1.2 2.4m

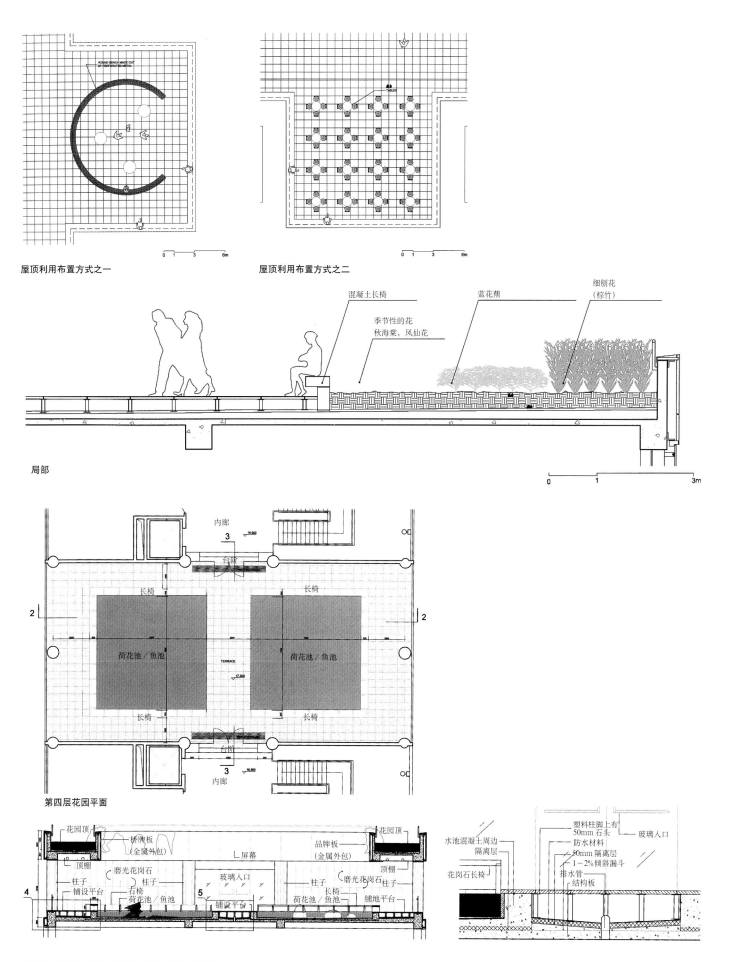

ROUND BENCH MADE OUT OF PERFORATED METAL.

屋顶利用布置方式之一

TABLES

屋顶利用布置方式之二

0 1   3   6m

0 1   3   6m

混凝土长椅

蓝花蕉

细刨花
（棕竹）

季节性的花
秋海棠，凤仙花

局部

0   1   3m

内廊

3   16.900

台阶

长椅

长椅

2 ——   —— 2

荷花池／鱼池

TERRACE

荷花池／鱼池

17.350

长椅

长椅

台阶

3   16.900

内廊

第四层花园平面

花园顶

桥牌板
（金属外包）

品牌板
（金属外包）

花园顶

屏幕

顶棚

顶棚

磨光花岗石

柱子

玻璃入口

柱子

磨光花岗石

柱子

水池混凝土周边

塑料柱脚上有
50mm 石头

玻璃入口

隔离层

防水材料

50mm 隔离层

花岗石长椅

1～2% 倾斜漏斗

4 —

柱子

铺设平台

石椅
荷花池／鱼池

5 —

铺设平台

荷花池／鱼池

铺地平台

排水管

结构板

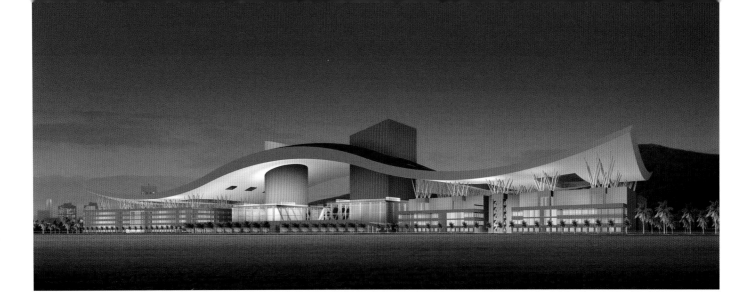

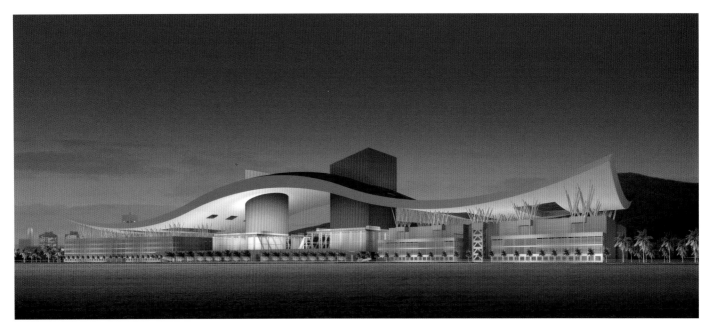

5.4 室外灯光照明设计及导则

5.4.1 室外灯光照明设计成果及导则（李名仪／廷丘勒建筑师事务所 2002年10月）

鉴于其独特的城市位置和周边环境，考虑其综合性建筑功能和建筑规模较大的特点，深圳市民中心室外灯光照明设计应该体现深圳市政府建筑的庄重和内敛性，体现其简洁大方、造型独特的大型公共建筑形象特征，应有别于普通城市室外灯光照明色彩丰富、热烈的商业气氛。市民中心的整体室外照明效果，以不同场合如普通日常夜景、节假日夜景灯光，设置不同场景的整体室外照明设计。参考建筑师事务所提供的市民中心灯光照明效果图。

普通日常夜景，以双曲面大屋顶下部及中区方塔圆塔的室外照明为主，要求均匀柔和的整体照明效果。大屋顶下部、圆塔和方塔要避免直接或经反射的眩光，考

虑照度，色温，演色性，均匀度。双塔下方的玻璃盒子大型公共空间的普通夜间照明应衬托整体照明效果，避免过于强烈的照明。西区和东区建筑主体照明，应弱化处理，只起配合整体建筑的照明效果作用。傍晚时，除上述大屋顶下部、中区双塔和玻璃盒子的照明外，西区和东区设置建筑主体外部和环境的普通夜间照明，并考虑门厅和办公室内灯光照明。夜深时，除上述中区夜间照明外，西区和东区仅保留建筑主体外部的普通夜间照明。建筑设计总体考虑上述的市民中心灯光照明已达到要求，大屋顶的上部面板避免直接设置照明。节假日夜景灯光设置，除大屋顶下部、中区双塔及玻璃盒子为主的建筑照明外，考虑利用屋顶花园和结构树状支撑布置节日灯光装饰照明。西区屋顶及树状支撑的节日灯光装饰照明略偏红色，以衬托中区西部的黄色圆塔；东区屋顶及树状支撑的节

日灯光装饰照明略偏黄色，以衬托中区东部的红色方塔。

深圳市民中心的周边城市街道（如：深南大道、金田路、益田路、福中路和福中三路）、周边建筑物和环境绿化带的夜景灯光照明，也应该结合深圳市民中心作为统一的整体性考虑，尤其是节假日的夜景灯光场景设计中，这点很重要。请市政府和各城市有关部门慎重统一考虑。

建筑师将根据灯光照明专业设计公司的深化设计，确定所提供的照明灯具式样、材料和色彩样品。

照明设计要求：

市民中心基础照明：

双曲面大屋顶下封板的平均照度15～20lx，保证良好均匀度。除设计要求外，避免在大屋顶封板系统直接设置照明灯具，考虑其安装、使用维修、对上下面板及太阳能板的保护。

　　双塔的整体室外照明效果要求和谐统一：西部黄色圆塔的平均照度30～40lx，东部红色方塔的平均照度40～50lx。黄色圆塔和红色方塔要避免直接或经反射的眩光，考虑照度，色温，演色性，均匀度。

　　照明设计包含完善的完整智能统一可扩充的照明控制系统，要求实现可多次编程的场景状态控制，必须场合如普通日常夜景、节假日夜景灯光控制，调光控制，其他时钟控制，光照度控制，达到方便使用，安全，控制节能的要求。

　　对市民中心建筑物和周围景观环境，采用直接照明与间接照明相结合的方法，既要提供充足舒适的照度，又要避免直接或经反射的眩光，考虑照度，色温，演色性，均匀度等达到相应的高标准，基础照明，功能照明，重点照明的相互协调。

　　选择照明器具应具备高光效，节能，精确配光的水准，避免只有外形无光学功能

的灯具被采用。并且应为成熟产品，成功在大型项目中使用3年以上的产品。光源选择的原则为：长寿，节能，演色性高Ra值合理。

　　对于灯具相关的电器附件，如变压器、镇流器等采用高效稳定可靠的电子式优质产品，电子变压器考虑调光需要，电子镇流器考虑谐波问题，并注意防火防水等安全要求。

　　应急，指示，诱导照明必须同时统一设计。

　　建筑师鉴于以上因素考虑，建议统一安排整个项目的照明设计，包含室内和室外，统一选择照明器具，集成整体控制系统，由施工单位分别完成的方式，既把握照明水准，又保证业主的投资最有效，工期的合理计划安排。

　　由于市民中心室外和室内照明设计和安装直接关系到工程施工现状，考虑管线

预埋和灯具设置。请市主管机构、市民中心建设办、监理和各相关施工单位，合理组织安排照明设计施工招标，以及与室内设计施工招标、目前土建施工之间的密切配合，避免施工程序的矛盾，减少施工交叉矛盾。

5.4.2 确认市民中心室外灯光照明设计方案的意见：

　　美国李名仪／廷丘勒建筑师事务所于2002年10月10日提出了市民中心室外灯光照明设计方案、设计原则及要求。方案分普通日常夜景及节假日夜景两种，总的原则是体现深圳市人大、政府建筑的庄重和内敛，体现其简洁大方、造型独特的大型公共建筑形象特征。深圳市规划与国土资源局经研究，原则同意该设计方案、原则及要求，并要求市民中心建设办公室尽快推进和实施该设计。

6.室内设计

6.1 李名仪／廷丘勒建筑师事务所方案及调整

6.1.1 最初方案（1999年6月方案）

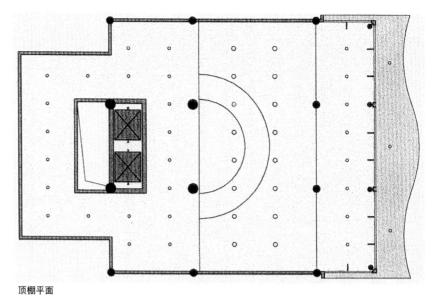

顶棚平面

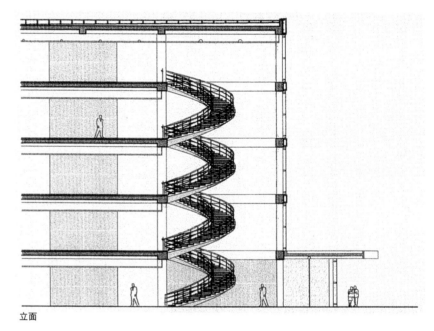

立面

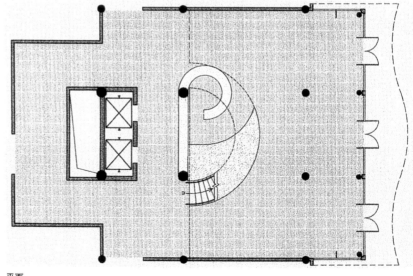

平面

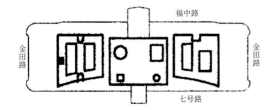

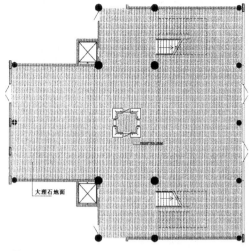

一层平面

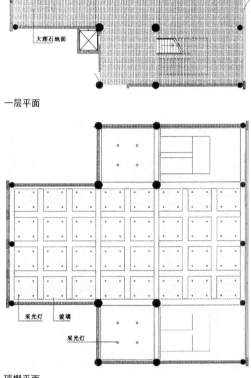

顶棚平面

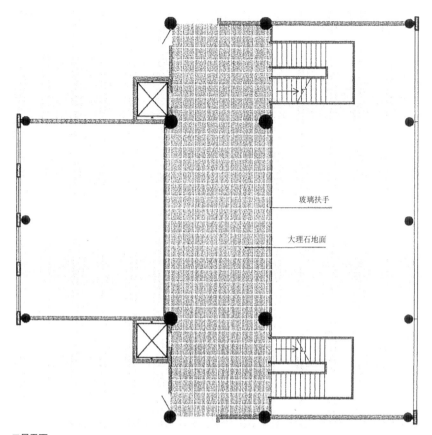

二层平面

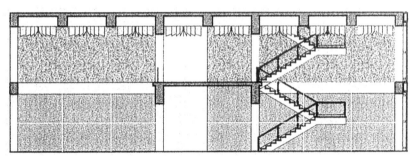

剖面

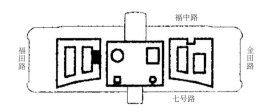

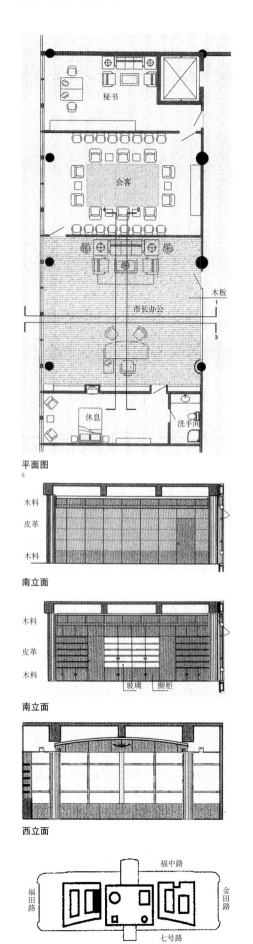

平面图

木料
皮革
木料

南立面

木料
皮革
木料

玻璃　橱柜

南立面

西立面

福中路
福田路　金田路
七号路

木板　直射采光灯　弯曲木板

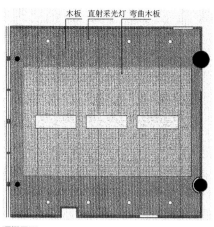

顶棚平面

木料　采光灯　曲形木板

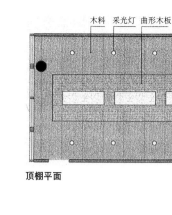

顶棚平面

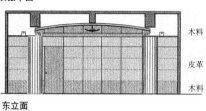

东立面

木料
皮革
木料

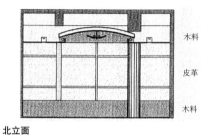

北立面

木料
皮革
木料

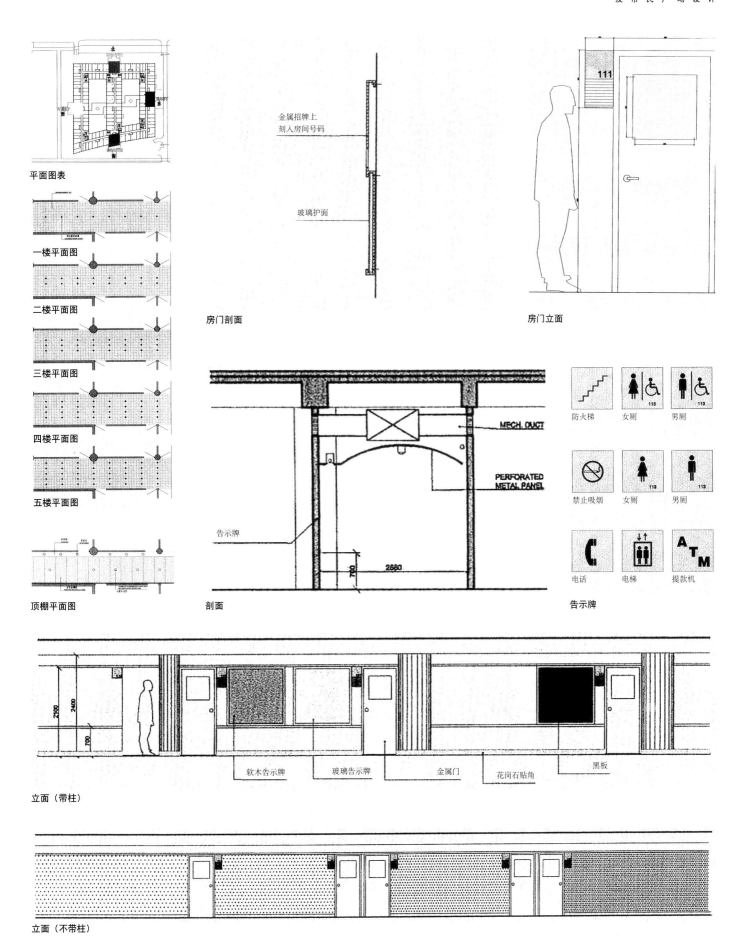

平面图表

一楼平面图

二楼平面图

三楼平面图

四楼平面图

五楼平面图

顶棚平面图

金属招牌上
刻入房间号码

玻璃护面

房门剖面

房门立面

MECH. DUCT

PERFORATED
METAL PANEL

告示牌

2880

700

剖面

防火梯　　女厕　　男厕

禁止吸烟　　女厕　　男厕

电话　　电梯　　提款机

告示牌

2100　2400

700

软木告示牌　　玻璃告示牌　　金属门　　花岗石贴角　　黑板

立面（带柱）

立面（不带柱）

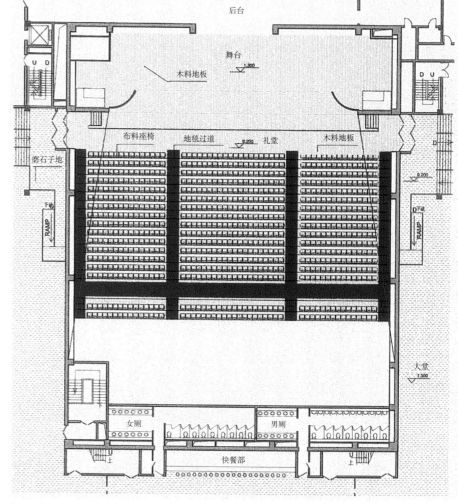

低层交响乐团台

室内装饰设计(最初方案)研讨会纪要

6月2日在银湖八角亭会议室,由市民中心建设办主任主持的市民中心室内设计研讨会圆满结束。参加会议的有深圳市机关事务管理局、深圳市规划国土局中心区开发建设办、深圳市博物馆、深圳市档案局、深圳市工业展览馆、深圳市京圳监理公司的有关人员。会议邀请了由深圳市装饰协会推荐的深圳市知名的装饰设计方面的七位专家。在听取了李名仪／廷丘勒建筑师事务所对方案的介绍后,经过与会各方的热烈研究讨论,形成如下纪要:

1.本次室内设计方案体现了与主体建筑相协调的总体风格,构思基本可行,建议室内设计仍由李名仪事务所继续策划与深入。

2.室内设计应体现简洁、明快、现代和有个性的设计指导思想。应将中国文化融入其中。

3.室内设计的重点部位——西区办公入口、中区入口和多功能厅、大会堂、展览厅等,其艺术品位和文化品位应相对提高。在重要部位应考虑设置现代化的视听设备,以体现市民中心的时代气息和为市民提供良好服务的功能要求。

4.西区办公部分应根据功能需要定出不同的标准,重点办公部分(会议、市长办公等)与一般办公部分应有所区别,在材料选用,办公家私设置等方面,应从实用、经济、大方的原则出发,能满足功能及办公自动化的需要。

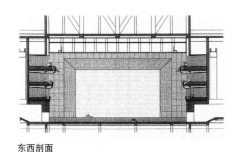

东西剖面

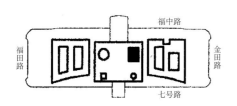

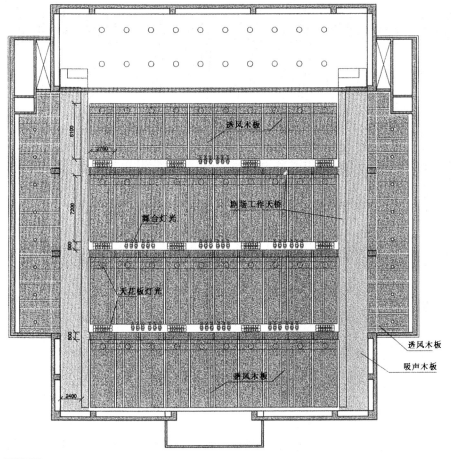

顶棚平面

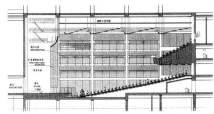

南北剖面

5.档案馆、博物馆、工业展览馆等有特殊功能要求的部分应以满足其使用和设备方面的特殊要求为前提，公共部分要考虑采用先进的设备及管理手段。

6.2 500座大会堂是这次研讨会的讨论焦点，专家组就以下几方面对大会堂形成意见：

①大会堂应以会议为主，兼顾非专业性演出(放电影等)的功能要求；

②加大舞台部分的面积，灵活布置前几排坐椅；

③观众席坐椅设置应多方案比较，适当增减座位数量；

④根据上述功能定位,对会堂的声学、光学、视线应有专题设计。

7.为室内设计更符合我国国情，建议设计师要了解掌握国内现有装饰材料的使用情况、习惯作法以及防火设计规范，必要时可请国内的设计单位提供咨询和配合。

8.其余未完成的室内公共部分，请在6月底完成方案设计。

深圳市市民中心建设办公室
1999年6月8日

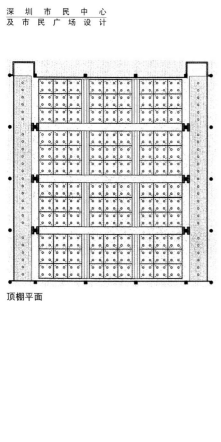

顶棚平面

AA— 北立面

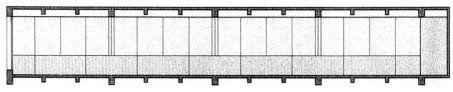

BB— 西立面

CC— 南北立面

DD— 南立面

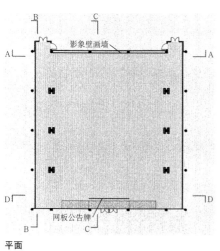

平面

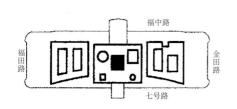

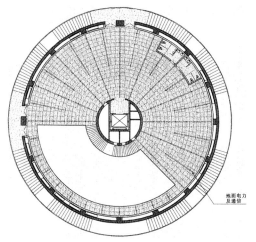

标准地板平面

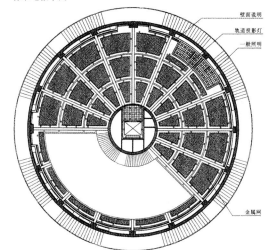

标准顶棚平面

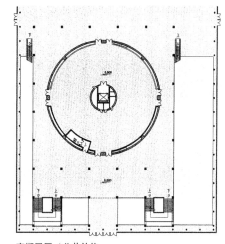

定期展厅 / 公共礼仪

临时展厅 / 接待处

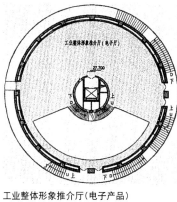

工业整体形象推介厅（电子产品）

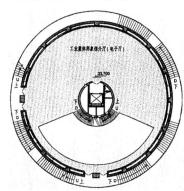

工业整体形象推介厅（工业产品）

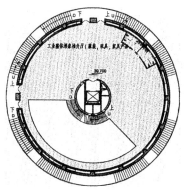

工业整体形象推介厅（时装，玩具，家具）

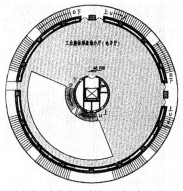

工业整体形象推介厅（材料，医药，食品，化工）

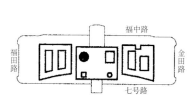

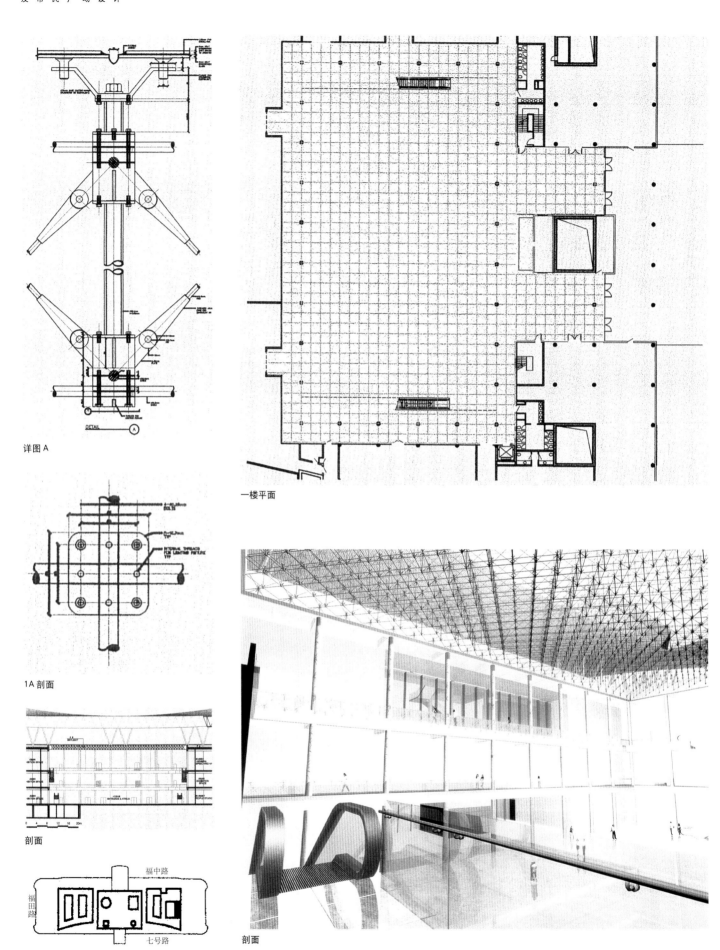

详图 A

1A 剖面

剖面

一楼平面

剖面

福中路

福田路

七号路

6.1.2 第一次调整（1999 年 7 月）

深圳市民中心室内装饰设计方案（第一次调整）专家评审会议纪要

时间：1999 年 7 月 29 日

地点：设计大厦十六楼深圳市市民中心建设办会议室

此次专家会议主要就李名仪／廷丘勒建筑师事务所提交的深圳市民中心室内装饰设计方案进行专家评审、征询各使用单位的建议和意见，以供设计修改后，上报有关领导及有关主管部门审查。

会上李名仪先生分别介绍了西区常务会议室、中区主入口、中区窗口办公部分、中区贵宾接待厅、贵宾餐厅、档案馆展厅、东区博物馆中庭、东区 350 座会议室等部位的装饰设计构思、装饰设计方案情况。

与会专家就上述方案发表了各自的意见和建议，进行了热烈的讨论。现将专家意见汇总如下，供设计对方案进行修改完善：

1. 中区主入口部分

该部分主通道吊顶采用玻璃天花与灯饰结合的形式，较新颖。但是否对空调冷凝水、防尘、防虫、清理、安全等问题有所考虑？建议下步设计中结合细部节点大样统一考虑解决。该部分采用水磨石地面，考虑到施工、材料配合比的选择等方面的因素，建议采用石材地面。

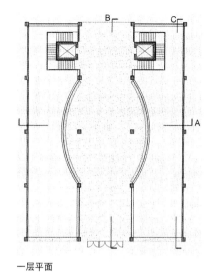

一层平面

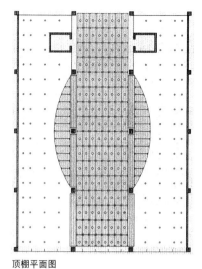

顶棚平面图

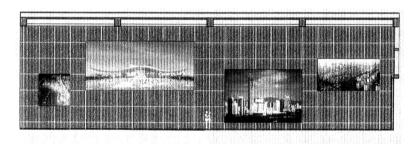

剖面

玻璃装饰立面

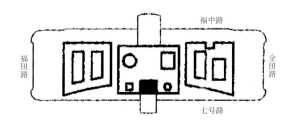

2.西区市府常务会议室

该方案平面为菱形,应考虑修改调整。平面布局应对称、规整(可考虑对两个短边墙体进行调整),要考虑设置常委休息厅及配套服务和辅助性用房,玻璃窗处的墙面处理要与其他墙面的处理相呼应。顶棚处理简洁大方,可行。平面位置布置须调整,突出行政首长负责制。

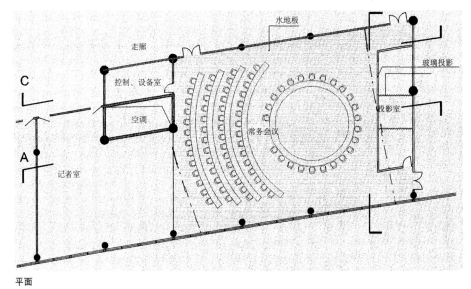

平面

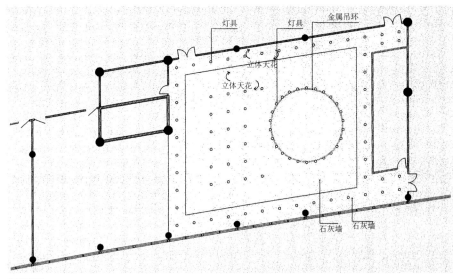

顶棚平面

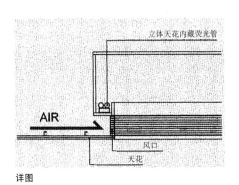

详图

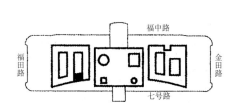

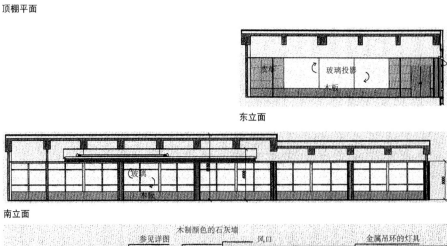

东立面

南立面

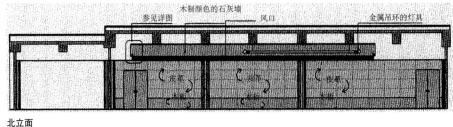

北立面

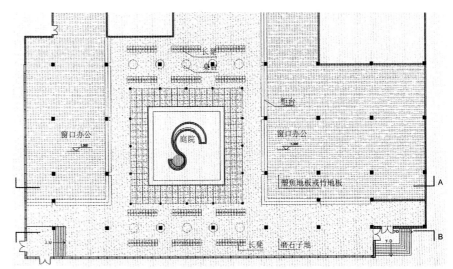

平面

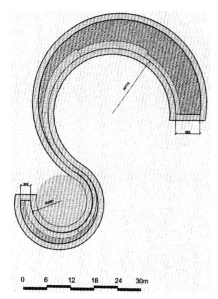

水景小品平面图

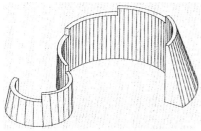

轴测图

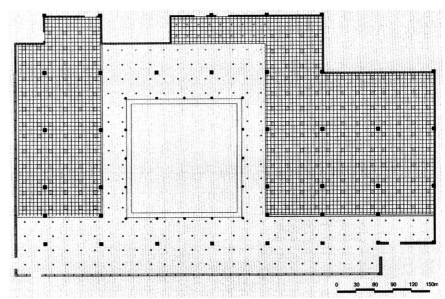

顶棚平面图

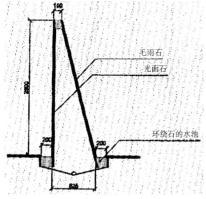

剖面

3.中区窗口办公部分

办文柜台应开敞些,同时要考虑到单位内部之间、单位与单位之间的分隔问题(私密与开敞的结合问题)。该部分装饰后吊顶高度——办公部分应控制在2.5m左右,公共空间部分的吊顶高度应控制在3.0m左右。

该部分内庭院水景应与绿化景观相结合,下步设计中应从材料的质感对比选择上、水景与绿化景观等方面的结合上进一步精雕细琢,使其成为画龙点睛之处。

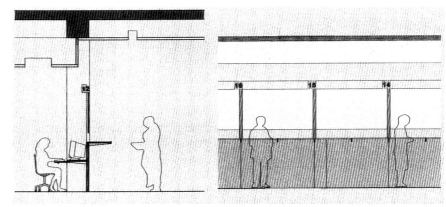

柜台剖面　　　　柜台立面

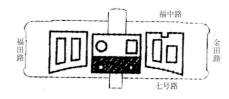

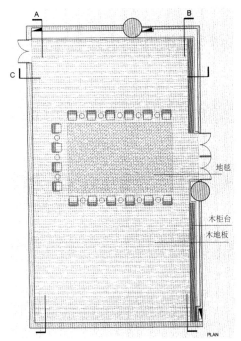

平面

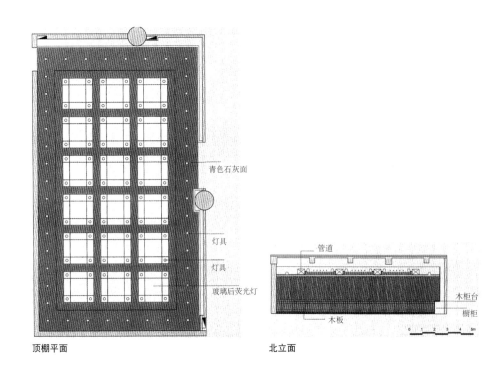

顶棚平面

北立面

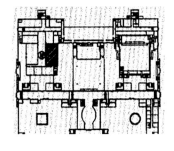

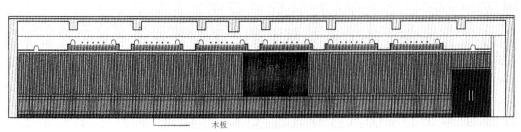

西立面

4.贵宾接待厅

　　中式、西式接待厅在平面布局上应有所区别，结合现有平面位置考虑辅助性用房的设置。平面布局应以长轴方向为中轴线，根据所处该层平面的具体位置及人员活动路线调整门的位置。接待厅背景很重要，应在主席位处设置屏风，屏风的大小、画位的设置及大小等方面，希望设计提出构思要求，为今后的艺术创作提供空间。

　　该部分墙面处理不要太陈旧，可灵活些。中式接待厅要有中国特色和现代气息，要力求神似。接待厅采用地毯地面。

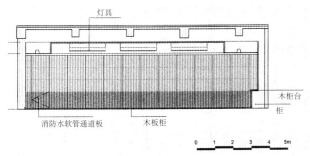

东立面

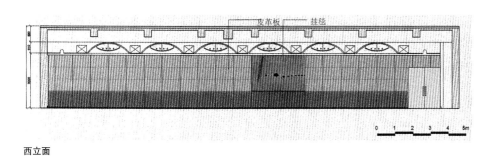

西立面

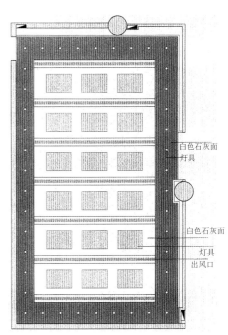

顶棚平面

5.贵宾餐厅

餐厅气氛不够，格调要调整一下，要轻松活泼。餐厅入口不要正对台位，餐厅门改为平开双扇门，需设置专门的传菜通道。

中式餐厅的设计其平顶、墙面等的造型、色彩都不甚理想。应提炼中国文化，力求大方、简洁、明快，体现现代特征。

西式餐厅建议取消玻璃吊片顶棚。玻璃墙面是否合适，设计能否提供类似的实例照片，供参考。

此次方案未对带套间的贵宾小餐厅进行设计，希望根据业主指定，补充该部分的装饰设计(可按中式、西式各一个方案考虑)。

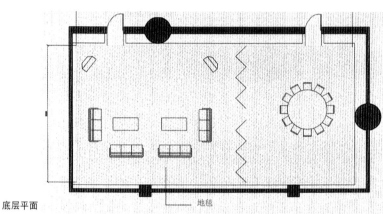

底层平面

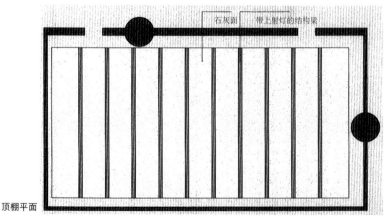

顶棚平面

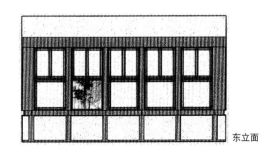

东立面

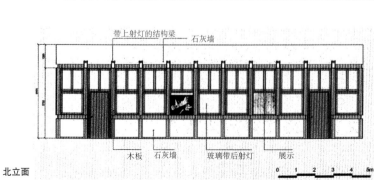

北立面

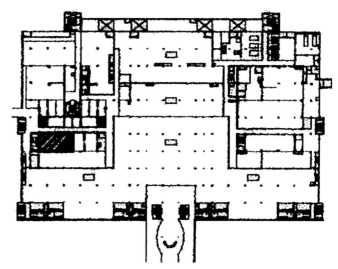

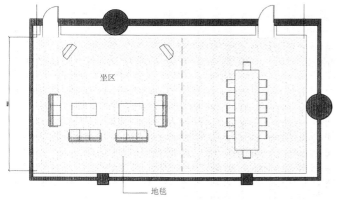

底层平面

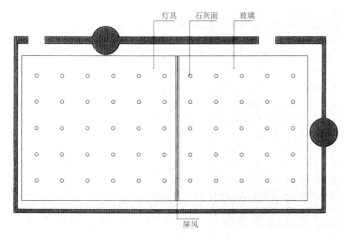

顶棚平面

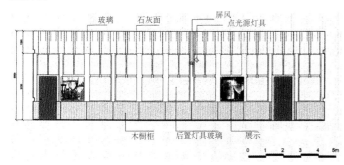

北立面

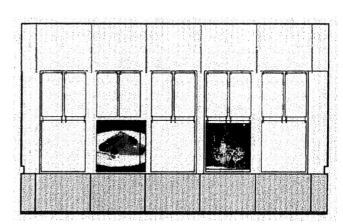

东立面

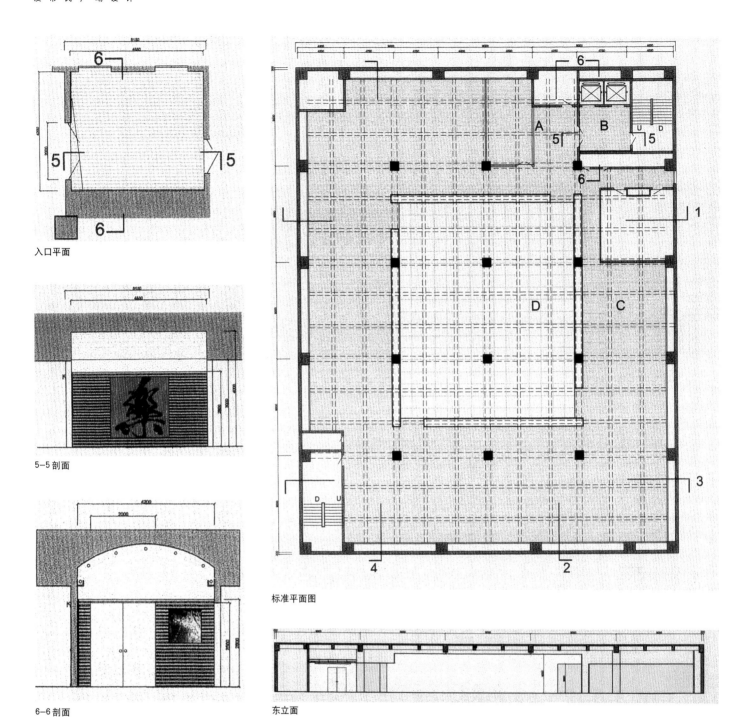

入口平面

5-5 剖面

6-6 剖面

标准平面图

东立面

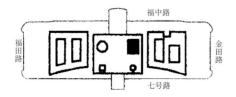

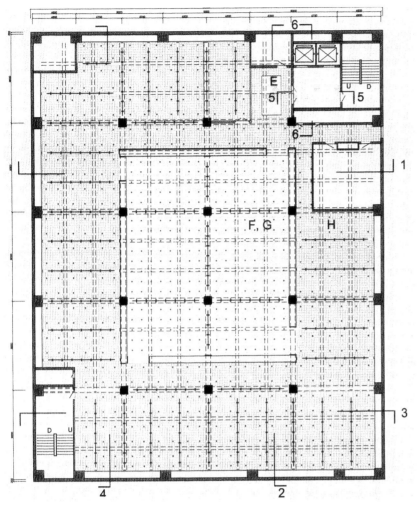

顶棚平面图

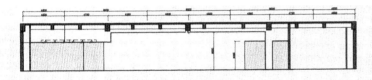

北立面

6.档案馆展厅

使用方认为整个展厅地面应统一，采用木地板不合适，建议采用水磨石地面。灯光设计需考虑防紫外线。

部分专家建议可否采用地板胶。

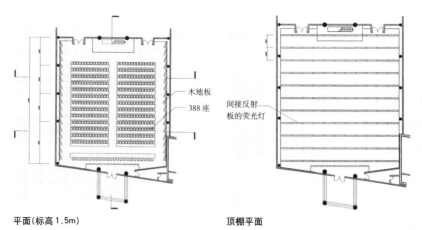

平面(标高1.5m)　　　　　　　　顶棚平面

　　木地板
　　388座
　　间接反射
　　板的荧光灯

7.东区350座会议室

　　主席台抬高300mm左右，安排主席台布局可参考第三种形式的布置方式。木地板不太合适，建议采用地毯地面。吊顶和墙面的处理方式基本可行。

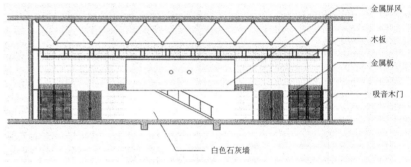

　　金属屏风
　　木板
　　金属板
　　吸音木门

　　白色石灰墙

北立面

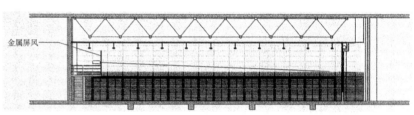

金属屏风

东立面

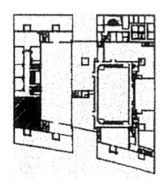

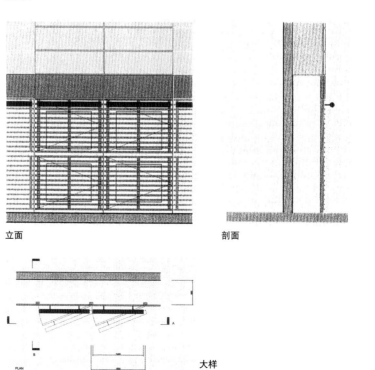

立面　　　　　　　　　　　　剖面

大样

8.东区博物馆中庭

下步设计时需考虑该部分采光玻璃天棚的阳光照射对大厅临时展品的影响。如有影响,需采取措施。

9.关于上次方案西区办公部分,原有的色彩分区过于强烈,应考虑弱化处理,在不影响大的布局的前提下,在各个入口地面、公共走廊地面运用不同色彩、不同数量的拼花来体现所在的区域及楼层数,以增强建筑不同区域的可识别性。

10.多功能厅地面不采用竹地板,采用木地板。市长办公部分,希望多提供几个装饰方案供领导选择。

11.主要政府办公部分的门厅,须考虑封闭管理,调整原有的开放式设计。门厅须设置通传室。

12.2 500人大会堂根据最后调整的平面,考虑防火材料及声学材料的使用,重新调整原有设计方案。

13.目前完整的施工图已经出来,希望室内设计结合实际,充分考虑各种设备管线的布置及走向,确保各使用空间的层高,以保证最终实现的可能性。

此次装饰设计方案好于上次,希望李名仪／廷丘勒事务所按上次及这次专家会议的意见和建议,尽快对市民中心室内装饰设计方案进行调整、修改,形成一套完整的设计文件,供专家审阅后上报市有关领导及有关主管部门审查。

深圳市市民中心建设办公室
1999年8月3日

6.1.3 第二次调整(1999年9月)

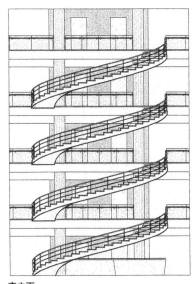

南立面

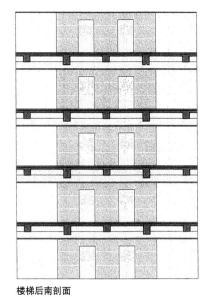

楼梯后南剖面

典型电梯门样式

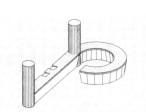

接待桌轴测

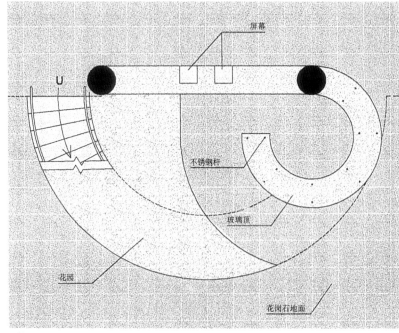

接待桌平面

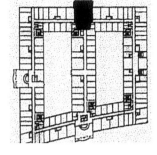

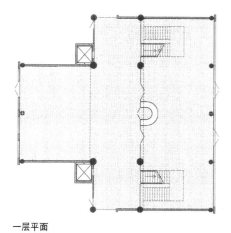

一层平面

北立面

南立面

北立面

南立面

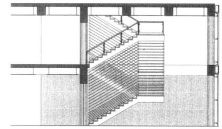

方案 A

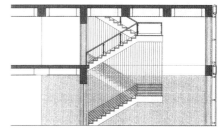

方案 B

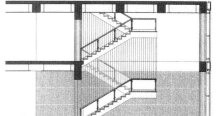

方案 C

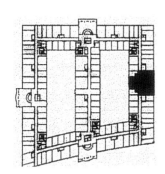

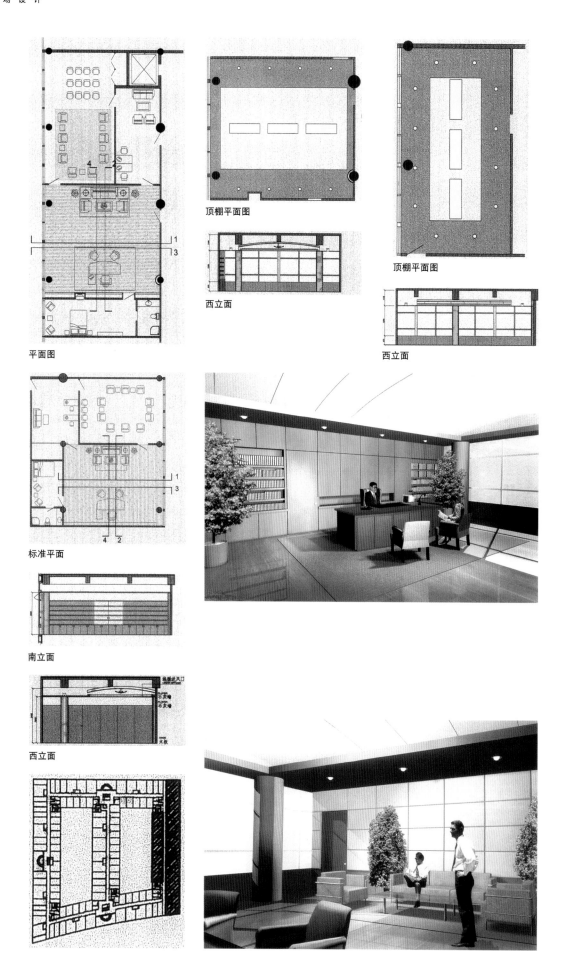

平面图

顶棚平面图

顶棚平面图

西立面

西立面

标准平面

南立面

西立面

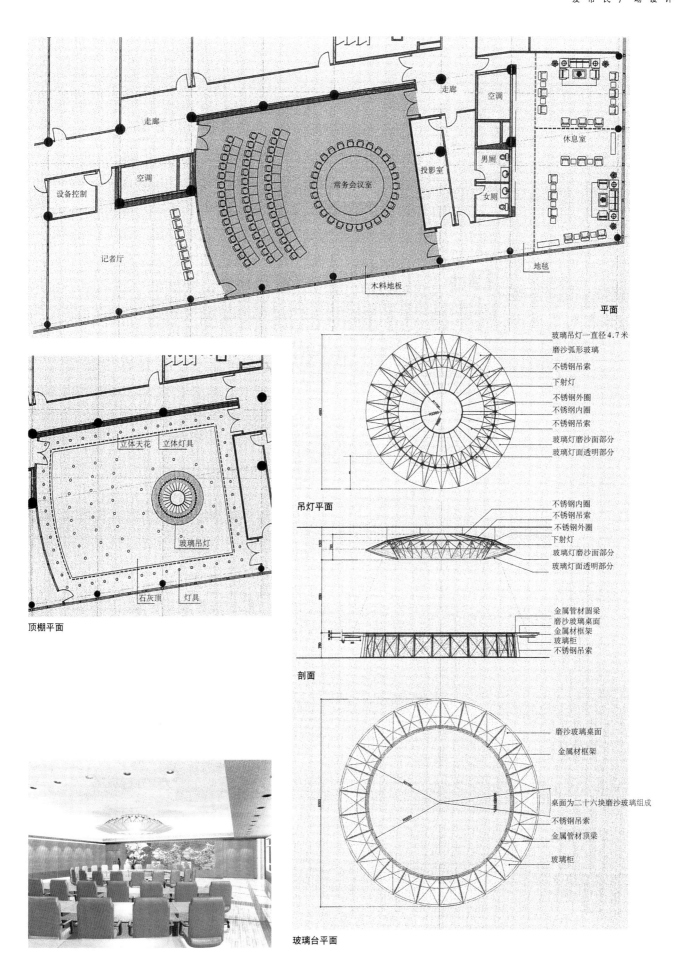

平面

走廊

空调

休息室

走廊

设备控制

空调

常务会议室

投影室

男厕

女厕

记者厅

地毯

木料地板

顶棚平面

立体天花　立体灯具

玻璃吊灯

石灰顶　灯具

吊灯平面

玻璃吊灯—直径4.7米
磨沙弧形玻璃
不锈钢吊索
下射灯
不锈钢外圈
不锈钢内圈
不锈钢吊索
玻璃灯磨沙面部分
玻璃灯面透明部分

剖面

不锈钢内圈
不锈钢吊索
不锈钢外圈
下射灯
玻璃灯磨沙面部分
玻璃灯面透明部分

金属管材圆梁
磨沙玻璃桌面
金属材框架
玻璃柜
不锈钢吊索

玻璃台平面

磨沙玻璃桌面
金属材框架
桌面为二十六块磨沙玻璃组成
不锈钢吊索
金属管材顶梁
玻璃柜

市民中心室内装饰设计方案（第2次调整）专家评审会纪要

这次室内设计是李名仪／廷丘勒建筑师事务所根据前两次专家会议意见经详细、认真修改后形成的第三次方案，会上李名仪先生对该方案作了简要汇报。经专家审阅后一致认为修改后的这次方案简洁、大方、明快且富现代感，但尚存一些细部问题有待进一步修改及深化，综合专家会议意见形成纪要如下：

一、西翼办公入口大堂地面采用花岗石。

二、办公区走廊墙面展示板取消，地面采用地毯或地砖，地面层数标识可考虑灵活处理。走廊立面楼层采用竖向标识。

三、中区主入口门厅及走道地面水磨石改花岗石（所有公共部分采用花岗石地面）。

四、市长办公门厅入口：取消楼梯不锈钢丝拉索护栏，首层采用绿化或水池作分隔。

五、市长及副市长办公的秘书室增加有玻璃门的文件柜、书架，茶水柜，副市长秘书室考虑加大。

六、常务会议室：木地板改满铺地毯地面，增设茶水服务间，卫生间须做调整（洗脸盆移至外边，男士增加一小便位），墙裙考虑连通处理。桌椅布置方式另行通知。

七、大会堂：

1. 台口部分加大，原弧形墙取消，考虑反向处理。

2. 舞台侧门、踏步进行移位处理。

3. 座位排列：

a. 尽可能满足视线要求；

b. 座位数量（2 500座）可以适量调减；

c. 错开排列，扩大视野。

4. 要求固定舞台12m，外加活动舞台3m，可作非专业性大型演出。

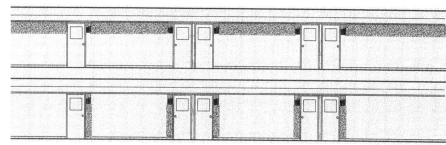

办公室走廊——立面不带柱（方案A、方案B）

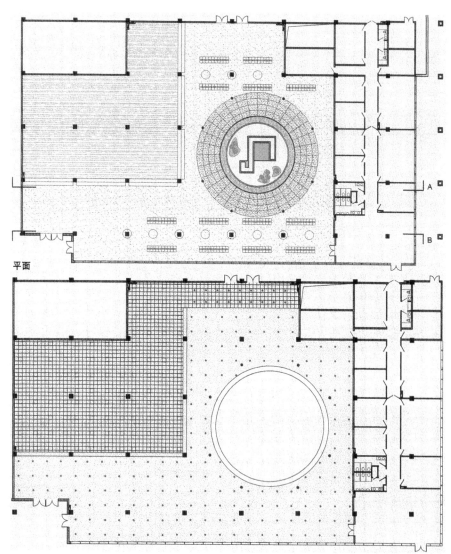

平面

顶棚平面

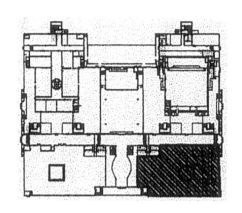

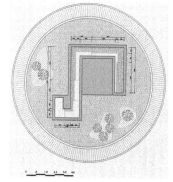

平面图

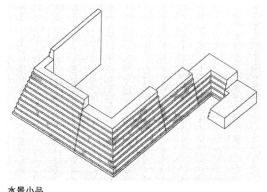

水景小品

八、东区 250 人会议室：木墙面横线条改竖线条，加设茶水台。

九、工业展览馆展厅：取消墙面金属网，改做 ICI 即可。

十、中、西餐厅：

1. 中式餐厅：送菜门改为窗口，洗手间减设一个蹲位。分隔装饰柜位置调整。

2. 西式餐厅：酒窖位置移至右侧墙面，卫生间的门作下移处理。

3. 增设一个纯中式餐厅(古香古色)。

十一、中、西接待厅：

1. 中式：墙面处理按三段考虑。

2. 西式：金属网吊顶考虑分隔。

3. 增设一个纯中式接待厅。

深圳京圳建设监理公司整理
1999 年 9 月 6 日

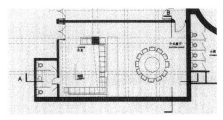

平面

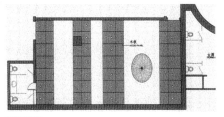

顶棚平面

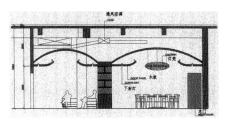

北立面

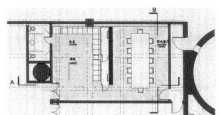

平面

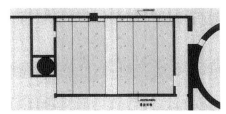

顶棚平面

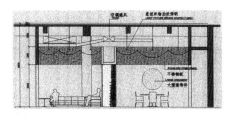

北立面

6.1.4 机关事务管理局的汇报及市政府决策

　　2001年12月24日深圳市市政府三届四十六次常务会议讨论了市机关事务管理局《关于市民中心后期建设情况的报告》，并议定：

　　（一）市领导办公区位置作适当调整。西区四、五层东侧作为市领导办公区，该区南北两端安排市领导办公室，正副秘书长办公室也在该区域安排。

　　（二）进入市民中心办公的政府部门，除原定的19个外，增加市环保局、国资办2个单位。凡进入市民中心办公的单位占用的政府物业一律由机关事务管理局收回、另行安排，原物业使用单位不得自行支配、擅自出租。

　　（三）市民中心政府办公区办公室的内部间隔、装修设计方案要征求各使用单位的意见，整个办公区装饰色彩要庄重、严肃、整洁、明快，不要大红大绿。为便于管理，市民中心用绿篱隔离。

　　（四）市民中心办公室归口市规划与国土资源局管理，实行"交钥匙"工程；机关事务管理局负责对市民中心使用提出需求；市民中心智能化建设由市政府办公厅牵头组织，信息办、机关事务管理局等部门参与，市民中心办公室具体落实。

　　（五）市民中心建设中有关协调事项由主管副市长负责，各相关单位要责任到人，密切配合，全力以赴，排出工程进度时间表，确保市民中心2002年10月底交付使用。

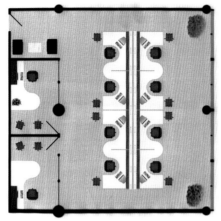

开敞式办公室平面

开敞式办公室效果图

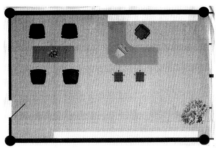

局级领导办公室平面(55m²)

局级领导办公室效果图

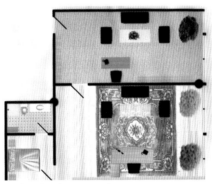

市级领导办公室平面(110m²)

市级领导办公室效果图

会客室效果图

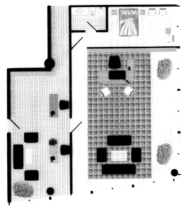

市级领导办公室平面(140m²)

市级领导办公室效果图

6.2 国内机构室内设计招标

6.2.1 招标方案精选

　　市民中心建设办公室按市机关事务管理局指示于2002年4月组织深圳市9家设计、装修双甲级资质的单位进行了设计方案竞赛，并对竞选方案组织了专家研讨。

中区首层窗口办公东厅效果图方案二(1)

中区首层窗口办公东厅效果图方案一(1)

礼仪厅透视图中区(B段)

中区首层窗口办公东厅效果图方案二(2)

入口大厅

中区(B段)透视图

中区(B段)透视图

贵宾西餐厅

小贵宾餐厅透视图 中区(B段)

西区东侧领导办公入口门厅

普通办公室走廊

贵宾室(一)

市长办公室

副市长办公室

走廊

6.2.2 市, 局级领导办公室设计及样板房

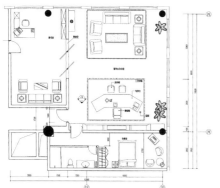

市级领导办公室之一

深圳海外装饰工程公司设计施工

副市长办公室

秘书室

深圳瑞和装饰工程公司设计施工

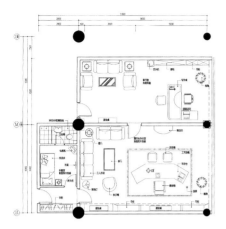

市级领导办公室之二

局长办公室

深圳海外装饰工程公司设计施工

深圳瑞和装饰工程公司设计施工

普通办公室设计样板房

一号普通办公室样板间装饰设计说明：

一、设计理念：充分利用传统的装饰材料，营造出庄重、朴素、坚毅、亲切的办公环境。

二、色彩：褐红色的主基调，充分体现庄重、坚毅、朴素的政府形象。

三、材料：充分利用木质材料的柔和性，体现政府部门的亲民形象。

一号普通办公室

一号普通办公室

一号普通办公室

一号普通办公室

二号普通办公室样板间设计说明：

一、装饰主题：现代、简练、环保、营造出现代高效的办公氛围。

二、色彩：白色为主的灰色系，充分体现廉正、公正、现代、永恒的政府形象。

三、材料：复合材料顶棚、塑铝板、节能筒灯的选用充分体现环保、高科技的成果，浅灰色和蓝色方块地毯以及不锈钢门套、地脚线具有现代和易清洁、可替换的优点。

二号普通办公室

二号普通办公室

二号普通办公室

二号普通办公室

走廊、电梯间设计样板房

设计说明：

一层公共走廊：

色彩：微冷的浅灰色调，视觉感受洁净、严肃。

材料：地面、墙面以美国灰麻为主，喷漆玻璃与梦幻蓝花岗石嵌入使用，形成色彩、质感的对比。材料的选用是考虑持久性、易清洁、消防安全性，突出现代感。

空间造型的塑造：

造型力求简洁、庄重，以直线、块面结合的手法突出年轻的深圳现代、创新的精神，同时配以中式月亮门的造型、融入深圳代表性的人文景观，向人们展示着特区的发展光辉历程。

四层公共走廊：

色彩：微暖色调，视觉感受庄重、协调，并兼具亲和力。

材料：地面莎安娜米黄石和啡珍珠花岗石，墙面白莎米黄毛石和胡桃木，顶棚乳胶漆，地面和墙面材料形成色彩、质感的对比，突出庄重感。

空间造型的塑造：

造型简洁庄重，利用色彩对比和材质互换，从视觉上缩短并拓宽原建筑较狭长的空间，力求表达办公室空间的亲和力，并体现出高效、务实的精神。

6.3 室内实施方案及室内设计导则

6.3.1 关于深圳市民中心室内设计及室外环境设计工作的会议纪要

2002年7月11日下午，在设计大厦16楼会议室，深圳市规划与国土资源局中心区开发建设办公室受主管副局长委托，组织召开了市民中心室内设计及室外环境设计工作会议。市民中心建设办公室、市机关事务管理局、美国李名仪／廷丘勒建筑师事务所的有关同志参加了会议。纪要如下：

一、美国李名仪／廷丘勒建筑师事务所分别于1999年6月1日、7月28日、8月30日正式提交了深圳市民中心室内设计文本，并通过了由市民中心建设办公室主持、各方使用单位参加的专家评审会议讨论，会议纪要等文件详细记录了讨论事项。本次会议明确了市民中心室内设计应在1999年10月李名仪／廷丘勒建筑师事务所提交的《深圳市民中心室内设计总则最后方案》

的基础上深化完善，完成该工程设计合同补充说明协议中规定的工作内容。

二、设计范围。市民中心的室内设计范围与上述《深圳市民中心室内设计总则最后方案》的设计范围基本相同，增加普通办公区域的标准会议室和局级领导办公室。

三、设计深度。市民中心的室内设计应达到方案设计深度，满足室内装饰设计及施工的招标要求。具体提供以下5方面的技术资料：

（一）主要公共空间室内设计效果图，包括：办公大厅、市级领导办公室、局级领导办公室、会议室、接待厅、餐厅、多功能厅、中区廊桥。其他应提供效果图的空间由建筑师确定。

（二）室内设计平面、立面、平顶（6面）的方案设计技术图。

（三）重要节点大样图。

（四）材料选择。

（五）确定大面积色调的色板。

四、装修标准。按照本次会议提供的市民中心室内装饰投资概算的最新标准，调整有关室内设计方案。

五、市民中心室外环境设计按照深圳市规划与国土资源局《关于市民中心环境设计方案修改意见的函》（深规土函[2002]241号）进行修改完善，并尽快落实国内合作设计单位进行室外景观环境的施工图设计工作。庭院设计已确认的部分应抓紧深化设计。

六、设计进度。于2002年7月31日提交西区政府办公部分及中区窗口办文部分的室内设计的平面、立面、剖面和必要的节点大样图。于2002年8月12日提交市民中心室内设计及室外环境设计两本完整的设计图本。

6.3.2 室内设计导则及最后方案

李名仪／廷丘勒建筑师事务所（2002. 8.12）

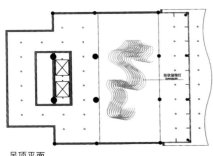

吊顶平面

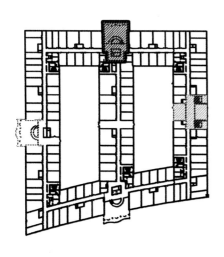

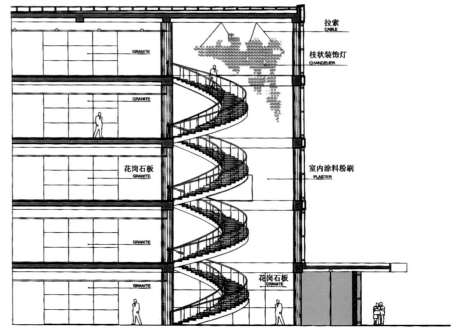

南北剖面

李名仪／廷丘勒建筑师事务所提出的深圳市中心西区室内设计导则如下：

深圳市民中心西区是政府办公用房的主要部分，建筑规模较大，其长度132m、宽度145m，地下1层、地上5层。为了提供政府公务人员高效、舒适的办公环境，并充分体现市领导提出的国际先进、国内一流的水平，室内设计应该力求坚持以人为本、合理布局、高标准、科学性。建筑主体设计以独特的建筑风格创造出人与自然、传统与现代、生态与环境的室内外绿色环境。步入各主入口大厅，宽敞明亮的共享空间显得格外明净典雅；色调柔和、动静相宜；平面功能合理；交通流线通畅；明亮的采光照明、适当的植物绿化配置、室内空间设计、材料与色彩的和谐搭配，营造出整座大厦的现代科技气息和自然活力，为大厦内工作人员的高效率工作提供了宁静舒适的办公环境，体现了设计者全局统筹考虑的精心设计。以下按不同室内功能空间具体说明其室内设计原则。

根据建筑物规模较大、空间流通的特性，我们认为主入口门厅及办公区域的室内设计，首先必须明确为大厦内工作人员和外访办事人士提供楼宇室内交通流线导向指示、办公区域布局、并易于辨识自己在大厦的具体位置。

所有装饰材料和色彩均由提供的样品后确定。

一、主入口和门厅：

西区建筑的东南西北四个方向各设计一个主门厅，建筑布局与之相关自然形成五个办公区域，即东、西、南、北、中。为便于人们识别自己在建筑物中的所在区域及方位，大厦使用统一的系统化、规范化、标志明显的室内设计手法明确主入口门厅及办公区域。为统一协调起见，我们建议各普通门厅主体装修标准一致，即大面积的装修材料和色彩相同；领导门厅特殊处理；同时，区别设计各门厅特点，采取局部点缀的设计手法，如：各主门厅的中厅花坛采用不同花卉植物、入口接待台和电梯门的不同色彩系列。

我们建议采取特殊设计处理各门厅：(1)各入口处相应位置设有触摸屏和楼宇规范化统一设计的系统性导向标志，指示人们所在位置与建筑平面关系。同时，利用螺旋楼梯下部空间设计布置接待台和室内花坛，自然景观的引入，与门厅内侧中庭花园、屋顶花园及建筑周围绿化相呼应，所营造的和谐生态环境，为人们提供了舒适、

静谧的办公空间。其地面、墙面、吊顶材料和色彩，及灯具布局和造型设计均要明确统一，并相互协调。(2)色彩：各门厅一局部色彩点缀，分别采用如下四种颜色的装饰处理其接待台和电梯门、及其他相应小品，使每个人进入大厅就能按着花坛四季花卉植物和相应颜色识别所在区域。东入口门厅1为青色，北入口(门厅2)为蓝色，西入口(门厅3)为白色，南入口(门厅4)为红色，四种颜色充分考虑了民俗特色。东入口门厅1以青色为主，意为其季，万物生长茂盛；北入口门厅2为蓝色系列，意为冬季，取其象天、象水之意，海阔天空；西

入口门厅3以白色为主，并附以金黄色或橙色，意为秋季，薄雾秋霜，或秋日成熟丰收之季，秋叶遍地；南入口为红色系列，意为夏季，阳光普照。

办公区——位于东、西、南、北、中部的五个办公区域，与相应门厅协调设计，包括所在区域的门饰和公共卫生间等。东部(门厅1)为青色，北部(门厅2)为蓝色，西部(门厅3)为白色，南部(门厅4)为红色，中部为黄色。

门厅1：东部门厅1为24m宽、进深25m、2层高的领导专用门厅。

(1)地面：一层到五层地面为50mm厚

枝状装饰灯－曲形玻璃管或水晶管

枝状装饰灯－线形玻璃管或水晶管

枝状装饰灯－球形玻璃管或水晶灯泡

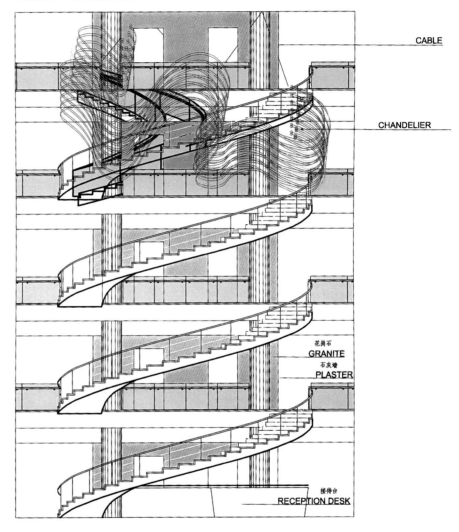
玻璃艺术塑造－DALE CHIHULY 艺术家

750mm × 750mm 浅色花岗石地面。

（2）安保玻璃墙面和接待台、室内花坛：考虑安保要求，在楼梯口设置第二道玻璃墙、门和接待台作为安保玻璃墙面。接待台为发纹不锈钢或青色金属材料立面和磨砂玻璃台面，配置灯光和咨询电脑等。室内花坛以鹅卵石和四季花卉植物为主，可以适当配置盆景式流水装饰，由室内设计提供深化设计。电梯门装饰及数字为青色和统一的门面图案设计。

（3）楼梯和栏杆：300mm宽（通长）与地面同色的花岗石踏步和梯段平台（750mm×750mm）。楼梯侧面和底面均为白色室内粉

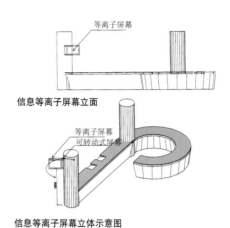

信息等离子屏幕立面

信息等离子屏幕立体示意图

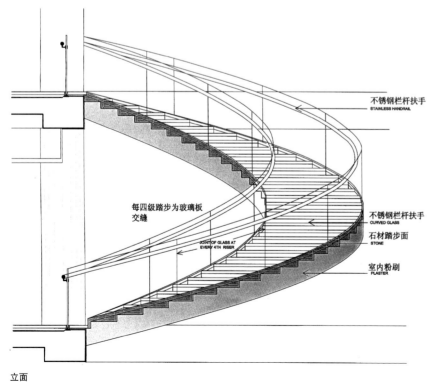

接待咨询台平面

刷。楼梯栏板和楼层电梯厅栏板均为19mm厚钢花玻璃板，扶手为50mm直径磨砂不锈钢管。

（4）墙面：30mm厚，2 250mm宽×三等份高浅色花岗石，与地面协调一致。另外，适当位置有墙面大型城市图片装饰。

（5）吊顶：吊顶为2 400mm×2 400mm夹胶磨砂玻璃、每片后面附设照明灯，玻璃板间隔400mm，玻璃后面结构梁板为灰色室内粉刷。楼层电梯厅边梁侧面为白色室内粉刷，边梁下方侧面为通长带状空调送风口。

（6）其他：两台专用电梯可直接连接地下一层的专用停车场和楼层领导办公区，室外专用车道提供了便捷、安全的贵宾上下车条件；其门厅内特设两道安全防护门，与紧邻布置的应急指挥中心、安保监控中心、消防控制中心以及地下专用车道警卫设施构成完整的安保系统。

门厅2：北部门厅2为普通门厅。

（1）地面：一层～五层厅地面为50mm厚，750mm×750mm浅色花岗石地面。

（2）接待台、室内花坛：门厅2接待台为蓝色金属材料立面和磨砂玻璃台面，配置灯光和咨询电脑等。室内花坛以鹅卵石和适合于门厅特色的四季花卉植物为主，可以适当配置盆景式流水装饰，由室内设计提供深化设计。电梯门装饰及数字为蓝色和统一的门面图案设计。

（3）楼梯和栏杆：300mm宽（通长）与地面同色的花岗石踏步。楼梯侧面和底面均为白色室内粉刷。楼梯栏板和楼层电梯厅栏板均为19mm厚钢花玻璃板，扶手为50mm直径磨砂不锈钢管。参考原施工图节点详图。

（4）墙面：建议门厅底层为1 500mm宽浅色花岗石。另外，适当位置考虑墙面大

不锈钢栏杆扶手
STAINLESS HANDRAIL

每四级踏步为玻璃板交缝

不锈钢栏杆扶手
CURVED GLASS

石材踏步面
STONE

室内粉刷
PLASTER

立面

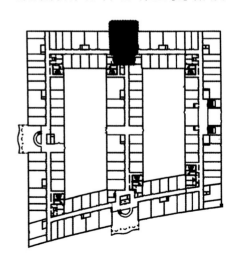

型艺术装饰，由专业高水平艺术家提供。

（5）吊顶：吊顶为白色高质量材料。楼层电梯厅边梁侧面为白色室内粉刷，边梁下方侧面为通长带状空调送风口。楼层电梯厅为白色吊顶板材，灯具、空调出风口、烟感器、消防喷淋头等位置必须严格统一规范化设计，并和吊顶板材综合考虑。

门厅3：西部门厅3为普通门厅，白色为主，局部附以金黄色或橙色。

（1）地面：同门厅2

（2）接待台、室内花坛：门厅3接待台为白色金属材料立面和磨砂玻璃台面，配置灯光和咨询电脑等。室内花坛以鹅卵石和适合于门厅3特色的四季花卉植物为主，可以适当配置盆景式流水装饰，由室内设计提供深化设计。电梯门装饰及数字为白色和统一的门面图案设计。

（3）楼梯和栏杆：同门厅2

（4）墙面：同门厅2

（5）吊顶：同门厅2

门厅4：南部门厅4为普通门厅。

（1）地面：同门厅2

（2）接待台、室内花坛：门厅4接待台为红色金属材料立面和磨砂玻璃台面，配置灯光和咨询电脑等。室内花坛以鹅卵石和适合于门厅4特色的四季花卉植物为主，可以适当配置盆景式流水装饰，由室内设计提供深化设计。电梯门装饰及数字为红色和统一的门面图案设计。

（3）楼梯和栏杆：同门厅2

（4）墙面：同门厅2

（5）吊顶：同门厅2

二、公共走廊：

自门厅沿走廊墙面及办公室门的设计均有统一规范化设计处理。每层的公共空间(如走廊、电梯厅等)按相邻主入口及相应办公区域特色的风格和主色调装饰。这样既强调了整体色调，又由局部点缀体现了特色变化，使每个区域的边缘相连部位不会出现明显的颜色差别，给人一种两区相连部分颜色变化不大的效果。避免因颜色的反差产生不协调的感觉。局部点缀的颜色由门厅入口电梯及接待台处的深色开始，逐渐沿走廊由深至浅地渐变淡化至端部，使每个人进入其中就能按着颜色识别所在区域，并根据颜色的深浅可以判断自己距离门厅多远。墙面、顶棚装饰有相应色调的统一规范化的标志和简洁图案。

（1）地面：750mm × 750mm浅色花岗石地面，局部点缀设计有与门厅同样色系的图案标志，显示其办公区域和所在楼

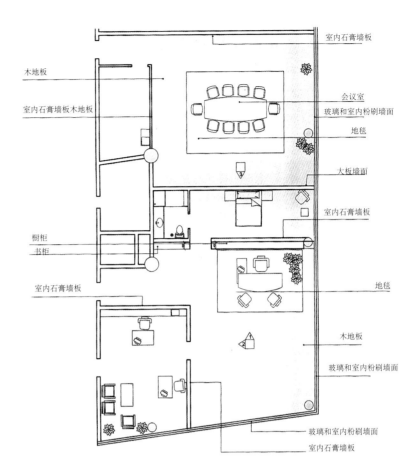

平面

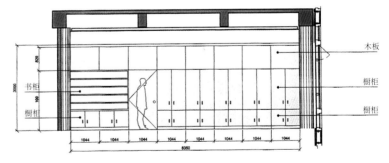

市长办公室南立面

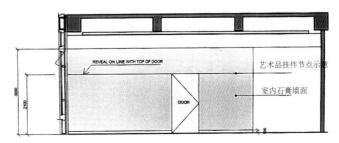

市长办公室西立面

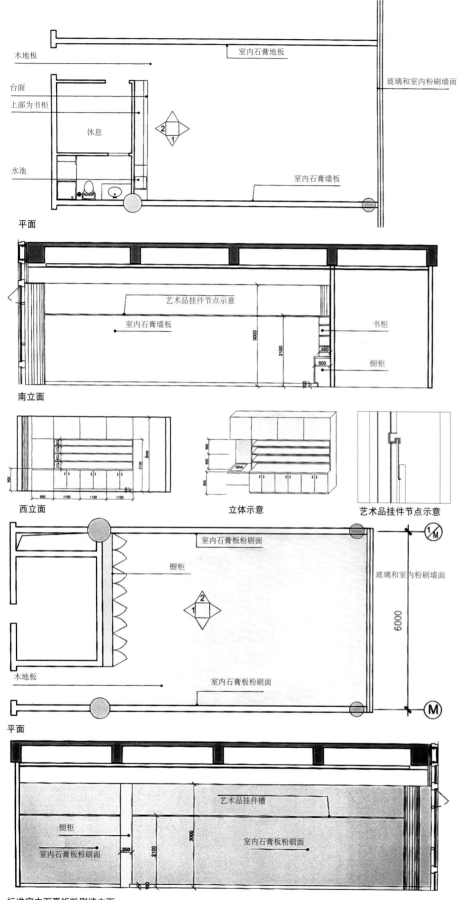

木地板

台面

上部为书柜

休息

水池

平面

室内石膏地板

玻璃和室内粉刷墙面

室内石膏墙板

南立面

艺术品挂件节点示意

室内石膏墙板

书柜

橱柜

3000

2100

350

500

西立面

立体示意

艺术品挂件节点示意

橱柜

室内石膏板粉刷面

玻璃和室内粉刷墙面

6000

木地板

室内石膏板粉刷面

平面

艺术品挂件槽

橱柜

室内石膏板粉刷面

室内石膏板粉刷面

3000

2100

350

标准室内石膏板粉刷墙立面

层数。如：地面板材交点处可以设计镶嵌90mm×90mm方形或菱形与门厅同样色系（如蓝色）的材料，一楼为一个、其他楼层按同层个数图案组合设计；也可以地面用条形带状装饰。由室内设计提供具体深化设计。

（2）墙面：1 500mm宽×高度等分的浅色花岗石墙面，与地面一致。顶端2.25～2.4m处（即150mm高）为2mm厚金属遮光板，其后面设置灯光设施，提供向上对拱顶和向下对墙面的均匀照明。办公室门边为300mm宽由地到顶的10mm厚磨砂玻璃，其后面可以设置柔和的灯光。磨砂玻璃面的上部位置设计统一规范化的图案标志，显示办公室数字和名称、单位名称、以及统一的简化图案表示该办公室在建筑物中的位置，所有字体图案均按相应门厅、及办公区域同样色系（如蓝色）。

（3）走道吊顶：设计吊顶为拱形金属穿孔板（提供样品后确定），拱形吊顶中间距地2.7m高两边2.4m。墙面顶端设计的向上均匀间接照明设施提供吊顶显得更高升的空间效果。拱顶中部、沿走廊通长位置，按建筑模数和吊顶金属穿孔板尺寸，必须严格统一规范化设计布置灯具、空调出风口、烟感器、消防喷淋头等位置，并和吊顶板材综合考虑。同时，利用灯饰及统一设计的指示标志，显示办公部门。

三、公共卫生间：

局部点缀设计有与门厅、办公区同样色系的标志，明确显示其所在区域。

（1）地面：750mm×750mm花岗石地面，局部点缀设计有与其办公区域同样色系的标志。

（2）墙面：花岗石墙面与地面一致。局部点缀设计有与其办公区域同样色系的标志。吊顶悬挂式发纹不锈钢面材卫生间隔断、及隔断门配件。

（3）吊顶：室内3m高，白色高质量吊顶板材，尺寸与墙面、地面板材尺寸一致。灯具、空调出风和回风口、烟感器、消防喷淋头等位置必须严格统一规范化设计，并和吊顶板材综合考虑。

四、办公空间的设计：

在市民中心办公空间设计过程中，我们考虑建筑物总体布局和造型设计的现代风格，与其内部的具体特定空间设计应该保持内外整体上的和谐统一。根据不同部分功能要求及使用特点，市领导办公单元设计为相对独立、安静的办公空间；普通办公部分则采用开敞式的景观办公空间，

为使用和管理提供更便利的适用性、机动
灵活性、可调节性。其开敞明亮的室内空
间，拥有充足的自然采光和舒适的视觉景
观。以处室为一办公单元，处领导办公室
为玻璃隔断，其他人相对集中安排，这样
布局使用便于交流，给人一种亲切感，避
免了因办公室的隔断造成封闭的视觉，充
分体现了政府公务人员公开、公正、廉洁
自律的办公形象。

1.普通办公空间室内设计要为每个工
作单元提供基本的办公工作面，即：每个
办公单元设置有个人专用文件档案柜、办
公桌面、电脑及至少两个备用电源接口。任
何需要搬入的工作人员可以方便地迅速设
置自己的工作空间；搬离者也可以尽快清
理，为将来的使用者保留良好的办公环境。
部门资料与档案柜可搬动式靠墙面放置，
以方便查找。接近入口处墙面留有张贴、部
门通告等信息空间。避免随意张贴所造成
的混乱视觉。走廊、门厅、门牌、指引、通
告，设计规范化、系统化、格式化，便于
提高政府办公效率。

(1)地面：网格架空地板和地毯。

(2)墙面：白色室内粉刷墙面。100mm
高木踢脚。门顶标高处设计30mm的木条，
以提供室内挂物的需要。木条上方为与吊
顶材料一致的板材。

(3)吊顶：室内3m净高，白色高质量
吊顶板材，尺寸与建筑物模数一致。灯具、
空调出风和回风口、烟感器、消防喷淋头
等位置必须严格统一规范化设计，并和吊
顶板材综合考虑。

2.领导办公区。根据不同部分的功能
要求及使用特点，市领导办公单元设计为
传统式的相对独立、安静的办公空间。充
分体现私密性、个性化，为市领导日常的
办公提供便利。主色调为浅色，颜色柔和。

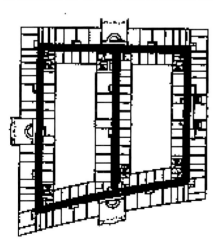

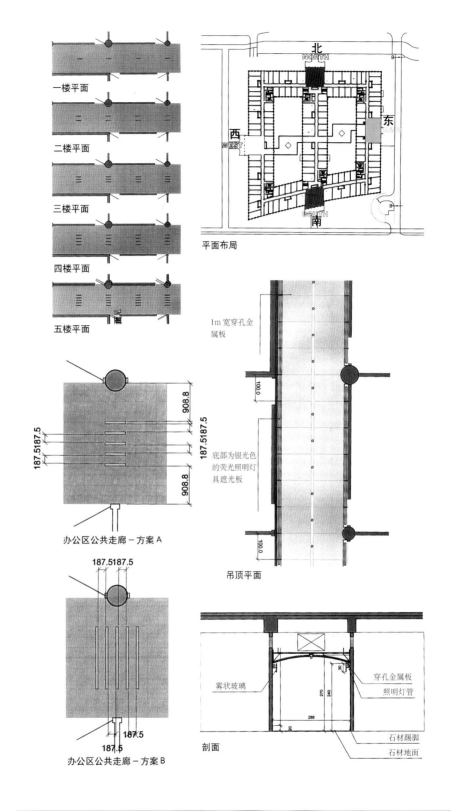

平面布局

1m宽穿孔金属板

底部为银光色
的荧光照明灯
具遮光板

吊顶平面

办公区公共走廊 - 方案A

办公区公共走廊 - 方案B

雾状玻璃

穿孔金属板
照明灯管

石材踢脚
石材地面

剖面

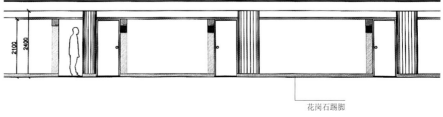

花岗石踢脚

立面

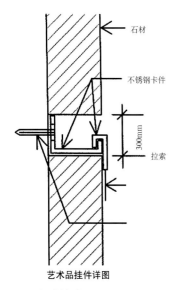

艺术品挂件详图

3.会议室

会议室相对集中布局，便于与会者在最有效时间内尽快到达会议地点。设计以简洁、明快、安静为主，体现一流的现代化装饰会议系统。

五、灯光照明设计要求：

1.采用直接照明与间接照明相结合的方法，既要提供充足舒适的照度，又要避免任何直接或经反射的眩光，考虑照度，色温，演色性，均匀度等达到相应的高标准，基础照明，功能照明，重点照明的相互协调。

2.充分考虑基础照明的照度水平与指示标牌的亮度对比及关系。

3.选择照明器具应具备高光效，节能，精确配光的水准，避免只有外形无光学功能的灯具被采用。并且应为成熟产品，成功在大型项目中使用3年以上的产品。

4.光源选择的原则为：长寿，节能，演色性高Ra值大于等于80；对于荧光灯，全部选用优质三基色光源。

5.不采用白炽灯泡灯具，对于石英卤钨类光源的灯具除必要的重点照明功能需要外，尽可能少采用，降低此类光源低光

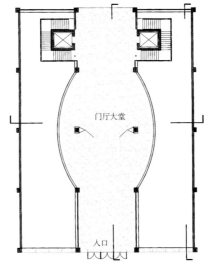

中区主门厅平面

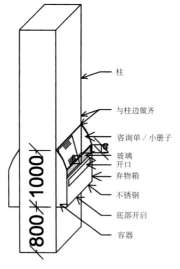

咨询单／弃物箱详图

效产生的热量增加空调制冷的负担。

6.对与灯具相关的电器附件，如变压器，镇流器等采用高效稳定可靠的电子式优质产品，电子变压器考虑调光需要，电子镇流器考虑谐波问题，并注意防火要求。

7.应急、指示、诱导照明必须同时统一设计。

8.办公室内基础照明，工作面平均照度不低于450lx，并保证良好均匀度，可采用间接直接照明结合，考虑高度现代化的OA办公室对直接灯具眩光及各种办公设备上反射眩光控制要求。

9.照明设计包含完善的完整智能统一可扩充的照明控制系统，要求实现可多次编程的场景状态控制，必须场合如会议室的遥控控制，调光控制，其他时钟控制，光照度控制，人体感应可任意改变的延时控制等，达到真正的方便使用，控制节能的要求。建筑师建议市领导办公室和会议室、常务会议室采用上述控制系统。其他功能用房也建议采用控制系统，但其功能内容和使用范围由业主酌情考虑。

建筑师鉴于以上因素考虑，建议统一安排整个项目的照明设计，包含室内外，统一选择照明器具，集成整体控制系统，由施工单位分别完成的方式，既把握照明水准，又保证业主的投资最有效。

六、深化室内设计内容：

力求系统性，应统筹安排、规范化管理。其基本原则是控制掌握，以体现市政府的规范化管理、组织性、系统性、高效率的形象。同时，内容要求清晰、明确、详细，以便设计师理解并深化设计。例如：建筑内的临时性横幅、垂挂标志均有规范化系统处理，避免到处零乱张贴宣传纸张的现象。

许多吊顶、墙面和地面的细部装饰设计必须相互有联系，并尽可能与建筑物的柱网和模数相呼应，以达到建筑整体的协调统一。公共空间必须有相互连贯性的设计考虑。相对独立房间可以有所灵活性，显示一些不同指导方向的设计风格。

既然这是一座公众和政府行政功能相融的综合体大厦，有必要对房间统一考虑图案标志性系统。这有决定性作用。假如事先没有考虑充分，室内设计效果将会完全混乱，人们会用规格大小不一、字体形式迥异的标签纸页张贴在房门或墙面上。每层楼和每个核心区都必须考虑有信息布告栏板或指示牌，而非仅仅在入口门厅中才设置。同时，大厦内也必须有个小型打

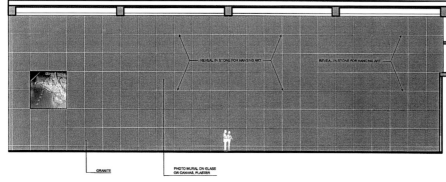

图片装饰墙立面

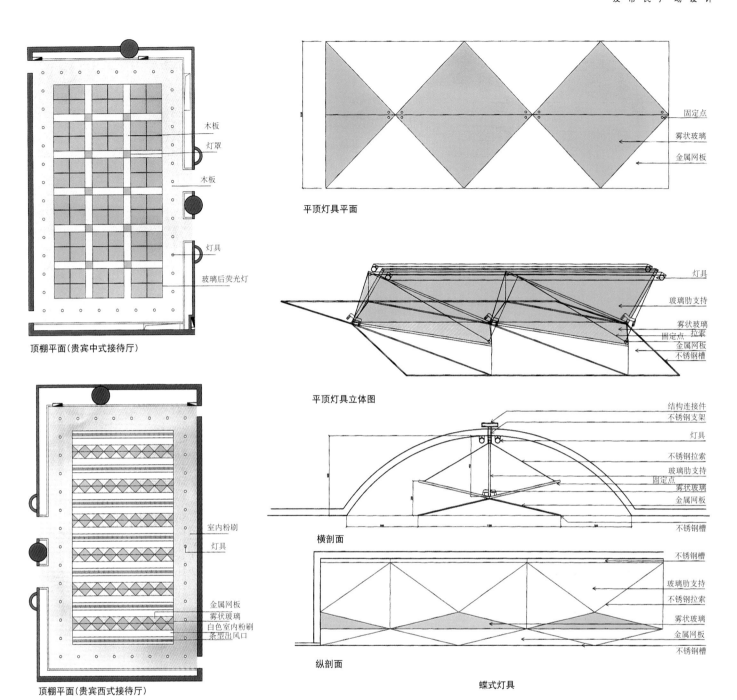

顶棚平面(贵宾中式接待厅)

木板
灯罩
木板
灯具
玻璃后荧光灯

顶棚平面(贵宾西式接待厅)

室内粉刷
灯具
金属网板
雾状玻璃
白色室内粉刷
条型出风口

平顶灯具平面

固定点
雾状玻璃
金属网板

平顶灯具立体图

灯具
玻璃肋支持
雾状玻璃
固定点 拉索
金属网板
不锈钢槽

横剖面

结构连接件
不锈钢支架
灯具
不锈钢拉索
玻璃肋支持
固定点
雾状玻璃
金属网板
不锈钢槽

纵剖面

不锈钢槽
玻璃肋支持
不锈钢拉索
雾状玻璃
金属网板
不锈钢槽

蝶式灯具

印办公室,可以根据需要变更增减,以满足不同时期条件下的标志系统要求。这种方式,与图案一起形成联系性系统。国际上的大部分政府行政大厦都设有这种控制系统。

室内设计师必须有一些加强建筑物安保系统的构思考虑,以便他们可以安置隐蔽式摄像机和其他安保设备器材。同时,室内设计师必须对公共空间的各种五金形式协调考虑。如:门把手必须是一致的,门锁必须来自同一个制造商等等其他考虑。

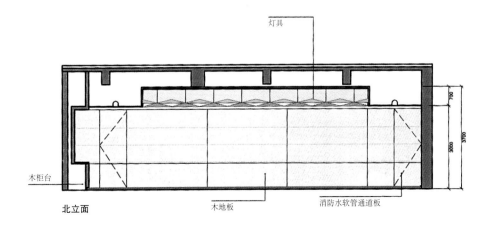

灯具

木柜台

北立面

木地板

消防水软管通道板

6.3.3 室内设计施工图招标

　　2002 年 9 月规划主管部门确定由市中心区开发建设办公室对室内设计原则进行确认后交市市民中心建设办公室组织分别于 2002 年 12 月和 2003 年 3 月完成西区和中区室内设计施工图招标工作。中标方案经市中心区开发建设办公室审批同意后，由设计中标单位完成施工图设计。样板房在符合设计原则的前提下，尽量保留。装饰工程施工图完成后，开展施工招标工作。施工标段以分层分标段为原则，在装饰工程施工图设计完成后，按标段分别列出工程量清单组织施工招标。施工招标优先考虑设计中标单位。

主门厅

领导会议室

标准会议室

标准走道

东门厅

主门厅

市长办公室

局长办公室

标准办公室

贵宾厅

礼仪东厅

礼仪西厅

办公东厅

办公西厅

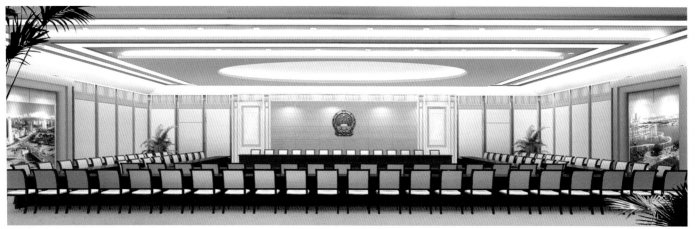

常务会议室

中式厅

西式厅

二 市民广场及水晶岛设计

1.早期有关概念

1.1 1996年城市设计咨询优选方案的概念（详见丛书第一册）

　　深圳市中心区城市设计于1996年8月通过国际咨询并经过市政府批准确定了美国李名仪／廷丘勒建筑师事务所提出的规划设计方案。该方案在广场轴线方面的主要特点是：1.在中心区南北轴线上，由莲花山至滨河大道，规划一条250m宽2km长连绵不断的中央绿化带。2.市政厅位于中央绿化带北段，造型水平伸展，如大鹏展翅。3.在深南路与中央绿化带相交处，利用深南路分开形成的椭圆形用地，布置一个由钢和玻璃建造的雕塑感很强的建筑物、水晶岛，作为会展、商业、观光等用途。

 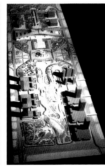

1.2 1997年黑川纪章的广场概念（详见丛书第二册）

　　为了深化优选方案提出的中央绿化带的城市设计，日本黑川纪章建筑都市设计事务所对中心区中轴线公共空间系统进行了规划设计，黑川纪章在中轴线公共空间系统的概念设计中，依据生态——信息城市原则，进行了三维多层的城市空间设计，把中心区中轴线规划成为一个由莲花山开始，包括庆典仪式公园、影像艺术中心、艺术中心、产业扶植中心、科学中心、林荫公园、艺术公园、屋顶花园、商店街、停车场直到南端生态公园等功能和空间形成的多元共生并且多彩有序的公共空间系统。这个概念设计在1997年10月举行的"市中心区建设项目方案设计汇报暨国际评议会"受到国际专家的好评。

2.专项研究

2.1 委托概念规划

　　深圳市规划国土局委托李名仪／廷丘勒建筑师事务所进行深圳市中心区市政厅南广场及水晶岛规划概念设计：

　　设计内容

　　1.市政厅南广场及水晶岛的规划概念设计，主要研究广场的开发规模、景观形态及水晶岛的规模、功能及其与中轴线其他景观的协调、交通组织联系等内容。

　　2.设计范围内的园林景观及建筑小品设计。

　　设计范围

　　市政厅南广场及水晶岛占地面积15.4hm²及其周边相关地块。

　　应在9月28日前完成全部设计，模型应在十月初运至深圳。

　　李名仪／廷丘勒建筑师事务所接受委托进行了水晶岛及周围广场的概念草案设计。李名仪在概念草案设计中，对水晶岛及北广场做了新的调整，水晶岛设置了展示、查询、视听娱乐、观光、餐饮等功能，

北广场上布置了地图、喷泉、模数化的商业建筑等。交通上分别在深南路两侧增加铺路供停靠和进入停车场，人行则从地下进入水晶岛。深圳市规划国土局于1997年10月举行市中心区建设项目方案设计汇报暨国际评议会，对提交的概念设计草案进行了评议。之后，规划主管部门进一步提出具体修改意见，明确水晶岛的功能及建设次序，要求将8根巨柱减至6根，尺度缩小。

2.2 草案阶段的比较研究
(1997 年 10 月)

在吸收国际专家意见的基础上，李名仪对水晶岛周围交通及竖向做了专门规划的分析，提出了多个方案进行比较。

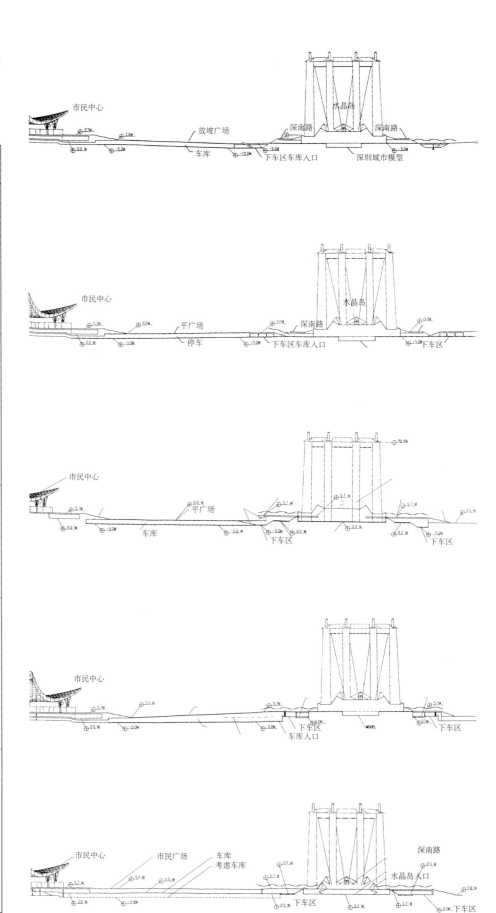

	优点	缺点
广场倾斜并下穿深南路	①广场和两侧没有标高变化，大斜坡2.5% ②广场与水晶岛没有标高变化，自然过渡 ③行人穿过水晶岛到达南公园，室内少日晒	①从地下步行到达水晶岛，景观效果差。 ②深南路辅道在广场下停靠和进入车库深挖−10m ③停车场的斜屋顶难以适应商业零售功能 ④大斜坡2.5%，视浅有影响 ⑤地下开发规模大
广场平地道过深南路	①广场和二侧标等无变化 ②从深南道看市政厅广场景观效果好 ③停靠车仅控5m	①从地下穿水晶岛，行人不便 ②广场和水晶岛标高突变，尺度、心理感受差 ③从广场可看见深南路
广场平、天桥过深南路	①人行高架桥跨过深南路 ②无水晶岛地下开发，易实施 ③水晶岛与广场屋顶自然连接 ④广场和东西二侧无标高变化	①水晶岛屋顶过高，行人不便 ②从广场可看见深南路，视觉干扰 ③上下天桥、生硬、复杂
广场倾斜并上跨深南路	①停靠区不必开挖，深南路不变 ②广场南端自然过渡到水晶岛	①倒坡，感受差 ②斜广场与二侧绿化高差大 ③从深南路看不见市政厅
广场升起上跨深南路	①市政厅到水晶岛台阶少，人行方便 ②停靠区不必深挖 ③大平台成为观景台、起居室	①广场高于二侧绿化 ②从深南路一段看不见市政厅、广场 ③从广场到地铁垂直距离增加

2.3 两位院士的意见

李名仪先生:

阁下10月24日及28日来电均收悉。11月初我们从外地回到北京后,才能集中一点时间共同探讨福田中心区的建设问题。

首先,对阁下不断深入改进的精神甚为敬佩。关于水晶岛的建筑设计构思,回想在总体方案阶段,因为它处于从属地位,未及详细讨论。在今年10月深圳会议上才结合中轴线概念设计等进一步具体研究。来电提出的几个方案,主要是水晶岛和南北方向的联接方式,考虑很细致。但看来,水晶岛的建筑设计问题,还有几个重要的前提应首先研究确定:

一、功能和规模问题。该岛本是一个交通岛,利用这片土地,主要是:(1)地上部分,为市容观光驻足,及南北步道客流歇脚;(2)地下部分,为乘汽车来的游客到达中心区后停车用。所以,饮食方面只是茶点,而不是餐馆;所停车辆,不包括去市政厅及CBD地区,因相距尚远。从经济运行考虑,两部分都不宜过大(估计高峰小时容客量 < 1000人,停车位 < 500辆,原草图总面积约4万 m^2,过于庞大)。

二、角色和地位问题。水晶岛建筑是市民中心的配套建筑,处于辅助地位,主体是市民中心,必需突出中心建筑,而且要考虑从南部绿化带北望没有过多的景观遮挡。所以,建筑总体及高度均宜小不宜大。

三、建设程序问题。在主体景观(南北两方面)尚未呈现前,先作观景台(特别是高塔观景平台),易于招来社会非议,所以,建设程序上宜后不宜先。

为解决上述问题,是否可作以下考虑:

一、先做一个较小的水晶岛总体方案,准备分两期实施,目的是,既在全区初期建设时起推导作用,又避免建设步骤上先后失调。

二、保留原来构思。以"水晶"表达深圳的开放和国之精华等创意。先在岛两端作两个水晶型雕塑(类似方案中三个八角形中的两个)以及部分地下车库。

三、高塔观景作为预备发展,待景观基本形成后再建。

关于深圳中心区建设的重点部署上,我们主张在今后几年内,第一步集中力量建地铁、购物公园和计划中的展览馆等公共建筑;第二步建市民中心及商业街道;第三步⋯⋯

深圳是国家建设的重要窗口,市领导寄厚望于众位专家顾问,在决策阶段,就先期请规划设计方面介入,这就使规划设计者有条件把工作做得比较完满。我们参与其事者不敢不慎之又慎。阁下已在中心区总体规划竞赛中,以卓越构思而夺魁,希坚持中选方案的主导思想,用切合中国国情的方法进一步完善规划设计,进一步为深圳建设作出贡献。

顺颂康安。

吴良镛
周干峙
1997年11月15日

2.4 中国城市规划设计研究院的研究(1997年11月)

方案及比较

1.深南大道地下通道的工程方案是可行的。地道长度484m,地道两侧引线坡度均为5%,开槽长度均为140m,开槽部分位于两侧立交桥下(南北向自行车道路为界)。地道东侧顶部因受雨水干管标高的约束,20m范围内按5%的坡度向上翘起1m。地铁线路在竖向上不影响地道方案,平面上地铁站南侧应缩短10~15m,以避让地道位置。

2.根据方案原则,人民广场有三种平面意向及交通组织形式的方案可供选择。其方案特征与优、缺点比较见表一。

3.为扩大人民广场面积,满足景观及视觉要求,并使南北两片区连成一片。我们建议首选方案一。

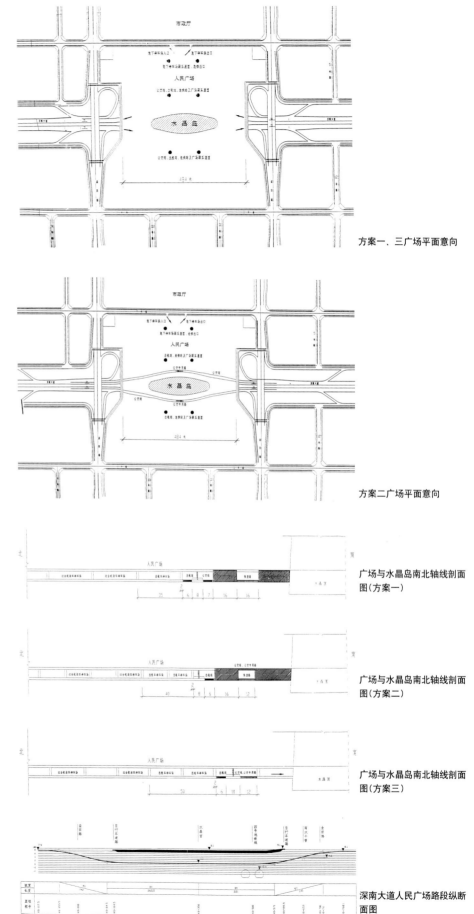

方案一、三广场平面意向

方案二广场平面意向

广场与水晶岛南北轴线剖面图(方案一)

广场与水晶岛南北轴线剖面图(方案二)

广场与水晶岛南北轴线剖面图(方案三)

深南大道人民广场路段纵断面图

表一:人民广场平面意向和交通组织形式方案比较

项目	方案一	方案二	方案三
方案的工程特征	深南路全都沉于地下	公交车辆从地面上通过,其他车辆全都从地下空间通行	公交车辆从地面上通过,公交、出租车辆从地下空间通过,其它车辆(特殊活动或特种车辆除外)通过系统交通组织全部引导至其它道路上
深南路的使用功能	城市快速路	城市快速路,公交运营速度受广场人流干扰较低。	保证公交的畅通,调整了原规划道路的使用功能
对交通发展战略的体现	在路权分配上可体现大力发展公交的政策	深南路上公交畅通与广场步行空间连续两种愿望矛盾	在路权分配已体现大力发展公交的策略,增强了深南路吸引公交乘客的能力,可宏观引导私人交通向公交的转换,有望落实交通发展战略
广场空间效果和作用	人民广场空间完整,步行空间连续,在深南路位置上,人民广场以484m的空间宽度向南延伸	人民广场步行空间不连续,有公交专用路从广场中间隔断	同方案一
广场地面环境效果	良好	较好	良好
地下空间环境效果	汽车尾气和噪音使地下空间的环境效果较差	同方案一	同方案一
地下空间的利用	换乘枢纽、停车	出租站、停车	换乘枢纽、停车
道路工程费	中	低	高
交通管理	简便	介于方案一、三之间	系统交通组织对交通清理水平要求较高
相同交通组织形式的其它对比方案		水晶岛南岛120m、深南路垂直,空间效果不亚于方案二,见附图一,水晶岛北移100m,深南路伸直,水晶岛体积,高度将更大缩小,空间效果才协调,见附图一	公交专用路在地面上,见效果,深南路空间主通在此为瓶颈,有碍公交畅通。

2.5 中心广场建筑规划专家座谈会

2.5.1 座谈会资料

一、问题的提出

为研究市民广场（原市政厅）的尺度，今年10月在中心区现场用了200多个气球对市民广场形体轮廓进行了模拟。尺度实验表明，市民广场由于其形体巨大，给人产生离深南路过近的感觉（尽管实际距离约270m），因而产生出两个问题：

1. 市民广场是否真正离深南路过近而应另外考虑选址方案

2. 为扩大市民广场前的广场同时方便南北广场的联系，在深南路经过水晶岛段采取下穿交通方式。

二、讨论方案

就以上问题，市中心区开发建设办公室组织李名仪／廷丘勒建筑师事务所、中国城市规划院深圳分院、市规划设计院、市交通研究中心等部门人员对水晶岛周围的环境、景观、交通等规划问题反复研究，提出了三个方案。

规划方案：

方案1 以李名仪／廷丘勒建筑师事务所推荐的方案为主，深南路保持不变，停靠和泊车使用专门辅道，行人自地下进入水晶岛。

方案2 结合黑川纪章方案把中央绿化带抬高，建议把市民广场以及水晶岛都适当抬高，水晶岛与南北广场之间利用天桥联系跨越现有深南路。这样人流与车流互不干扰。抬高的水晶岛北广场可以停车和安排公交设施。市民广场和水晶岛的适当提高，对南北轴线的形体景观也更为有利。

方案3 则考虑深南路下穿，从地下经过水晶岛。地面除一般的停靠车辆之外，南北广场完全联通为行人提供最大的方便。

交通方案：（设定深南路现路面的相对标高为±0.00）

方案1 深南路保持现状，金田、益田路口分别增设西南、东南匝道，以便进出北片区。

方案2 深南路在−5.0m下穿（或−9.0m处通过水晶岛），穿越深南路的交通从金田路以西、益田路以东的地下隧道通行。深南路线路面作为辅道作为公交使用（另须设进出市民广场地下车库的进出匝道，金田、益田设环岛立交）。

方案3 深南路保持现状，彩田路加西北、西南2个匝道，金田路、益田路在现状情况下各加一个匝道。

三、方案前提及制约条件

1. 方案依据

深圳市中心区市政厅、南北广场及水晶岛规划概念设计；

深圳市中心区地铁线位及站点设计方案；

深圳市中心区交通规划；市政工程竣工图；

2. 制约条件

（1）深南路作为生活性主干道，保持东西向交通不变。

（2）深南大道的益田路和金田路两处交叉口现有两座立交桥，深南大道上需设置的地下通道位于两座立交桥之间，地下通道与两府立交要衔接顺畅，两座立交桥的交通组织功能尽可能不发生变化。若匝道功能存在影响，可考虑部分匝道功能的调整。

（3）金田路中心线西侧47m处现有一条城市雨水干管横穿深南路，管外顶相对标高−3.55m，改变位置比较困难。

（4）四号地铁线位于水晶岛南北轴线方向以东150m，其结构的上缘标高为−2.6m，地铁站在水晶岛南端有约10m在深南路下边，顶部标高为2.5m。

（5）深南路地下通道引线部分的开槽尽可能避开在广场内。

四、讨论问题

以上提供的规划和交通的几种方案思路仅供与会者参考，希望通过专家的努力，活跃思想，集思广益。请各位专家为建设好深圳市中心区积极参加本次咨询活动，献计献策。会议讨论的几个问题如下：

1. 市民广场的尺度是否合适？如何改善？

2. 您对解决水晶岛南北广场的联系和行人活动有何建议？如何方便进入和使用水晶岛？

3. 您对评价深南路对水晶岛周围的景观影响有何看法，有何建议？深南路作为交通干道，在通过中心区段时的行车景观的评价如何？

4. 您对解决中心区整体的城市设计，包括市政厅、市民广场、水晶岛及中央绿化带的综合城市景观及环境、交通、等问题有何良策或提出更好的解决方案？深圳市规划国土局市中心区开发建设办公室

2.5.2 座谈会专家意见

按上级领导指示，深圳市规划国土局联合深圳市建筑师学会和深圳市城市规划学会于1997年12月15日和18日分两次在深圳市建艺大厦四楼会议召开了深圳市中心区建筑规划专家座谈会，会议由局总规划师主持，参加会议的有市建筑师学会和城市规划学会的专家约50人。会上发言的专家约20多位，提交书面意见的有13份，现整理纪要如下：

一、建筑师学会的专家的主要意见有：

1 关于深南路的处理，有两种倾向性意见：

（1）深南路不下穿，保持现状。仅做些技术性的改动，就可解决问题。

（2）深南路下穿，南北广场连接起来供步行者使用。使市政厅与广场比例协调。

2 关于水晶岛，较多专家认为现在的水晶岛体量过大，形式太复杂，以至影响对市政厅的观赏效果。而且，水晶岛不应大量采用钢和玻璃，避免造成光污染。因此，多数专家建议应简化水晶岛造型，也有专家建议不做水晶岛或另选位置。

3 关于水晶岛的南北广场，比较多的专家认为深圳是一个经济城市，不必搞一个政治性很强的广场；考虑深圳气候的特点，广场也不宜做得过大。

二、城市规划学会（主要是城市交通和城市设计与环境艺术、两个专业委员会）专家意见主要有：

1 多数专家同意深南路过境交通应下穿，地面仅供旅游观光及其交通车辆停靠。

2 关于水晶岛，有专家建议要简化，但也有专家建议加强其功能以吸引人；有专家建议其位置应南移；也有建议水晶岛底部打开以利视线通透；还有建议水晶岛宜缓建。

3 有专家建议规划应理性一点，结合深圳实际，不宜盲目求大、求快。

2.6概念规划成果（李名仪／廷丘勒建筑师事务所，1998年5月）

由于设计任务书改动及其他因素的改动，引起依据条件的变化如下：

1.原来，两条地下铁路在水晶岛的下方交叉。现在，南北走向的4号地铁线已经东移约150m，东西走向的1号线也已南迁。这些地铁车站的改动使地铁车站至市中心区，车站至人民广场和广场中心区以及至水晶岛的往返路线均发生了变化。

2.市政府（现又称"市中心综合大楼"）的任务书内容现在有所增添，加入更多的展览和公众空间。屋顶标高最高点升至70m。

3.为了减轻"市中心区"内的交通拥挤程度，设计中增添了直接由深南大道西行线至"人民广场"下面停车场的进车道和出车道。

4.由于水晶岛的规模有所缩减，故而环柱已减至6根，其高度也下降，漫流水瀑之上的观景台位于45m高。

5.除了有地下的通道，又加设了步行天桥。以进一步便利南北向的步行连接，并增添更多的情趣。

本设计的文字说明总体意向述要意图概念

1.本设计的总体意图约与下述两文件的深化概念相一致，即1996年8月"深圳市市中心设计咨询和1996年10月"优选方案修改说明"。

2.此外，本设计考虑了任务书中所作的各项修改，特别是要使水晶岛发挥出以步行连接北部文化区和南部生态公园的基本作用。

3.设计企图在适当条件下实施：节能高效，环境持续保护以及生态和谐等种种新概念。

4.水晶岛在为公众提供通路和休息场所的同时，也必须让人们经受一种非凡的体验，既独特又轻松。

5.由于采用了多层迭起的形态，而使这动人心铉的体验达到高潮。

6.设计中始终贯穿人工环境与大自然相和谐的概念。

地上部分

1.根据设计任务书中的各项要求以及街景设计的需要作了安排。从主要街道和其他观赏点，均可以观察到市中心广场及建筑物上的各种活动。

2.从市政厅以北的中央公园到水晶岛

南面的中央公园，地上的步行联系始终是连续和不间断的。这种步行道的连贯性极易被察觉到，并被视为一个空间中基本的环行线。这条地上路径是有顶的，可遮阳避雨，仅在重大庆典时除去。

3.车流与人流清楚地区分开。

4.借助经过挑选的植物树种，林料和动人的水景，"大自然"被引入中心区内，构成重点景观。

地下部分

1.在地下有一整套连续步行路线，联系着市中心综合大楼通向人民广场及水晶岛下方的空间和地铁系统。

2.设计中也考虑到地下步行线与大规模交通系统（地铁和公交巴士）之间有效而合理的布局。

3.地下步行线考虑如何有效合理地与地上步行系统连接并结合起来。

4.为了把地下步行线作为地上步行线的对等选择路线，在地下的若干重点处，朝地上开通。这种对外联系点，包括利用地上景点的视觉开口，对天空的开口，以及对"水景"的视觉开口。

5.地下与地上功能性的连接有：通往大量人流交通系统的出入口，通向地下停车场的出入口，游客问讯亭以及地面繁忙街道下的安全通道。

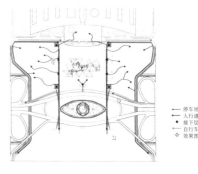

← 停车场车辆出入口
↑ 人行道
● 接下层的通道
← 自行车
▽ 效果图

流动线／视野示意图－地面层

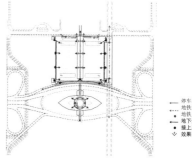

← 停车场车辆出入口
地铁站
地铁入口
地下步行区
● 接上层的通道
▽ 效果图

流动线／视野示意图－地下层

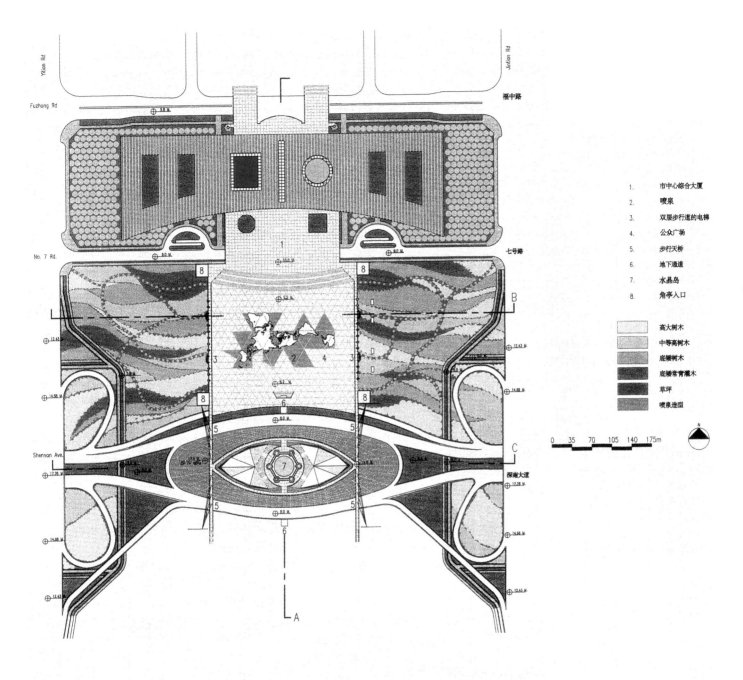

总平面

广场的园林绿化设计

广场上的各种活动

1."人民广场"基本上应当是平坦的，以局部容纳搭建临时建筑的可能性。广场中可进行各种活动：正式集会，非正式集会，日常娱乐节目的表演。

2.正式集会时，广场空间有多种形式。活动焦点可以在广场中心，也可用市中心综合大楼为背景舞台，或者以水晶岛为背景舞台。三种中的任何方式，都能安装必要的演出设备，形成临时舞台。

3.非正式集会时，广场可以作出多种布局。可以在广场的不同空间举行不同的小活动，空间是足够的。既可是露天的，也可以是有顶的，都能遮阳避雨。

4.在广场上，有一大比例尺的地图，使广场既醒目又意味深长。有两种地图图案可供选择：一种是常见的方格形经纬度地图图案；另一种是二十面体三角形展开图案(伯克明斯特·富勒多面体)，后者可表示出准确的地表面积。

5.这个地图象征着深圳市市中心的世界导向。

6.无论采用何种图案，地图均可用多种材料建成。陆地可用草坪，海面用硬材料铺砌；反过来也可以。或者陆地用大鹅卵石，海水用其他石料。表示大城市或居民点，可由地下透过玻璃照亮，颇为戏剧性，且装饰效果。

7.沿广场的东侧和西侧是双层连廊，连廊上层可直达市政厅的大露台，也通向水晶岛的步行天桥。一些有顶的亭台装点着连廊的上部，使行人可坐下来观觉广场和周围四季林带的景色。广场中央由于各种活动的需要，宜保持露天状态。

8.人民广场中，包括"硬园林"和"绿色园林"两种空间。广场中心区基本是硬式的，供活动使用。广场周边是"软式和绿色园林"，仅有较少的活动。

9.临近金田路和益田路的绿地另作一种重要的绿带。这些绿带的特点是尺度高大足以阻挡由繁忙街道传来的噪音。另外，在这地带有两条跨越深南大道的道路。在俯视中心区时，小尺度树种不会被看到而显得毫无意义。我们相信，在市中心和以上两条繁忙街道间，能创建出一条"季节性林带"，换季更替，多姿多彩。

10."季节性林带"汇集了四季变化中最具特色的树种植物。随着季节的更替，林带中各区域交相呈现多姿多彩的花卉，以及树叶色彩的变化。如此丰富多变的景致使整个区域充满勃勃生机，令人流连忘返。我们由此体会到建筑师黑川纪章设计的绿带所展示的季节感。富有变化的树林环绕着人民广场，适当地反映了整个地区，并产生相互对应的关系。同时，它也为市中心综合大厦提供一个丰富的前景。

11.选出合适的树种可以减低城市的紧张感。我们已对适合本城的树种进行了研究。总的来说，树木是基本的绿化手段，灌木、草坪和"软式园林"也不可少。

12.广场中还包括"水景"设计，用来庆祝盛典，创造休闲气氛以及用作一般性装饰点缀。

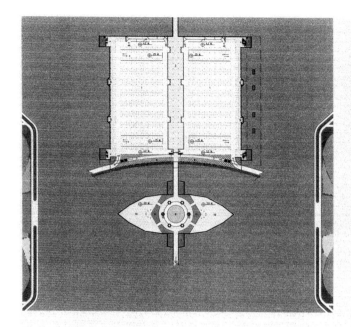

1.停车场
2.地下步行街
3.设备间／储藏室／洗手间
4.停车场出入口
5.楼梯／天井
6.通往广场的楼梯
7.通往地下步行街的楼梯
8.青苔坪
9.青草坡
10.水晶岛
11.水池
12.上观景台的楼梯／电梯立柱

地下一层停车场，地下步行街与水晶岛平面

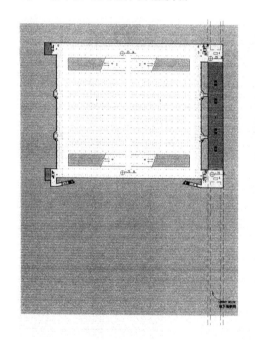

1.停车场
2.通往地下一层停车场的车用坡道
3.设备间／储藏室／洗手间
4.售票亭
5.通往广场的楼梯／电扶梯
6.通往广场／双层步行道的电梯
7.楼梯／天井
8.通往地下步行街的楼梯
9.地铁交通枢纽

地下二层停车场与地铁交通枢纽

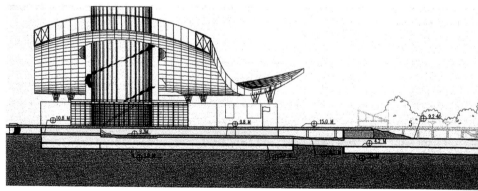

剖面A

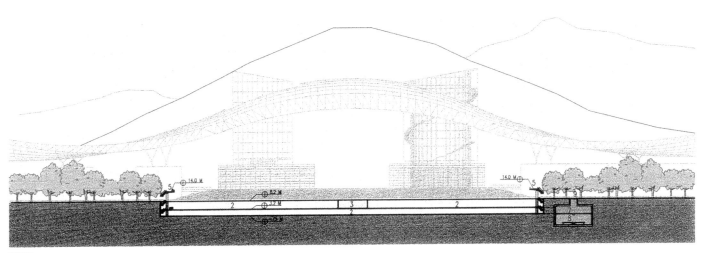

剖面 B

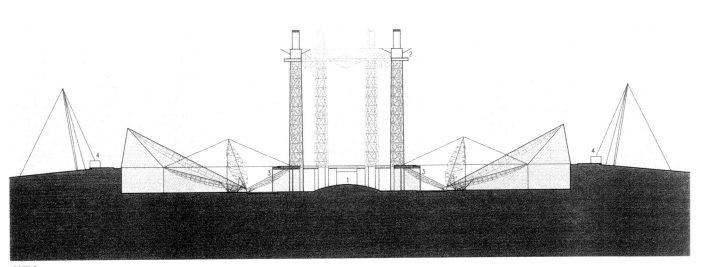

剖面 C

1. 花园
2. 观景台
3. 小瀑布
4. 步行天桥

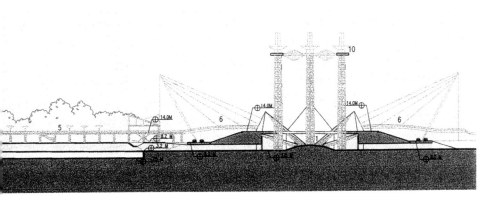

1. 水晶岛
2. 停车场
3. 地下步行街
4. 公众广场
5. 双层步行道的电梯
6. 步行天桥
7. 地铁交通枢纽
8. 地铁站台
9. 天窗
10. 观景台

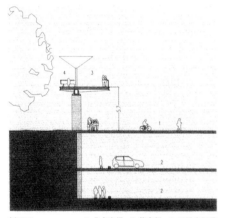

剖面A   1.公众广场   2.停车场   3.双层步行道
               4.长凳   5.通往广场的楼梯

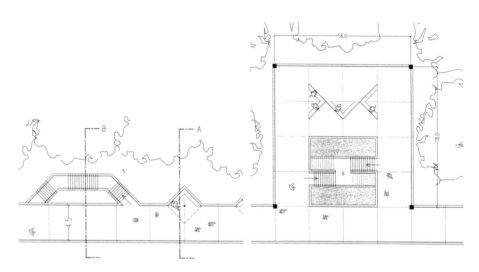

双层步行道平面   入口角亭平面

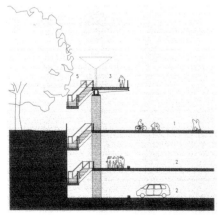

剖面B

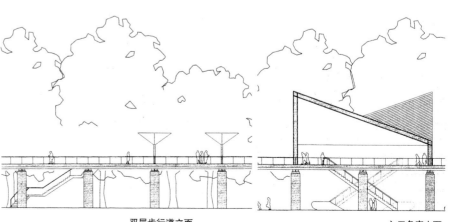

双层步行道立面   入口角亭立面

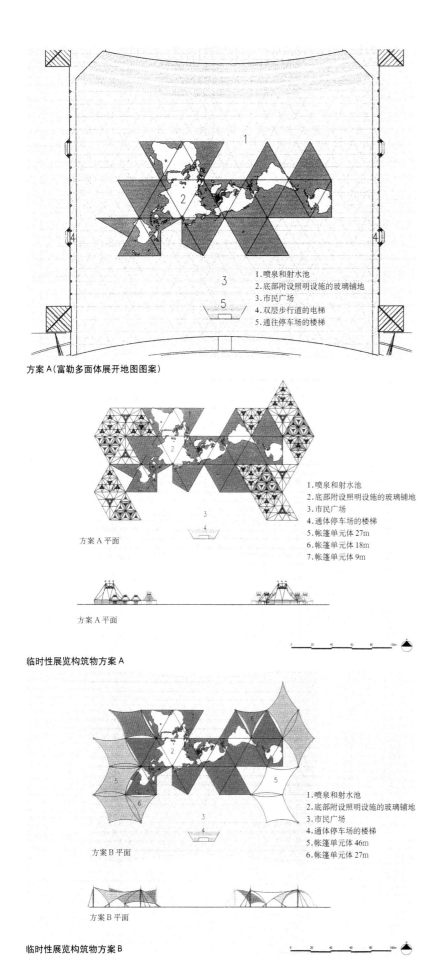

方案 A（富勒多面体展开地图图案）

1.喷泉和射水池
2.底部附设照明设施的玻璃铺地
3.市民广场
4.双层步行道的电梯
5.通往停车场的楼梯

方案 A 平面

1.喷泉和射水池
2.底部附设照明设施的玻璃铺地
3.市民广场
4.通体停车场的楼梯
5.帐篷单元体 27m
6.帐篷单元体 18m
7.帐篷单元体 9m

方案 A 平面

临时性展览构筑物方案 A

1.喷泉和射水池
2.底部附设照明设施的玻璃铺地
3.市民广场
4.通体停车场的楼梯
5.帐篷单元体 46m
6.帐篷单元体 27m

方案 B 平面

方案 B 平面

临时性展览构筑物方案 B

临时性建筑

1.临时建筑在缓解酷热气氛中起到重要的作用。

2.建议采用有节日色彩纺织物的模数制单元结构，这种结构易搭建也易拆除。

3.这种临时建筑可拓宽广场的用途。

4.模数制单元化结构可与广场上的基座相连，同时与电源及电讯管线接通。任何新增管线，均在地下车场顶棚上敷设。

5.这种灵活的布置可在节日和大型集会上作出临时性拓展。

水晶岛的活动内容

1.在原先"深圳市中心设计国际咨询"报告书中，诸多前提性的提法对此次水晶岛概念性的深化改动仍然起作用。要求水晶岛必须成为市中心区成千上万的日常工作人员，居民，观光游客心目中显著的地上标志物。晶体般的造型与无限的时空感，及自然界的无穷奥妙相辅相成。加上潺潺跌落的水瀑，更增添纪念性气氛，同时也削弱了交通噪音。

2.水晶岛的体量尺寸已大幅度减小，观光平台的支柱减至六根。它们仍当作垂直交通的竖向部件，可容纳四部电梯和两部楼梯，高度大约为45m，将来不再加高。

3.从功能上讲，水晶岛不再是零售商业或娱乐中心。它不具备终端建筑的任务;然而它继续作为市中心区南北两区之间最重要的衔接枢纽。像原先"深圳市中心设计国际咨询"报告书提出的，是为使中央绿带保持连续而设。除了原本的地下通道，我们更添加了步行天桥，以及依畔在水晶岛的水瀑与水池之间的漫步环道。

4.水晶岛既开敞又舒畅，它为通过步行天桥和地下通道的人流提供欢快的体验。它必须十分独特，以使公众漫步其中，体验到一种无论何处也尝不到的效果。凭着高低不同的屋顶和富有戏剧性的水晶体形，其所产生的协同效果是惊人的。这次水晶体的观剧性体形已切入到最下一层。光影变化和形体起伏附带着流水的惊人场景，可在水晶岛内任何一层观赏到。水晶岛的中心部位是下沉式的室外庭园，其两侧的共享空间大厅被具隔绝外界噪音功能的水瀑所环绕，由此提供了一个休闲，专项展览的小吃餐饮的绝妙灵活空间。

零售商业

1. 结合南北运行的 4 号地铁车站, 在市政厅与水晶岛的通道中布置一些小型商业。此外, 这里不再规划专门的商业建筑。在许多方面, 这片区域的基本规划与"深圳市中心设计国际咨询"报告继续保持一致。

2. 建议: 在人民广场下面按地下两层规划。这两层均可作停车场; 但具灵活性。以便在将来需要时, 可将第一层改作商业用途。

地下铁道

水晶岛地铁站的重要出入口座落在广场的东北角和东南角。这两个主要出入口直接连接着双层通廊和通向水晶岛的地下通道和商业步行街。这商业街有天然采光; 同时因这处地铁车站的大厅正好在四季林带之下, 因而可以开天窗, 让自然光照入地铁大厅。

夜间照明

1. 在市中心区必须全天候地为来访者提供足够的安全度和舒适度。

2. 夜间装饰照明应该与建筑师共同设计。在市中心综合大楼上, 照明应对建筑外观加以渲染。如: 飞檐檐口, 挑出物的下表面以及两个高耸的筒体。

3. 水晶岛要在灯光下表现出自己的晶体形态。整体灯光要能显现出结构的晶体特性, 而透明与半透明的墙板将表现出惊人的效果, 也使人们看到水晶岛内的活动。

4. 必须使水晶岛的顶部在灯光照射之下构成装饰性外观。在数公里之外, 就能看见玻璃电梯在 6 根 45m 高立柱中的 4 根里不停地上下运行而产生的独特景观。

5. 广场中, 当五彩缤纷的临时性帐篷被自下而上的灯光照亮时, 深南大道上的过往车辆可领略到广场上活动的内容。

6. 市中心的喷泉和射水水景, 在夜晚与特殊节庆场合用灯照明, 使这个区域产生节日气氛。

7. 绿化中有专门照明, 标出个进出口和各项活动的位置。

8. 尽量使用太阳能电灯和低能耗光源。

9. 在双层连廊的顶部下面和亭台挑檐下, 用丰富的照明设施, 烘托出广场的轮廓。

面积计算
空间类型

广场	面积(m²)
地下二层停车场	48 555
地下一层停车场	39 790
地下步行街	5 090
设备空间	800
角亭	3 200
双层步行道	2 790
广场	41 560
喷泉水雕塑造型	8 440
临时性展览构筑物	5 000
连接水晶岛的步行天桥	1 345
连接水晶岛的地下通道	500
深南大道与地下停车场之间的草坡	
	3 960
总计	161 030 m²

水晶岛	面积(m²)
被屋面覆盖的空间	5 230
中庭	2 760
漫流水瀑	23 930
水池	2 410
漫步环道	3 630
抽水极设备间／洗手间	415
观景塔	580
总计	38 955 m²

（由奥雅纳工程顾问公司分担的水晶岛可行性报告略）

深圳市市中心总图的绿化设计
绿化设计的总体构思

从绿化的总体设计出发，考虑深圳市中心综合大楼时，应把握住三个要点：

(1)创建出一整套符合市中心综合大楼的尺度与个性的绿化，同时要符合深圳城市更大规模绿化的要求。

(2)创建出一系列有功能机制的室外空间。不仅在物质条件上吸引游人；也要在精神文明方面象征着深圳市。

(3)在视觉上，用绿化把市中心综合大楼各个功能建筑统一起来，成为连贯与和谐的整体。

绿化的平面布局中，利用树木花草来勾画并衬托出中央绿带的南北轴线。与此同时，也利用绿化植物来遮挡一些不够体面的室外功能区。

还利用树木将"大自然"引入市中心，即为人们提供普遍的大片遮荫地带，又促使人们从容地在户外生活，使空间充满人群的活力。

中心广场的绿化设计

世界大地图与喷水设计

市中心综合大楼的重心以及其象征性聚焦点,都是中心广场。

这个多用途大型空间向一大张迎面铺开的"礼宾地毯",欢迎着世界各地来访的游人光临市中心综合大楼。广场的纪念性尺度与市中心纪念性相联系的布局,使广场能自如地容纳并举行大规模的功能性活动。

一条宽敞的台阶,徐徐坡下,抵达水晶岛综合大楼的步行桥。然后再南下直抵中央绿带的南端。

广场中的主题形象是一副巨大的世界地图,它基本上是按照伯克明斯·富勒的球形二十面体三角形格网图案制做的。在图案上按格网设置喷射水嘴,喷出的水流入铺地石之间的水漏系统,进入回水池循环使用。铺地石之间的流水沟,将排水汇集连在一起。当喷水一旦停止时,地面的水很快流入水漏,使地面当即可以行走,用作展览或娱乐空间使用。

在大地图上,按照1m的三角形风格安设喷水嘴(嘴水嘴可调节,使水向上喷成垂直水柱,或斜射,或散开成雾状等)。同样的喷嘴在计算机程序的控制下可产生各种各样的喷水节目。例如:地图上的绿地可用一种散射的喷水方式来表现;在地图上的海洋部分,可用雾状来表现;或者使整体的地图连续地改变喷水方式,异彩纷呈。

此外,照明手段也可安排在这个大地图中,夜间照明使喷水更为动人。照明也能在没有喷水时,使地图周围的空间更光彩夺目。

周边连廊

在广场的东边和西边都有连续的带顶的连廊,有着遮阳避雨的功用。在视觉上起着包围广场,把视线导向北面(市中心大楼)和南面(水晶岛)

绿化的斜坡

在下层的车道旁边,有10m高,2:1坡度的路堤,由下层车道的标高延伸至深南大道的标高。其上整齐地种植阔叶常青灌木。这片经过绿化的平台将成为水晶岛下面葱翠的底座。

季节性林带

林带的特定树种象"植物流"一样,发源于展销庭院,幅射至市中心区的边缘,象征性地伸展至深圳乃至世界。

每一股林带"植物流"由单一的树种,以划一的种植方式构成。这些植物均为地方性的树木花卉,且有着明显的季节性。

各种灌木,植被,花草均在考虑之列。整体效果象铺地的花毯一样,从颜色,质地到高度均不同。每股林带"植物流"随季节与时间而呈现不同特色。相邻树种高低差由0.1m至10m不等

高速公路的遮挡隔离林带

由常青树种组成的季节林带,自东南角和西南角向外伸展。这将突出高速公路的立体交叉,也完成了由城市的绿化风格向绿化的自然风格转化。

密植的遮挡隔离林为常青树,允许长至20至25m高。这些天然的隔离林是为了要在广场区域挡住高速公路的立交桥,以便引导广场区朝着水晶岛对景。

此外,也有将立体交叉桥处的视线导引至市中心建筑群的作用。

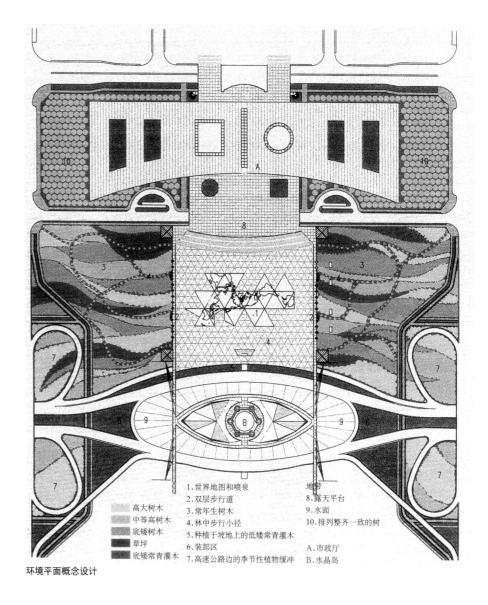

1.世界地图和喷泉　　　 地带
2.双层步行道　　　　　8.露天平台
3.常年生树木　　　　　9.水面
4.林中步行小径　　　 10.排列整齐一致的树
5.种植于坡地上的低矮常青灌木
6.装卸区　　　　　　A.市政厅
7.高速公路边的季节性植物缓冲　B.水晶岛

高大树木
中等高树木
底矮树木
草坪
底矮常青灌木

环境平面概念设计

2.7　评议意见

深圳市中心区中轴线公共空间、市民广场设计研讨会于1998年5月4日~5日在深圳市五洲宾馆举行。与会领导和专家分别听取了日本建筑师黑川纪章关于中轴线公共空间第二阶段概念设计汇报和美国建筑师李名仪关于水晶岛及市民广场设计的汇报,会议邀请的国内外著名规划建筑专家吴良镛教授、周干峙先生、齐康先生、潘祖尧先生、陈世民先生分别发言讨论,关于市民广场及水晶岛方面的意见纪要如下:

(1)有专家赞同水晶岛增加水景和内庭的做法

(2)有专家认为水晶岛形态和功能仍需简化,原则是保持轴线的通透,并和市政厅的造型相配合。

(3)水晶岛建设应放在市政厅后面。

4

3.市民广场方案设计

3.1 园林绿化方案

3.1.1 园林绿化方案成果

总则

市民中心区位于深圳市新城的中心，并位于计划中的文化商业中轴线和联系旧城交通轴的深南路的交会点，其重要性不可低估。位于交会点北边的新市民中心的所在地正加强了其重要性。由于这个位置的重要性和对新市民中心的绿色环境的需求，我们建议：将交会点所在地的(水晶岛)作为一个景观整体来设计。因此我们已经描述了这样一个市民中心区，并且已经致力于提供作为一个大公园发展的概念。

这个区北边以新房子为界，沿南北又被划分为六个区。这南北两个中心区留了大空间，以便沿中轴线的视线能够看到市民中心。北区采用大方型广场的形式，一个带铺地的可供集会用的多功能空间。向南穿过水晶岛，是一个相似比例的开敞空间，大部分覆盖着草皮。在这个区缓缓由南向北缓缓倾斜形成了一个天然广场，配合市民中心作为表演场所。

中心广场两侧的开敞空间，配置着四季树木，在全年中连续展示色彩纷层的各季树木和山园水园的主题特征。在这些公园般的地方，来自于市民中心和广场的游客将找到舒适，安静的休息空间。

最后，位于这些地方的北边，有市民中心大楼和它周围的景观，用相似的四季树木衬托着大楼，这里的景观用来作大楼的基底，而不与它相抵触。

这些地方从整体上形成了市民中心区公园，并且已经设计成为一个整体。

景观设计原则

1.造景一定要为市民中心提供一套比例合适和有性格的园林。一座重要的建筑应当被置与重要的园林之中。

2.造景必须在视觉上和功能上与市民中心的其他设施，如：办公楼，博物馆，中心广场一致。

3.造景必须提供一套和宜的交通组织，便于人们从市民中心建筑向外延着中轴线到达市民中心区的边缘，作为一个整体向外进入城区。

4.景观设计必须提供一系例适合各种活动的不同形状和尺寸的室外空间，从私人约会，半私人聚会到几千人有组织的集会。

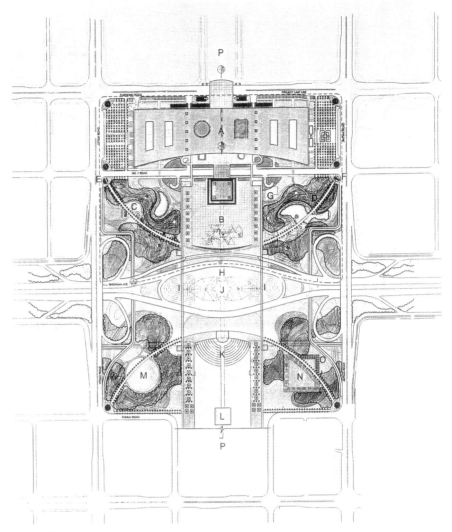

总平面图

5.造园材料(人工的和自然的,在建的和已建的)应当有助于提供机动灵活的遮阳和躲雨的场所。

6.地型整治和植物配置的景观设计技术应当用作加强市民中心从基地内和基地外双向观赏。沿着中轴线向南的视轴也将如此。

7.景观设计将提供激动人心的视觉特性，这个特性将吸引游客到达深圳包括当地的市民到达市中心。

8.节能和生态平衡的原则将引入到景观设计并得到加强。

公园特色

市民广场

在市民中心公园的正中心，联系着市民中心大楼的，是中央广场。位于规划中的地下车库的上方开敞的多功能空间，是这个公园的最大的集会空间。由于它的使用上的变化性，广场将满铺石材。标志

着走向世界的意图，基于三角形网格状的世界地图设计将作为图案铺在广场上。

植物塔与高架步行廊

广场的边沿，一个有盖高架步行廊将允许行人俯视广场，并建立一条将来经由垮深南路的二条人行天桥联系水晶岛和四季公园南部。沿着这些步行道，广场两侧个有8个植物塔。其目的是多样的，覆盖着金属网的塔壁有助于植物的攀缘，它们将带给硬空间以必须的软质界面。塔顶覆盖着绿化的倒伞状帽头将为广场客提供阴凉。安装于塔内的灯光将照明大部分地区。此外，16个灯光塔中的4个将被设计成可升降的灯塔，当有特殊活动时，可从塔顶升起照亮整个广场。

水的特色

广场中央将是一个从北部大台阶向下缓缓坡至南边斜墙。由此，为喷泉区创造了一个浅碗型空间。为了提供一个永久诱

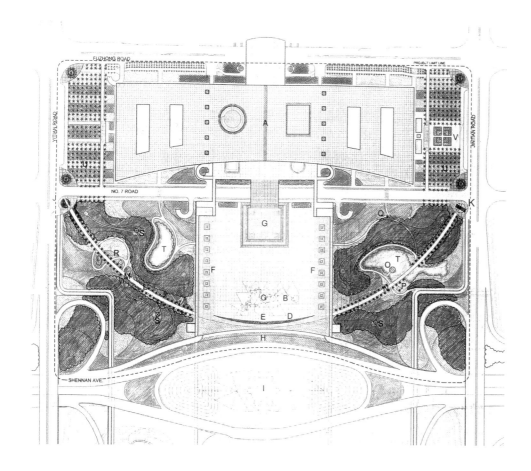

A 深圳市民中心
B 世界地图
C 喷泉演奏布置区
D 弧形石砌墙水幕
E 通向车库／通道的台阶
F 植物塔
G 雕塑平台
H 植物路肩
I 水晶岛
J 山园入口
K 水园入口
L 山园步行道
M 裸石
N 水园步行街
O 水仙亭
P 地铁入口／预留用地
Q 地铁出口
R 预留用地
S 塔
T 池塘
U 棕榈树林
V 博物馆入口

总平面图

人的景点，我们设计了一个现进的干喷泉，其由间距为2.25m的列阵喷头，设置在广场的铺地下。当垂直水柱表演的时候，其将盖住那张世界地图的精彩部分。当喷头单独表演的时候，其与灯光和声音将是一出生动的大合唱。当需要其余空间作特殊用途如商品展示时，列阵喷泉可停止。此地的水将立即排入下水道，确保喷泉区的其他用途。

此外，在列阵喷泉的南边，设计了一个沿着弧形倾斜墙体的瀑布，此与整个墙体同宽的联续的瀑布将为列阵喷泉提供激动人心的背景。它们两个可同时起用，也可以单独其无可比拟的魅力。

这些水体的另一个特征是：下滴的瀑布所造就的"白色噪声"有助于混合来自深南路的汽车噪声。研究证明，这些喷泉的另一个对环境的贡献是，由于大量的水体被空气渗透，其周围的气温将是较低的。

四季森林

向中央公园两侧和穿越深南路向南区沿伸，都是四季森林。这些地方将提供噪

音和市民中心区活动之外的即时休息地。之所以为四季森林，是因为它们一年四季将不停地展示花卉和绿意。

植物波

作为一个整体，向外延伸的标志，与市民中心的形状相协调的植物"波"将向外扩展到四季森林的边沿。每一"波"均由统一的植物种类组成：当地的乔木，灌木和经挑选的有特征的花草。整个效果是想造成一种在一年之中不同的时间段内不同"波"所带有的不同颜色，质地和高度的花季带，"波"带上的植物从0.1～10m高不等。四季森林中地形也将与市民中心的屋顶波形相协调。

主步行通道

一条舒展的弧形人行道从四季森林的一侧划过中央广场的南部，进而穿过另一侧的四季森林的一边，成为人们从四季森林进入中央广场中心的通道。这条步行通道被两侧的棕榈所限定，当人们尽入花园并沿着此道游览时，一种不间断的体验首先从被植物限定的空间到开敞，再收缩，最后暴露在中央广场之上，喷泉和市民中心

建筑尽收眼底。

"山"园和"水"园

两种元素的对立与补充确立了中国"景观"的两种性格。它们是"山"和"水"。两者相互依赖；水通过其周围的山置和成形于溪流，瀑布，湖泊和大海之中；而山自身又受到水流的侵蚀与渗刻。中央广场的两侧的四季森林公园将通过以岩石，地形为主的山园和以不同形式的水为主的水园加强两者的特性。在这四季森林公园的北边，山园和水园将是自然的形式和近人的尺度。大量小道蜿蜒穿梭于树群之间：小山丘为寻找用于思考的幽会的空间的人们和小团体提供了机会。

远期发展

对深南路的南边而言，山水的显示采取了一个更为现代的抽象的和巨型的天堂镜和地台的形式，四季森林公园的南半部可以被看作为较大的开敞空间，提供了交往与活动的场所，如太极拳，健身，慢跑，滑轮和其他非正式的体育活动。

水晶岛

由深南路上两条匹道构成的眼形水晶岛已确定了远期的发展。规划中的人行天桥从中央广场向南延伸跨越深南路抵达水晶岛，并继续跨越另一条匹道向南延伸到达四季森林的南半部，这种设施不仅可让人抵达水晶岛，而且有助于从中央轴线和深南路上观赏市民中心。

深南路边的防护林

从四季森林公园靠深南路边的两角向外伸展，种植较高的常绿的树木防护林，它将避免附近的立交桥对自然景观的影响。密植的常绿的树木防护林树种将长至20～30m高。这些自然树木防护林意在观赏水晶岛时形成中央广场与立交桥之间的屏障。这些树木防护林可沿深南路边向东和向西继续向外伸展。

市民中心周围的种植

此区的造景性格总体上讲比其他地方更为规矩和形式化，目的在于配合建筑物。四季森林公园中的树木和灌木波带转化到此地时更为严谨的战士桐的列阵和灌木带及延伸到建筑物东西两面的植被。这些植物意在为建筑物添色，给其一个绿色的基座，而不是与建筑物争辉。在此地的皇家棕最终可达30m高，因此，它们将给这巨型建筑物提供最合适的比例。近建筑物四周的空间已被设计成草坪，以备消防车之用。靠博物馆入口的景观设计由单个喷头和呈线形的植物组成。

建筑庭园

意识到对靠近市民中心的更为亲切和有顶盖的室外空间的需求，三个视觉庭园已经被置于市民中心建筑物之中。这些庭园不仅为用户提供功能上的服务，同时又提供了可供欣赏的空间。醒目的植被基层，树木和铺砌设计，将创造一个舒服的和有印象的模式。

质地，色彩和花季不同的庭园植物将提供与自然世界必不可少的联系。所有庭园都布置了可供体息的座椅。

博物馆的庭园布置不仅展示了自然世界和提供舒服和体验，而且又展示了艺术世界。在庭园中，有多处位置可陈列雕塑，人们可从一系列石砌小道上欣赏雕塑。

屋顶平台设计

在大屋顶阴影之下是东西两翼办公楼和博物馆的屋顶平台，其提供了尺度合宜和舒服的有用的室外空间。鉴于这些屋顶平台的尺寸较大，似乎不应把每一平方米都发展和使用。尤其是西西两翼办公楼屋

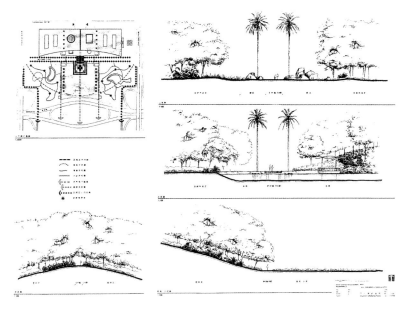

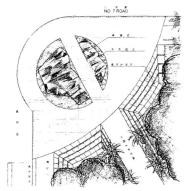

山园入口平面图

山园步行路

山园入口

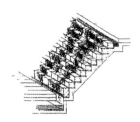

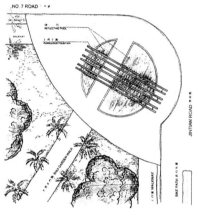

水园入口平面图

水园步行路

水园入口

顶平台应留作观赏南北的主要平台。

在博物馆大屋上，一条石砌小道构成了雕塑陈列园的结构，非石砌区应是简单地由碎石混合形成质地。因此，当雕塑较小和较亲切时，可置于铺砌地上；或者当较大时可安置于较大面积的碎石地上。

3.1.2 研讨会纪要

深圳市民广场园林绿化方案研讨会于1999年1月21日～22日在深圳新世纪酒店举行。会议由市规划国土局副局长王芃主持，邀请了吴良镛（中国科学院院士、中国工程院院士、清华大学教授）、周干峙（中国科学院院士、中国工程院院士）、潘祖尧（香港著名建筑师、潘祖尧设计事务所）、许安之（深圳大学建筑与土木工程学院院长、教授）、陈世民（建筑设计大师、陈世民建筑师事务所）、左肖思（深圳市左肖思建筑事务所总经理、总建筑师）、郭秉豪（深圳市园林学会顾问、康发公司总经理）组成专家小组。主管副市长出席了会议。参加会议的还有市中心区开发建设办公室、市民中心建设办公室、市地铁公司及规划国土局有关人员。在听取李名仪／廷丘勒建筑师事务所和罗兰／陶尔思景观建筑师及场地规划师事务所两家设计机构分别对市民中心和市民广场园林绿化方案的介绍之后经过认真研究讨论，专家组提出了评议意见，现纪要如下：

一、原则同意市民中心的调整及市民广场园林绿化的总体构思。规划、建筑、园林的设计要有整体性，贯彻三位一体的设计构思，这是中国传统思想。当前深圳市最具备这样的实施条件。

二、基本赞成现代建筑的市民中心周围的园林绿化以现代风格为主，但也应该考虑岭南文化特色，全球风格和地方风格应紧密结合。

三、要改变一个硬质铺地广场和两个公园的格局，两侧公园和中间广场不宜绝然分开，建筑两侧以高大乔木为主，中间广场的绿化配置宜低平一些，两侧园林绿化的布置应疏密有致，有开阔的草地，又有稠密的树木，原则上不遮挡从深南路观看市民中心全景的效果，局部有灌木穿插在视野景观中亦无妨。

四、广场两侧廊子尺度要推敲，既要考虑与主体建筑的关系，又要照顾人的尺度，并和绿化尽量紧密结合。

五、绿塔（植物塔）的造型、效果难以实施。建议进一步研究，赞成植物塔改为种植大榕树（适当减少地下停车位，并处理

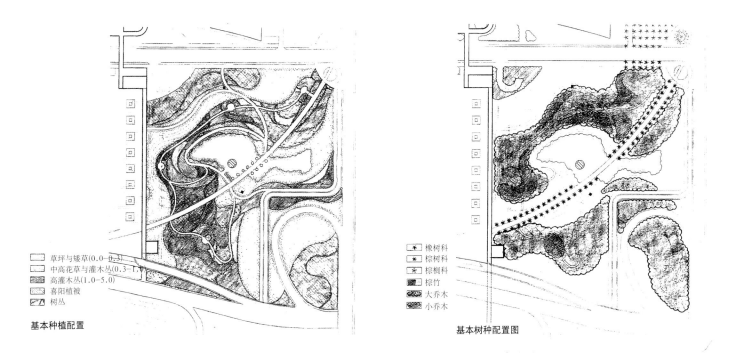

基本种植配置

草坪与矮草(0.0-0.3)
中高花草与灌木丛(0.3-1.0)
高灌木丛(1.0-5.0)
喜阳植被
树丛

基本树种配置图

橡树科
棕榈科
棕榈科
棕竹
大乔木
小乔木

A　博物馆入口广场
B　棕榈树林
C　圆筒
D　方筒
E　市长平台
F　市长花园
G　葡萄园

棕榈树
斑竹
草坪
花草及灌木

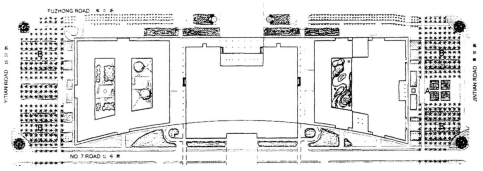

9.3m标高景观平面

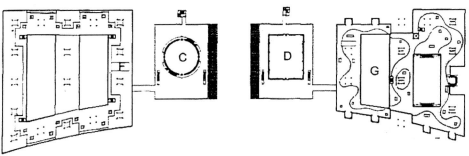

30.9m标高屋顶花园景观平面

好地下防水），以提供大树冠绿荫和体现南方特色。

六、植物配置方面：应较多地选用深圳市树——荔枝树、深圳市花——杜鹃，以及美丽榕、垂叶榕、木棉花等具岭南特色的乔灌木树种，园林种植的概念应明确，树群的高度、体量、密度要有具体、量化指标。

七、中间广场硬铺地面积太大，建议应采取措施软化，宜于让人们利用广场，处理间草铺装、草坪、花卉甚至树木都可考虑在中间广场加以运用。世界地图应适当

北移。

八、地形也可考虑做较大变化，赞成做一些水面和平缓的山丘。

九、中间广场地下的停车库面积过大且较为封闭，要有完整的交通组织。研究、考虑与深南路与地铁的关系，建议通过下沉式广场庭院、垂直绿化、叠落喷泉、休憩配套设施的设置，减少停车场封闭感，方便使用、利用自然通风采光。

十、地铁站要和广场园林绿化设计相结合，主体部分应满足规范、上部建筑争

取直接采光。各入口和广场交通组织要衔接好。四个出入口和六个风亭等地铁设施，以及洗手间、电话亭等要创造性地发挥整体性的设计效果。

十一、建议在市民中心南面增加水面以映衬市民中心，并改善小气候。

十二、两个筒体和大屋顶之间的结构支撑杆件影响建筑的整体雕塑效果，建议通过结构设计予以取消。

十三、北广场宜做为整体来设计，应有一个完整的风格。

3.2 园林绿化修改及广场建筑方案

3.2.1 园林绿化修改方案

罗兰／陶尔思场地规划与风景建筑师事务所(简称R/T)

风景建筑师对深圳市中心市民广场景观设计方案总结的答复

1.总体设计构思

同意

2.建筑物周围的入口

我们总体上同意把建筑物周围区域的相关物与大范围的近代景观特色相综合。它或者是某些地方特征，也可以在东西两侧主入口旁布置植物或硬质景观。

3.广场及树林的差异

我们同意将"四季林"设计成可使植物栽培在不同的地方密植或留空。我们也将深入考虑在广场四周提供更多的绿地，使从园林到广场有一个和缓的过渡(即从"软景观"到"硬景观")。但我们强调，对于广场的绿化或软化，必须采取从"建筑学"为根本特性的手法，以与市民中心综合体的建筑学特性相联系。虽然我们仍需要进一步研究在广场上如何利用树木，但我们同样要研究其他的绿化方法来提供遮荫，以避免单一地依靠树木。

4.行人走廊

我们原则上同意对行人走廊的规模进行检讨。

5.植物塔

目前我们正在调查对榕树的使用状况，但是，我们相当关注其最终的生长大小和最终是否能遮挡市民中心建筑。或者其它的遮荫方法可以被采用。但是，我们不同意对"植物塔"的持续性的怀疑。中心办的沈工、市规划院的孙教授和康发公司的郭秉豪先生曾经带我去看到，在银湖旅游中心附近(注：指金碧苑)有非常相象的"植物塔"存在。它是以一个圆筒形钢筋网为骨架，约有8m高，在网架上攀援了市花(靳杜鹃)，看上去相当葱翠和布满花朵，若施以适当的肥料和定期维护，可以在广场上提供一种独特的绿化效果。然而我们将继续研究减少塔的数量的方法。

6.铺地植被

我们同意尽量多选些地方树种纳入铺地植被的重要性，并将提供对植物选种特征的进一步描述。

7.广场表面处理

我们将把世界地图向北移。但应说明，喷泉的喷嘴网格是集中于地图上的，为了使运转正常，喷泉处需一水平面。而广场处为了形成凹碗式的效果，因此存在一个距离上的限制，限制了地图(与喷泉)北移的距离。

如上述，我们将探求在广场内提供一个更绿色些和更软些的观感。但须说明的是，提供软些表面的尝试应当与永久性地面的需求之间取得平衡，以阻止在偶尔的大型聚会时滥用。

8.轮廓线

我们同意在"四季林"中继续创造更

A深圳市民中心
B市民中心
C山园
D水园
E山园入口
F水园入口
G下为地铁
H地下通道
I高架人行道
J水晶岛
K露天剧场
L观望台
M天堂镜
N地台
O石柱
P中轴线

总平面

深圳市民中心公园南北向剖面图

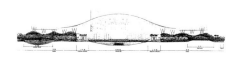

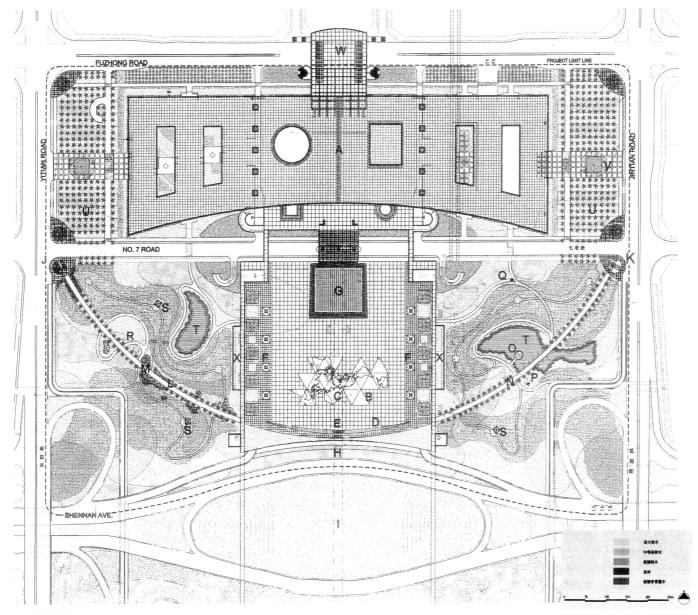

基地平面图

和缓的轮廓线。

9.停车构筑物

最近我们正研究沿汽车库的东西两侧布置天井花园，我们感到这样的布置可为停车场标高上的采光通风提供了更好的机会，同时也使主广场的使用保持最大程度的灵活性。

10.地铁车站

我们同意，在努力减小通风出口的视觉干扰方面，R/T事务所执意将这些构筑物直接向上，如此，这些构筑物可被绿化遮挡并显得低矮。

11.反射池

这虽然很有想法，但我们相信此想法非常有问题。当任何人考虑世界上巨大的纪念性建筑物前面的反射池时(例如美国华盛顿的国会大厦，印度的泰姬玛哈尔陵墓，法国的凡尔赛宫等)，很明显，反射面的尺度应该与建筑物的尺度相呼应。在市民中心的情况下，反射面须占据广场表面的大部分，才能有效果和尺度合宜。如此，我们建议将一个大的反射池置于水晶岛的可行性，以便可从深南路以南拟议中的园林南半部看市民中心的景观。这将为步行者从南往北走时看到一个真正的纪念性景观。

12.大屋顶的支撑

无评论意见

13.北广场

时下我们对黑川纪章所做的中轴线设计往北延续知之甚少。当我们知道更多些时，这座桥将被设计成一个介于市民中心与向北的停车库的过渡。如此，则其特色均须与这两个区域有相联系。

针对评委会上专家们的评议所做的设计修改

由于对景观设计介绍的大部分评议是集中于两个主要的地方：即市民中心建筑物的周围和市民广场，因此我们对这两处已集中做了修改。对所有景观地段的进一步完善，我们将在进行技术设计阶段时解决。

市民广场

硬质地面对软地面

为了努力减少广场铺地的硬质地面数量，并提供必需的遮荫，在广场上的植物塔之间，沿广场两侧均布置上树丛。在这些树丛中建议选用香港果树，因为它们能产生荫凉和有合适的尺度。绿草地的方块在这些树丛中布置，将树丛和绿草地沿广场外缘布置，将提供一个从四季林似的自然花园的特色转向广场上严谨布局特色的过渡区。

植物塔

我们仍然感到，设立植物塔的构思，对于完成由"自然的"到"严谨的"过渡景观最为有效。以建筑学的方式并采用本土植物为材料搭设植物塔，可同时具有"自然的"与"人工的"特点。此外，采用市花靳杜鹃在塔上爬蔓，也是特别地适合这一目的与周围环境。为便于维护，植物塔在设计中已减少了一半，这些塔目前设想为用简单的骨架或金属笼子做成。其上可爬蔓植物。原设计的照明玻璃柱已移走，由于塔是中空的，因而它可能提供为租设小吃摊、报亭和小储藏室(在特定事件时存储设备工具)，或售票亭(文化活动或市民中心的展示、电影)等，这样一来，这些亭既提供美观，又具备使用功能。这些塔的作法已改为内向的，以容纳树木，同时以树和草皮创造的过渡景观区也能提供较软的地面和日光遮蔽处，并避免与人体尺度有更大差异。

世界地图喷泉

地图大约北移20m，以使在广场内更居中。由于喷泉需要正常运行，故在广场上将标高精细地加以调正了，以维持所需要的"碗状"效果。广场上的所有的坡度均不大于4%。

露天庭院与低处停车层

设计了一个经过景观处理的下沉庭院，位于广场的东西两边外。这两个庭院将使空气和光线到达各存车层。如果必要，也可达到上部的地铁层。

在庭院中种植花草是为了创造一个视觉上活泼的景观。但由于庭院的深度，种植不可过分造成树荫，而减少了停车处的光线。

建筑物周围的造景

基于评委会上专家们的意见，我们建议采用大范围的本土树种。例如用地方棕榈来代替原设计的大王棕榈，在建筑物的东西两侧成格状栽植。此外，为了采用华南植物，以非传统的模式布置，建筑物的入口特别是博物馆的东立面和办公楼的西立面的入口处，已经得到改善，包括与周围区域设计传统的结合，特别是传统的石材将按传统的铺设形态来铺设。一株巨大的榕树也将植于入口的对面，以提供遮荫并与建筑物有合宜的尺度关系以及周围其它关系。

建筑物的立面与室外标高抬高了，以便雨水更容易自建筑物的北面以重力排出，并提供建筑物周围小环境更好的美观。在建筑物周围还设有一条以稳定草皮地面铺成的防火通道。

北面平台

为了使这一空间具有人体尺度，建议在广场两侧设置建筑拱形格架覆盖的步行道。格架的造型是要与市民中心大屋顶的优美曲线相呼应，蔓缘植物最终将会覆盖格架。这一特征是打算为行人提供一个自北面进出市民中心的过渡性门道。

四季林的栽植

在设计报告的最终成果内，将包括一个方案性的植物及树种表。但须指出这张表是初步的性质，其目的是打算将它作为在技术设计阶段发展最终树种和铺草的基础，各类树种一般均按类型来组织，将在典型树种栽植和典型灌木栽植规划图上表达。

3.2.2 市民广场正式方案

市民广场调整设计的文字说明

根据1999年1月21日在新世纪酒店召开的"市民广场方案设计评估会"，我们已将会中专家所提的意见及建议纳入并调整到设计中。具体安排如下:

广场北面的建筑再提高0.4m(至标高10.1m)。这是为改善排水系统，并使建筑更为雄伟。此时大露台也相应提高0.4m，广场北端的角亭也处于同一水平，因此使角亭下面的台阶再下去1.15m才至高出地表的廊道，这样就更接近人体的尺度。

大露台的铺地材块为0.75m×0.75m，在交叉点处加镜面玻璃块。当人们站在大屋顶下最高处与玻璃墙之间时，跳跃的镜面反光点会使此情景倍加动人。同样的铺地延伸至广场两侧的廊道;但是不再用镜面玻璃块。

七号路上的玻璃桥由三个倒方锥树状柱支持，外覆半透明玻璃及内灯槽照明，使市民中心主入口和其底部入口处更富戏剧性。

在广场方台下面有个高大空间。可由七号路玻璃门进入，再下至底下的商业综合空间。这段综合地带的中央是个大空厅，

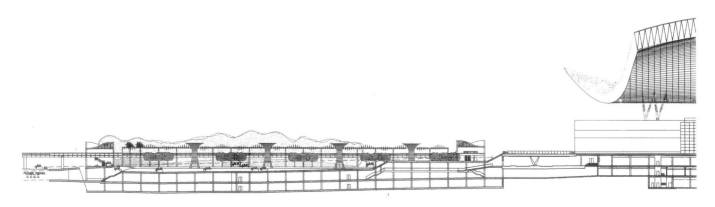

广场南北向剖面图

由此可俯视地下车场的中央人行通道。也可由此下至此人行通道。方台两侧台阶下的零碎空间被用为设备用房。

广场下面第一层为 5.0m 高 (高度足以再用双层停车机,增加现有的 1 240 车位),下一层为 4.4m 高 (1 180 车位),这两层匀在广场范围之内。广场四角则有车道下至底层停车场。北面的两个车道同时为入口和出口。东南角车道为深南路的入口,西南角为深南路上的出口。两层地下停车场之间有停车坡道相连。

沿广场的东西两侧有下沉花园。其上有天桥连通广场两侧的公园,在东面,由地下停车场有桥直通地铁站大堂。

两层地下停车场周边与地下人行道之间均有玻璃屏障将人/车隔离。

将植物塔减至每侧四个,塔中有亭,作特定的用途。塔上装永久性的照明设备。为了缓冲由广场硬景观至相邻公园景观之间的截然接壤,在两者间布置了图案状草地、树丛及公园式座椅等。在广场边上遇有植物的地方,广场底板要降 1.5m。

广场四角的角亭有界定的作用,是广场四角的趣味中心。它们既是垂直交通枢纽也是纳凉休息场所。角亭由混凝土柱支持,可通人行廊道层,其上覆以钢结构屋顶。顶部的双曲面外形及其材料与市民中心的大屋顶交相呼应。

廊道适当高出地表面,穿行于广场侧的树丛与绿化之间。廊道之一侧布置有条凳,其上空有雕塑感很强的花架覆盖于整个廊道。花架将来可延伸至深南路上去。

广场喷泉的水泵房将布置在地下停车场中。一旦喷泉的造价决定,就可计算出其规模大小。

两层地下停车场的南端均开通向室外。在顶部的南边缘,有一条人行带。其下是由深南路来的车行坡道。将来在深南路下面可有地道由人行带通向"水晶岛"。连接人行带与广场的阶梯则穿过人行带档墙的下落喷泉。

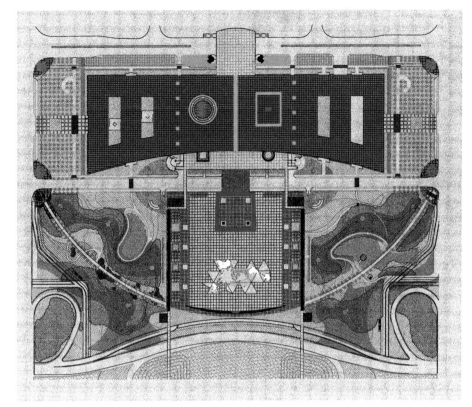

总平面图

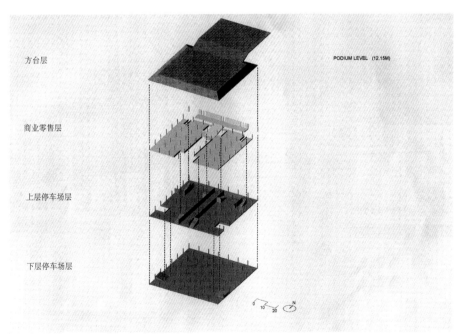

方台层

PODIUM LEVEL (12.15M)

商业零售层

上层停车场层

下层停车场层

平台各层轴测

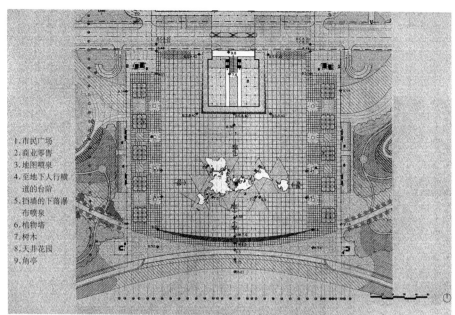

1.市民广场
2.商业零售
3.地图喷泉
4.至地下人行横道的台阶
5.挡墙的下落瀑布喷泉
6.植物墙
7.树木
8.天井花园
9.角亭

广场平面 8.7m 标高处

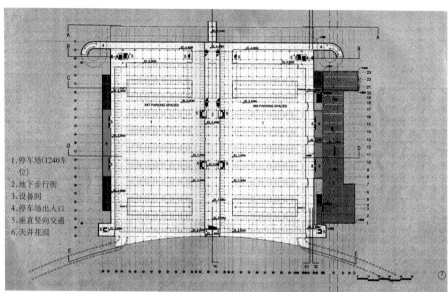

1.停车场(1240车位)
2.地下步行街
3.设备间
4.停车场出入口
5.垂直竖向交通
6.天井花园

上层停车场平面 3.56m 标高处

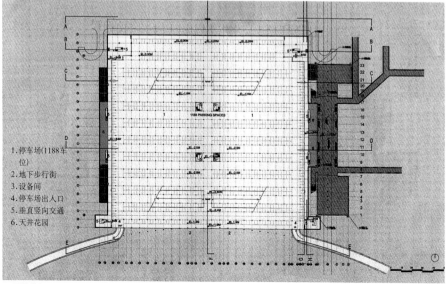

1.停车场(1188车位)
2.地下步行街
3.设备间
4.停车场出入口
5.垂直竖向交通
6.天井花园

下层停车场平面 −0.84m 标高处

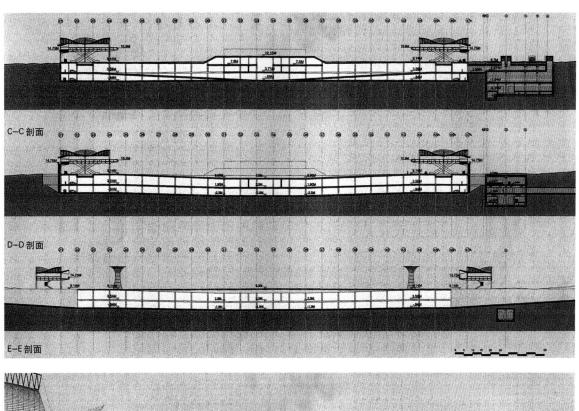

C—C 剖面

D—D 剖面

E—E 剖面

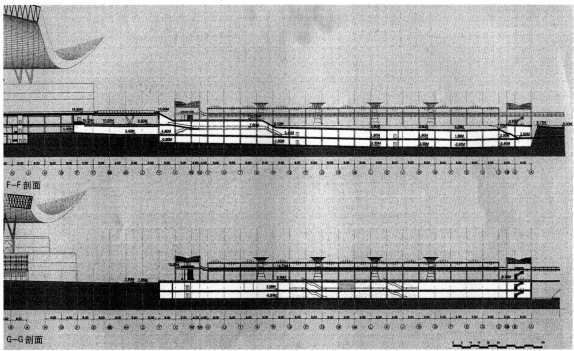

F—F 剖面

G—G 剖面

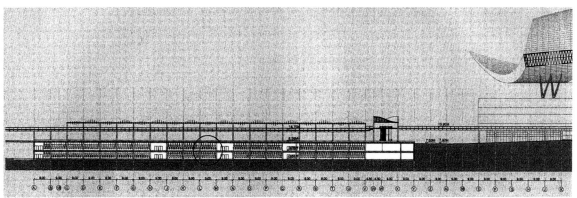

H—H 剖面

植物塔详图

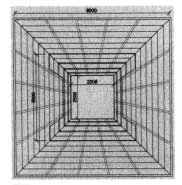

平面

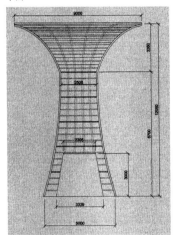

正立面

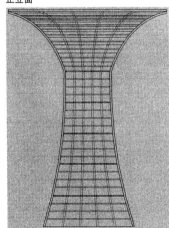

侧立面

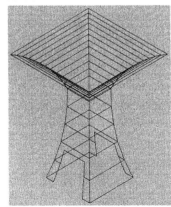

立体效果

1.金属杆
2.抹灰的表面
3.200mm × 200mm
　玻璃墙

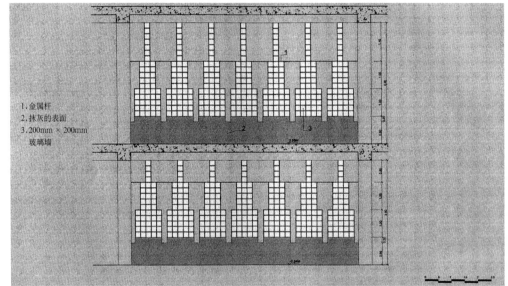

玻璃墙立面图

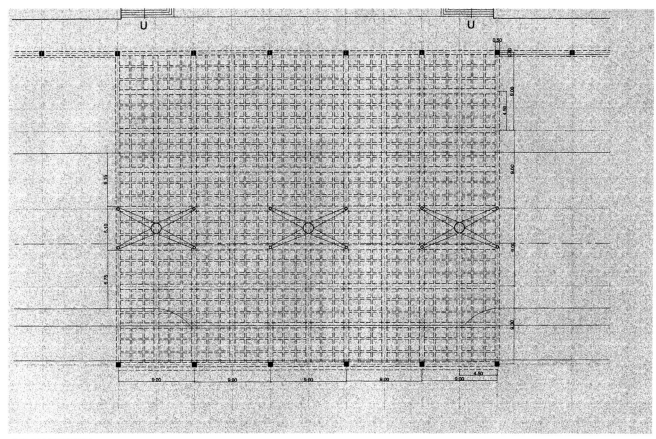

玻璃天桥底面仰望图

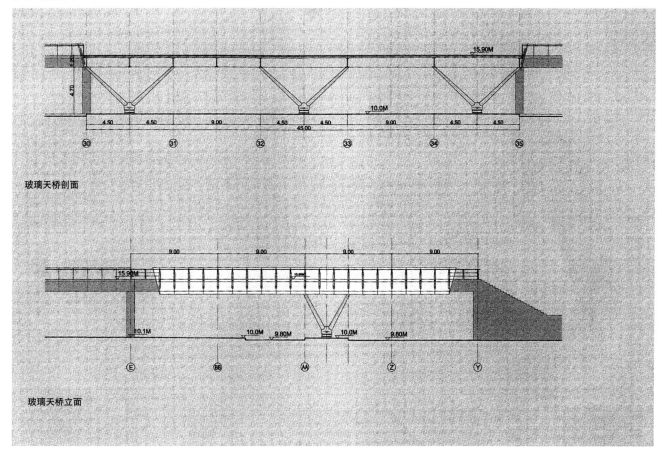

玻璃天桥剖面

玻璃天桥立面

3.2.3　审批修改意见

深圳市规划国土局于1999年4月对市民广场方案提出审批修改意见如下：

1.原则同意此设计方案。

2.建议将山园与水园的位置调整对换，市民广场的扩初设计请于6月10日完成，概算在6月20日完成。

3.宜强化山、水两园的特色。加大水园的面积，以涌泉、水幕、瀑布或水性动

物等形成自然生态的水主题园林。山园以散点的石块，起伏的地形、山涧小溪等来突出山园特色。在市民中心南侧两个梭形的绿化地，适当增加些水面，使之与水园前后呼应，并考虑在将建筑物四个内庭院中增加适当的水面。

4. 植物塔下部不设置小卖部，使之形成单纯的塔形植物。

5. 广场硬铺地两侧的休息长廊及休息凳过长，长廊的造型过于笔直生硬，应调整。

6. 建筑物四周应适当加大四个角榕树的绿地面积。取消市民中心东西入口处各设一棵大树的设计思路。

7. 地铁方面：地面以下由地铁公司设计施工，地面以上出入口、风亭的造型及材料，由市民广场统一设计。地铁与市民广场相连通的三个通道，各宽5m，排水由市民广场考虑。风亭出地坪暂定1m，具体确定在综合防洪要求后再定。市民广场地下一层12轴至13轴处的地面标高为3.56m，北高南低，坡度为3‰。

8. 植物配植应强调岭南特色，加大绿量强化竖向绿化，用地形营造植物曲线。

9. 广场上的世界地图需充分详细设计。

10. 停车场出入口数量不够，应考虑增加。

4.市民广场初步设计

4.1 市民广场初步设计成果

一.总平面

（一）布置原则

市民广场主要需满足市民进行集会、游览、休闲、商业展览零售等功能要求，因此分为广场区、园林区及地下大型停车库，必须做到交通流线清晰安全，人车分流，空间过渡流畅，符合人体尺度，生态环境舒适优美，并可持续发展。

使用上：集会广场应满足大量人流集会、庆典活动、休闲娱乐的功能要求；广场地下空间应满足大流量小型汽车及少量观光中型汽车停放的要求、满足地铁站人流疏散要求，满足经由广场区通向市民中心和水晶岛地下空间的人行通道要求；广场地面建筑应满足来自市民中心、水园、山园之间的人流疏导作用及地上地下空间的出入口作用；山园为游人提供登高眺望广场中央及观赏市民中心建筑全景的功能，水园则能产生建筑的部分倒影，两园一山一水相映成趣，同时调节整个市民广场的环境，为市民提供了大面积舒适的室外绿荫空间，并降低了集会广场部分的空旷感。

空间上：市民广场是市民中心建筑的楼前广场，其尺度应满足自深南大道、水晶岛至建筑之间的视觉艺术及空间比例要求，在整个城市设计中也与中轴一期共同创造市民中心建筑的"前园后院"之感，该广场的核心——大方台，是中轴一期向南延伸的终结点，贯穿广场的半园棕榈大道造型及弧形迭泉墙为深南路以北中轴绿化带画出了一个完美的休止符。

文化上：该广场的总体构思反映了在其特定位置下的独特个性，既拥有与市民中心相呼应的现代色彩和格调，又不失岭南风情；造园手法推陈出新，创作了新颖的现代园林小品建筑及匠心独具的景点，景色明朗开放，富于时代感。

生态上：注重从人工环境向自然环境的过渡，通过园林空间、场地空间、开敞式建筑空间，下沉庭院、植物塔等等创造一系列耐人寻味的半自然空间。理性地遵循大自然生态规律展示人造园林的艺术性，而非简单模仿自然。

（二）场地位置及周围环境

深圳市"市民广场"位于市中心区"市民中心"大厦与深南大道之间，深南大道以北，市中心区的中轴线上，"市民中心"

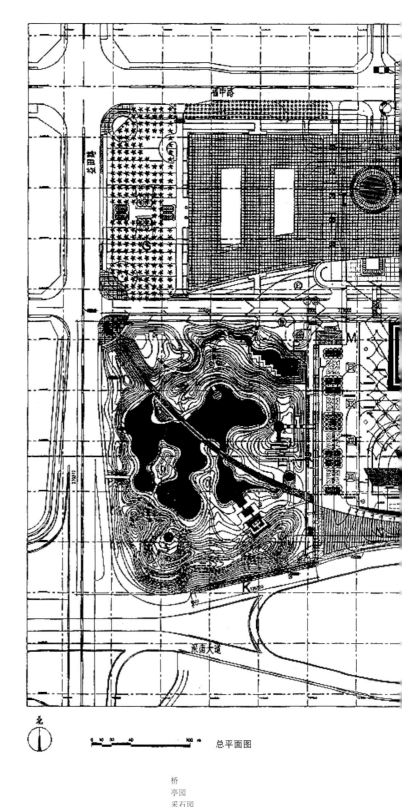

总平面图

A 市民中心　　　　　　桥
B 世界地图　　　　　　亭园
C 水晶岛　　　　　　　采石园
D 石迭泉墙　　　　　　悬崖
E 列阵喷泉喷头　　　　J 水园
F 植物塔　　　　　　　入口庭园
G 战士棕　　　　　　　瀑布园
H 北平台　　　　　　　莲花园
I 山园　　　　　　　　喷泉园
　入口庭院　　　　　　溪流园
　沉思园　　　　　　　池盆园
　矿石园　　　　　　　睡莲亭
　观景园　　　　　　　池塘

借助"市民广场"的空间与深南大道南侧的水晶岛相呼应，形成"市民中心"的建筑群体，"市民广场"北临福中三路，南靠深南大道，西临益田路，东临金田路，主要通过南侧的深南大道及北侧的福中三路实现对外的交通组织。

"市民广场"用地呈东西走向的长方形，现状基本为地势平缓的空地，全年及夏季盛行风向为东南风。

"市民广场"作为"市民中心"建筑的附属空间，其地上建筑及地下室北接"市民中心"大平台及地下室，南连水晶岛地下室，东连水晶岛地铁站，是"市民中心"建筑向地的延续，广场的地下室是市民中心地下车库的补充，其供电、空调、给水均由市民中心主设备房提供，车库使用及管理相对独立，人流畅通无阻。

"市民广场"用地的东侧即"山园"之下为水晶岛地铁站，其地下室与地铁站相并联，在负一层人流可连通。

"市民广场"地下两层汽车库南面与深南大道铺道相连通，设两处双车道出入口。

"市民广场"工程将影响7号路及福中路地下管线，因此地下给水管及排水管、电力、电讯管道将作调整，其中现状已有通信管由广场地下迁移至福中路。

(三)竖向设计

市民广场中部为一下沉式的碗形广场，中间最低点标高为6.78m，四周高点标高9.14m，二者相差2.36m，广场的排水方式采用自然排水及机械排水相结合的方式，中心广场方台两侧及广场遮荫区的雨水由明沟收集后经管道直接排入市政管网，中部碗形广场的雨水由明沟收集后，汇入雨水井，再通过雨水泵站排入市政管网。山园及水园是自然山水园林，有堆山、有深谷、有大小不一的特色水池，排水方式是在山园、水园四周设排水沟，将雨水收集后排入市政管网。

(四)土方工程

市民广场中部设两层地下室，需大量开挖土方，山园、水园需堆山造池，也需要大量土方，其最大高差在21m，同时广场需要0.8~1.5m的覆土层，本设计要求园林场地土方平衡后无余土，地下室开挖的土方外运。

(五)管线综合

中心广场上有0.8~1.5m的覆土，山园水园有大量堆土，故所有外网都在覆土层中布线；地下室内除汽车库为露明天花外，人行空间均做吊顶；管线布置按照风

K 公交车站
L 拱廊
M 角亭
N 地下室采光井
P 地下室入口车道
Q 玻璃天桥
R 天井
技术经济指标
所有用地指标
总用地面积：123 006.4m²
总建筑面积：105 655m²
其中地上：8 050m²
地下：97 605m²

容积率：0.065
覆盖率：4%
地上停车位：2 291辆
实际用地指标
总用地面积：168 944m²
其中山园：57 600m²
水园：53 744m²
总建筑面积：105 655m²
其中地上：7 444.48m²
地下：97 605m²
容积率：0.048
覆盖率：2.9%
地上停车位：2 291辆

管贴梁底、小管让大管、压力管让自流管的原则分布，室内净高不低于3.3m。

（六）交通组织

1.地铁系统

广场东面山园地下为水晶岛地铁站出口，人流可以通过集会广场北面的角亭及广场两侧天井中的垂直交通系统出入地下一层，通过人行通道出入地铁站大堂；地铁站人防与广场人防地下室之间以下穿密闭通道连通。

2.车流系统

集会广场下面设有两层地下停车库，其南面与深南大道铺道相连接，该辅道作为地下停车库在深南大道上的对外出入口，呈下穿隧道形，不受其他过境车辆干扰，使停车出入十分便利。在地下一层北面福中三路一侧东西两端各设1个双车道车行出入口，地下一、二层之间设2个可斜坡停车的双行车道连系，保持顺畅、便捷的车行交通系统。地下一层停车1033辆，其中中型汽车25辆，地下二层停车1169辆，二层共停车2202辆。

3.人行系统

在"市民广场"南侧沿深南路设公交车站，人流可由深南大道及福中三路从集会广场两侧进入广场及山园水园，集会广场两侧设有人行廊道，通过角亭及天桥连接"市民中心"大平台；广场北边中部大方台与"市民中心"间以玻璃天桥相接；益田路、金田路与福中三路交叉点分设山园、水园的公园入口；人流可通过广场北部两侧的角亭、广场两侧天井的楼梯及树塔中的楼梯出入地下停车库及地铁站，并通过北部中央大方台及南侧叠泉中央的出入口进入地下一层中央步行廊，该步行廊向北与市民中心地下一层连系，向南通往水晶岛地下空间。

4.道路布置

市民广场表面不考虑行车，利用福中三路及深南大道作为市民广场对外交通的主要道路系统，集会广场及山园、水园只考虑人流通行，设有一环形3m宽人行道路将山园、集会广场、水园串连在一起，在园林区内还设有两类支路通向各景点。

二、广场设计

市民广场的功能主要为市民提供一个集会、休闲、娱乐、游览的场所，同时作为中心区中轴线上重要空间序列，既要体现时代精神，又要创造一个轻松活泼、尺度宜人的广场环境。

市民广场分为3个部分：

集会广场，位于市民广场中部，功能为大型人流集会、休闲、观景，其地下空间为二层大型地下停车库；

山园，位于东侧，为市民广场绿化园景区之一；

山园，位于西侧，为市民广场绿化园景区之二。

（一）集会广场

广场南有水晶岛，北有市民中心，东有"山园"、西有"水园"，呈半围合空间形态，自市民中心环视广场，纵览"水晶岛"的环形塔廊，一望无际至深圳湾畔，气势磅礴。

中心广场长225m，宽216m，中部的广场硬地区向北通过俊美的玻璃桥，跨越福中三路与市民中心的中央大平台相接，从而使市民广场与市民中心以北的中轴一期相连，空间序列一直向北延伸至莲花山绿色公园。

广场的中轴序列北侧中部为大方台，由"市民中心"二层大平台延伸出来的玻璃天桥与大方台相连，玻璃桥上的玻璃桥由三个倒方锥呈树状支撑，外覆半透明玻璃及内灯槽照明，使市民中心主入口和其底部入口富有戏剧性。大方台上设有旱地喷泉，组合各种材料铺地与灯光，在夜间五彩缤纷十分动人，喷泉面积约1000m²，水柱拔地而起，就地回落预示深圳和世界的繁荣，旱地喷泉不仅经济美观，而且有降低气温的明显作用。方台之下为一共享空间，由福中三路进入，再下至地下人行通道的综合空间。

广场部分即大方台前端设计了一个"碗形"广场，上面用不同材质及色彩的铺地拼出世界地图的图案，该地图夜晚由均布的光纤点发光，闪烁生辉，象征深圳特区改革开放走向世界的精神；广场南侧沿深南大道设计了一个弧形的叠落泉，叠泉的中部设置了连通地下一层的出入口，由此

可进入地下一层的人行通道，向南与水晶岛地下室联系。

中心广场东西两侧为半软铺地区，是由广场硬地到"山园""水园"软景的过渡，逐渐缓解夏季阳光强烈的辐射，在这里设计了图案状草地、树丛，地面以草孔砖铺砌，且每边设有四个植物塔，塔中有亭及从地下室通向地面的疏散楼梯，树塔上装有照明灯，造型新颖独特，该区域适合人们短时间逗留，还可观看广场上的活动。

在广场两侧与"山园""水园"交界处设有步行连廊，南边与深南路（中央的水晶岛）相连，北边与角亭相接，角亭有空间界定作用，它既是垂直交通枢纽，也是纳凉休息场所，顶部为钢结构双曲面造形，与"市民中心"的大屋顶相呼应。步行连廊与"山园""水园"之间设有连通地下室的两层高天井花园，利于采光通风，并设有垂直交通系统，方便人出入地下一、二层停车库及地铁站。

在集会广场、山园、水园相应位置设有一定数量的电话亭，指示牌，垃圾桶，露天座椅，并充分考虑方便残疾人，台阶处设有残疾人升降椅或坡道，地面及人行道设盲石。

由于深圳地处亚热带南区，夏季气候炎热，太阳辐射很强，为了改善市民广场的小环境，在广场硬地区采取各种措施减少太阳辐射的影响，如在方台设旱地喷泉，在广场南端设叠落喷泉，同时在广场铺地上采用半软铺地，并种植大型植物，既丰富了空间景观又缓解夏季的炎热，另外在广场硬地区预留安装孔，以供需要之时安装张拉膜构架，为市民撑起遮阳避雨的大伞；广场硬地下设0.8～1.5m深的覆土，透过铺砌层的缝隙蓄热、蓄水，并蒸发湿气，调节铺地上方的温湿度，努力创造一个环境优美，气候适宜的生态广场。

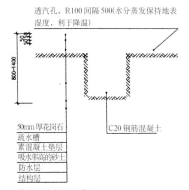

透汽孔，R100间隔500（水分蒸发保持地表湿度，利于降温）

800~1400

50mm厚花岗石
疏水槽
素混凝土垫层
吸水率高的砂土
防水层
结构层

C20钢筋混凝土

排水明沟断面示意图

《深圳市中心区城市设计与建筑设计1996-2002》系列丛书

根据城市规划环境保护的要求，市民广场需适当考虑减少来自深南大道过往车辆的噪声干扰，为此在中心广场南侧设有最大高6m的叠泉，在山园、水园靠近深南路一侧堆山造园，阻挡深南路噪声的干扰，同时丰富的城市景观。

（二）地下建筑

地下空间以汽车库为主要功能，设配套的独立人行通道，呈外环式布置，达到人车分流；地下一层以中央人行通道为界分为两个独立的车库，地下二层整层为一个独立的汽车库，这三大独立车库每个均设两组直通城市道路的双车道出入口；地下车库按防火分区的防火墙再划分停车单元，以便于智能化管理；地下一层与地下二层之间以斜坡式停车相连通，方便行驶；人员垂直交通结合消防安全疏散一并考虑；设备机房、管线及通风管井的布置以不障碍视线及行驶安全为原则，尽可能并拢，形成一定的模块规律；地下二层为平战结合的六级人防地下室。

地下停车库排风排烟噪声较大，为了创造一个较好的停车环境，控制噪声的干扰，在各类风机房内的内墙采用吸音材料及隔声门，并使用噪声级别较小的设备，各类风管外采用吸音材料，以减少噪音的不良影响。

（三）存在的问题及建议

市民广场地下两层地下停车库与深南大道下穿辅道连接的出入口方案待确认，地下一层中央人行通道是车库各防火分区疏散的安全通道，如何确保此人行通道的安全至关重要，为此本工程设置了加强防排烟系统。

三.园林环境设计

（一）园林综述

山园、水园为市民中心前广场的绿化区域，位于集会广场的东西两侧，它们为中心广场的集中人流，乃至整个中心区的人们提供一种自然化的休息游玩和娱乐的活动空间。山园、水园各具特点，二者相映成趣。山园以散布的石块，起伏的地形以及山涧、水溪来体现山的特色；水园则以大面积的池塘、涌泉、瀑布等形成自然生态的水主题园林。十几个各具特色的景点散布于山园与水园之中，形成气氛独特的小环境，增加近人尺度的亲切感。

山园、水园各自独立形成一个围合状的布局，采用外高中低的形式，以隔绝周围城市道路对其中的影响，形成幽静的自然环境。一条大的弧形道路，贯穿于山园、

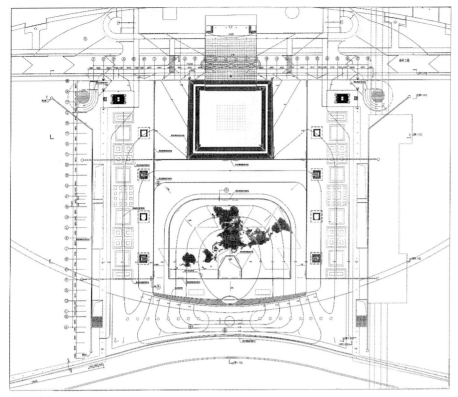

广场竖向设计

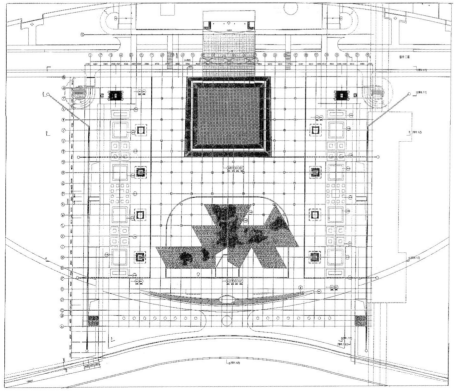

广场铺地

水园以及中央的铺地广场之间,将三者联系在一起,也形成山园、水园的主干道,路面材质上以花岗石面材加以区别,与主干道联系的是渗透到园林内各个角落的林荫小径,它将进入园林的入口、园林内的各个景点联系起来,小径路面以水泥面材料为主,路面之上为高大的树冠,提供阴凉,亲切和优雅的环境。

绿化、植被设计充分体现了植物造景,以及通过植物布置为人提供良好环境的设计思想。沿主路的内侧,种植高大雄伟的战士棕,给人以清晰和精神之感,沿小径的两侧种植树冠大、终年茂密的树种,以提供阴凉的树荫,在景点周围种植的树林为小环境提供了良好尺度和背景,高大树种的选择考虑了多方面的因素,除了考虑遮风蔽雨、终年茂密的树冠以外,还对树木四季的、季相、花色、花香,以及树木所展现的形象美作了深入的研究,力求让每一棵树木表达尽可能多的信息和具有更多的作用。利用能形成大、中面积的树荫的树种,创造良好的休息环境,利用竹林和战士棕,创造一定的环境意境,利用特殊的树种点缀于丛林和小品之中作为点睛之笔,整体布局具有层次性。高大树木提供给人的是视点之上的视觉感受,则灌木类(地面植被)的种植则给游人以视点之下的美好享受。考虑到灌木的生长习性,在适当的位置种植喜阳与喜阴的灌木和地面植被,在周围树木的绿色背景下,灌木和地面植被的丰富色彩和优美形态增加游人的视觉感受。另外在人的距离内为人们提供可以接触自然的机会。在选择树种时,尽量考虑本地植物的生长情况,并适当引入新的亚热带植物品种同时结合中心道路绿化的统一要求,创造优美,茂盛的生态植物群落。

园内环境和植物小品的照明,一方面为游人提供照明的使用需要,另一方面,则努力营 造一种优美的光环境。灯具的选用和布置充分考虑了使用的目的、空间光环境效果等因素。灯具布置注意美观以及对人的视觉影响,沿道路侧边布置矮柱灯,仅照射地面,植物造景灯根据树木的位置排布,增加植物的亮度,丰富植物的色彩和立体感,灯具的布置注意与周围环境的结合,尽量做到"只见光、不见灯具"的效果,如凹入墙内,或埋入地下等,无论何种类型灯具布置,都避免光源直接照射入人眼,产生眩光及不适。

(二)山园

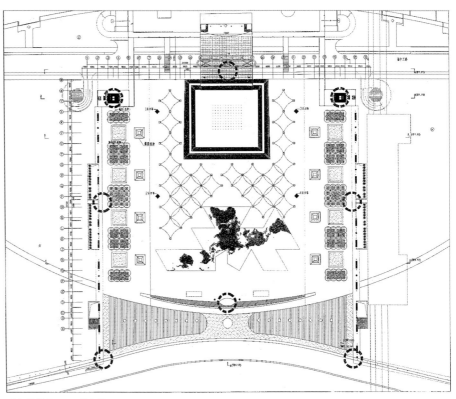

广场种植平面及环境标识

图例

⊛	小树	128m	香港兰花树 佳州桂	▨	灌木	红菱花 八脚金盘 黛粉叶类
✳	棕树	56m	棕竹类 矮桃椰		攀藤植物	208m² 双色宝巾 金边宝巾 勒杜鹃
▦	草坪	3214m²	台湾草	⬤	8套	电话亭 地域城市标识 地区地图及标识 触摸感知块材 方向标识
▨	草坪	1026m²	蚌兰 沿街草 吊兰 白鹤芋	•	18个	垃圾桶
▨	草坪	341m²	白羽竹芋 红脉的豹纹竹芋	▮	22张	座椅
▥	草坪	4803m²	紫锦草 南美膨琪菊			

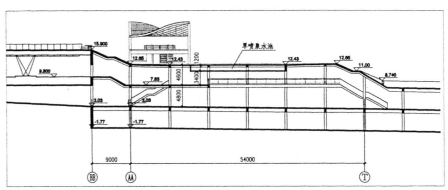

a—a 剖面图

180

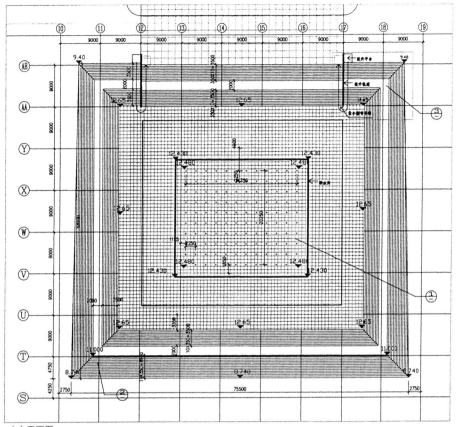

方台平面图

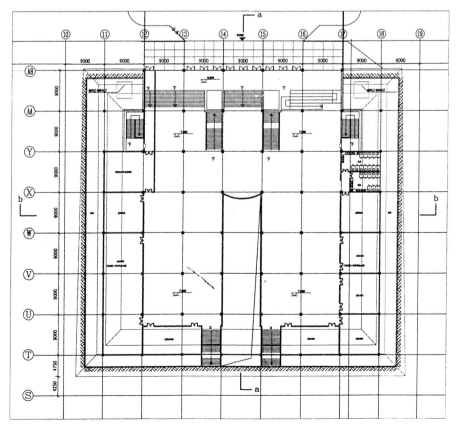

方台平面图

山园位于市民中心广场东侧、地下有地铁站,设计突出体现了山林野趣之美,整个山园高差起伏变化较大,既有高于地面10米的山丘,亦有低于地面数米的沟壑,园中树木茂盛,植被丰富,裸露于地面的岩石,强调山石的自然与秀丽,展现了人与自然的融合之美。山园中散布了7个景点,以下分别介绍。

1.山园入口小广场

作为山园的凹空间入口,半裸露于地面的巨大石头,花岗岩的乱石墙面,在周围树木和灌木丛的衬托下,突出体现山园的特色,亦作为山园的标志性入口。

2.山园采石园

整齐排列的战士棕将人流引入山园之中,沿入口主路附近的左侧小径曲折下行便进入采石园,在园的一端,从一棵大树界定的入口的空间上,人们可以看到逐层下落的台阶平台,平台的一侧被一高大石挡墙限定,其另一侧则被边缘不规规的地被植物侵入,沿路下行至最后一块平台时下跌近8.0米,坠入植满竹子的圆形石砌封闭空间,沿着圆形石空间内壁上的环道

3.山园亭园

亭园以一座不锈钢球面顶的现代金属亭为主景,多半裸露于山体之外的自然形态的大石头布置于周围,在树林的背景衬托下,显得清新、明快,极富现代感,展现工业文明与大自然相融合的意境。

4.山园环视园

此园位于园中的较高处,在此基础上由不规则的大块岩石平台层叠而成,游人必须从一平台"爬"4.0m到达另一平台,顶层平台高出周围环境许多,由平台上可环视四周和附近的金属拱桥。

5.山园过桥入口

此桥位于山园靠近中心广场一侧,其下的路与广场连接作为山园靠近广场的入口,桥体采用弧形不锈钢管作为主要承重构件支撑桥身重量,桥横截面为一倒置等腰三角形,桥面运用工字钢"["型钢作为横向和纵向联系,上铺木板,桥身造型具有中国古代敞肩拱桥的特点,整座桥是形态与结构的完美结合。

6.山园矿石园

矿石园仿佛在给人们讲解地球内部的构造,矿石园采用了人字形平面,在2m多高差的平台之间,用一弧形楼梯联系起来,当人们游于此空间中,弧形墙限定了两个层面空间的关系,并提供一种运动感,随意布置的花岗岩分割图案,采用金属条嵌

缝,灯光布置亦以体现矿石材质为目的。在两个层面上,分别布置一块条形长岗岩坐椅,此园的中央是一个2.0m见方的磨光花岗石喷泉,中部有块1m高的花岗岩石球,流水从石球中部涌出,滑过磨光的花岗石边缘,然后刷过周围的铺地,最后通过裂缝流入排水口。

7.山园沉思园

沉思园给游人提供一个静思冥想的地方,狭长的用地被周围高大的树林所包围,创造出一种静谧的空间,一条曲形、带矮挡墙的小径,将游人引入此园,当你沿路下行,挡墙逐渐变高,最后进入的是一个低于周围4m的圆形空间,一座现代石雕塑立于镜池之中,沉思园与山园入口附近的小路用一隧道连接,从入口处可直接见到沉思园内的雕塑。

(三)水园

水园位于市民中心前广场的西侧,园中以一块有分有合的大池塘作为园内景观的中心。园内、围绕大池塘散布着6个以不同的水的形态为主题的景点,或流溪、或瀑布、或跌泉,展现了水的婀娜多姿与丰富的形态美。水园利用众多的机会来解释和证明了人们对水的依赖和自然界中水的循环特征,水园中有一条主要的水流从山顶的发源地出发,经循环,到达终点后开始新的循环。

1.水园入口小广场

入口处的一座不锈钢雕塑作为整个水园入口的特色标志跨跃于整个圆形水池之上,从管件中滴落的水流形成一幅水幕,创造了一种门的效果。

2.水园泉园

泉园位于小山顶的幽静之处,三块大平台层层跌落至一八边形平台之上,一眼泉水从扭转的方形盆池中涌出,涌出的水流通过周边的裂缝排水沟回收,八边形平台的其他部分遍铺石块材,雨季水漫平台,则是另外一种体验,园内的周围排布的腐石墙,意在创造一种“远古废墟”的效果,将人的思绪带入到古老与现代的思考之中去。

3.水园荷花园

荷花池由三块矩形盆池组成,由顶部最大的荷花池依次向园内的大水池跌落,亭子与小桥贯穿于其中,顶部的盆池内设置了一座以钢和玻璃构成的现代感极强的荷花亭,从中可眺望园中池塘内的景色和其下的两处荷花盆池。池内以及靠近荷花园附近的池塘部分遍植荷花,花季来临,远

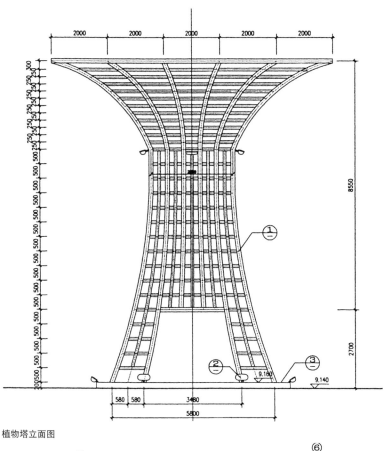

植物塔立面图

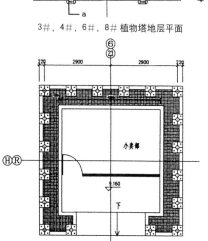

3#, 4#, 6#, 8# 植物塔地层平面

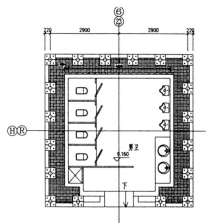

5# 植物塔地层平面

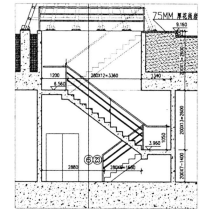

3#, 7# 植物塔地层平面

a—a 剖面

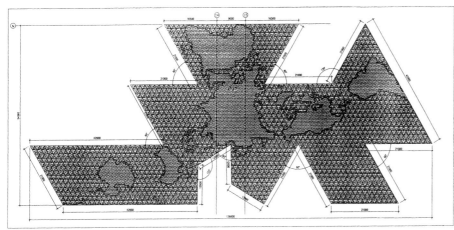

中国在中心的世界地图

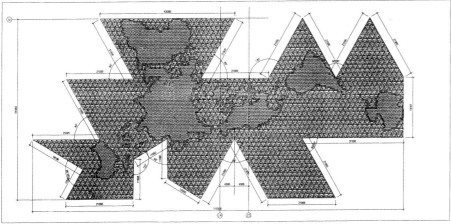

美国在中心的世界地图

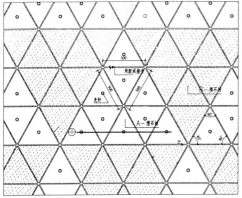

地图饰面

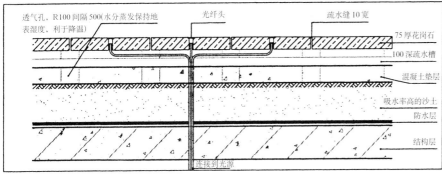

地图断面

远望去，美不胜收。

4.水园跌泉园

此处的水源作为整个水园内池塘的形式上的源泉，同时，一座小桥跨越广场边上的采光井，将广场与水园连系在一起，跌泉的发源地为圆形平台内的一眼喷泉，喷射出的水流一方面通过花岗石水池的溢水口，流过自然石块排布的小河床直接进入池塘，另一方面通过一条婉延曲折的水槽，流入一2.5m深的盆池中，最后通过暗管进入池塘，一条曲折的小径贯穿于水槽之中，将主路与跌泉园联系在一起，沿着水槽和小溪的两侧布置了数块不同的观赏植物种植区，在大树下的阴影区种植多种不同品种的兰花。

5.水园、荷花亭

这是一座突出于池塘中的小亭子，整个亭子给人的感觉仿佛是飘浮于水面之上，亭子的材料全部选用竹子，造型上突出竹子的纤细和柔美，设计中考虑到竹亭可拆换的可能。

6.水园盆园

最终当水径流回到广场边时，水流变缓，水径变浅变宽，变成路径环抱的。

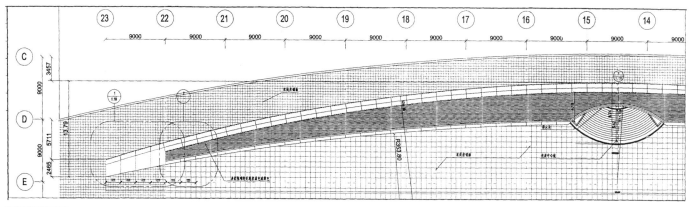

跌泉墙局部平面

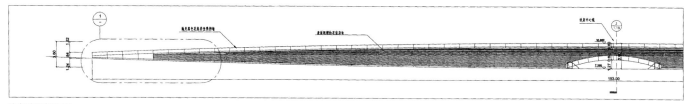

跌泉墙局部立面

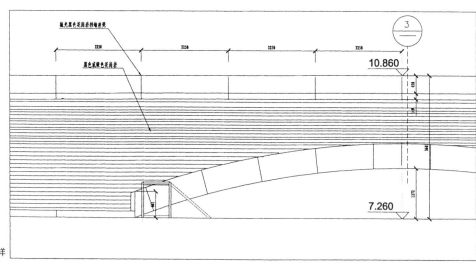

跌泉墙人行出入口局部立面大样

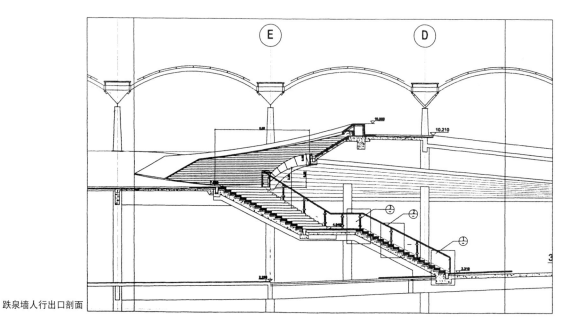

跌泉墙人行出口剖面

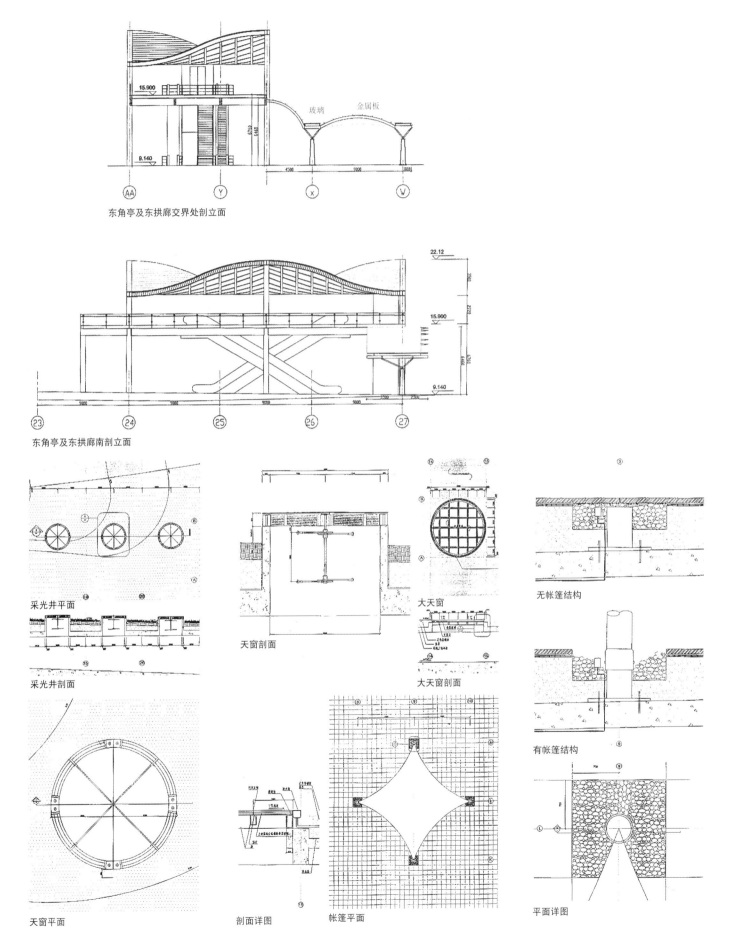

东角亭及东拱廊交界处剖立面

玻璃　金属板

东角亭及东拱廊南剖立面

采光井平面

采光井剖面

天窗平面

天窗剖面

剖面详图

大天窗

大天窗剖面

帐篷平面

无帐篷结构

有帐篷结构

平面详图

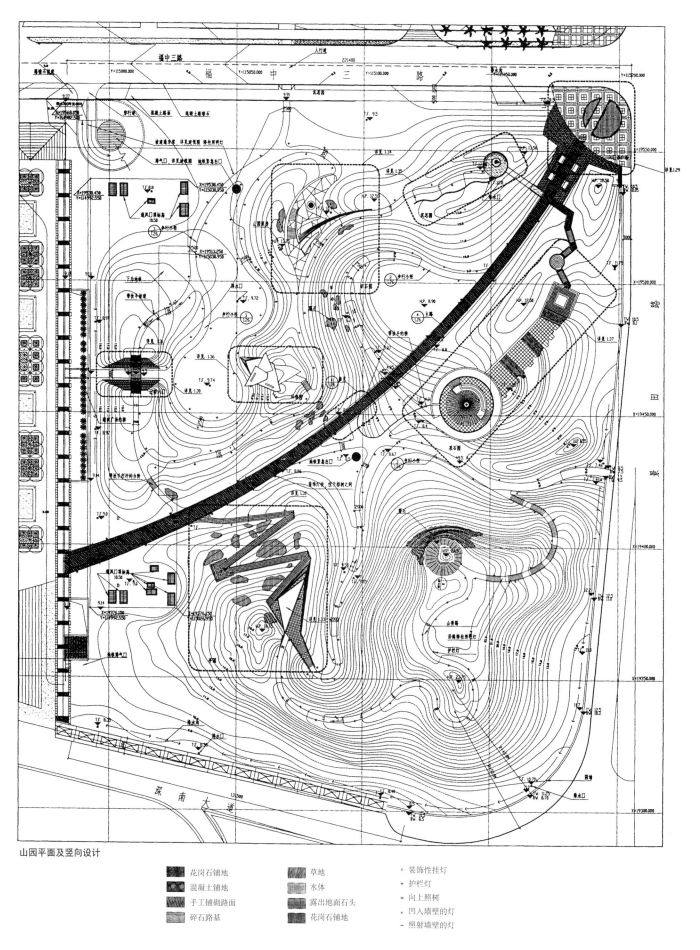

山园平面及竖向设计

▓ 花岗石铺地	▓ 草地	± 装饰性挂灯
▓ 混凝土铺地	▓ 水体	+ 护栏灯
▓ 手工铺砌路面	▓ 露出地面石头	✦ 向上照树
▓ 碎石路基	▓ 花岗石铺地	⋏ 凹入墙壁的灯
		⋏ 照射墙壁的灯

植物图例

T1	高大遮荫树	47
T2	高大遮荫树	99
T3	中高遮荫树	61
T4	混合树种	131
T5	特殊树种	5
T6	特殊树种	1
P1	高大树种	65
B1	重要的点缀植物	25

L1	草坪	
G1	喜阳草本植物	
G2	喜阳草本植物	
G3	喜阴草本植物	
S1	喜阴灌木	
S2	喜阴灌木	

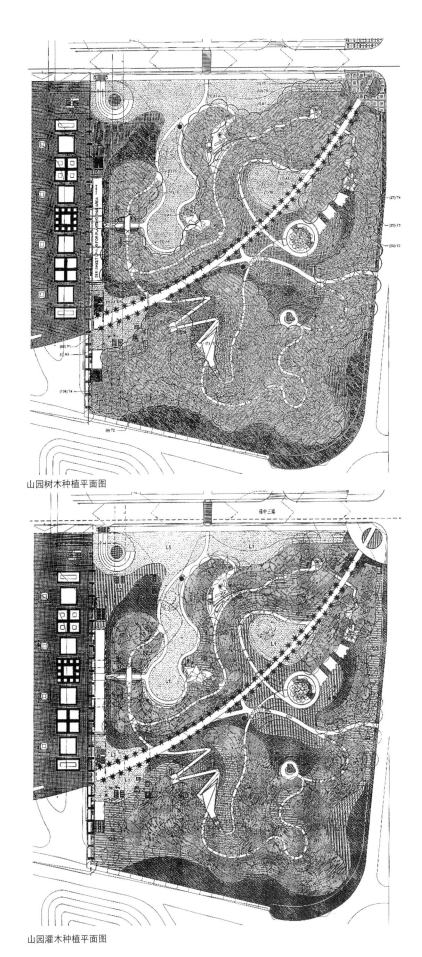

山园树木种植平面图

山园灌木种植平面图

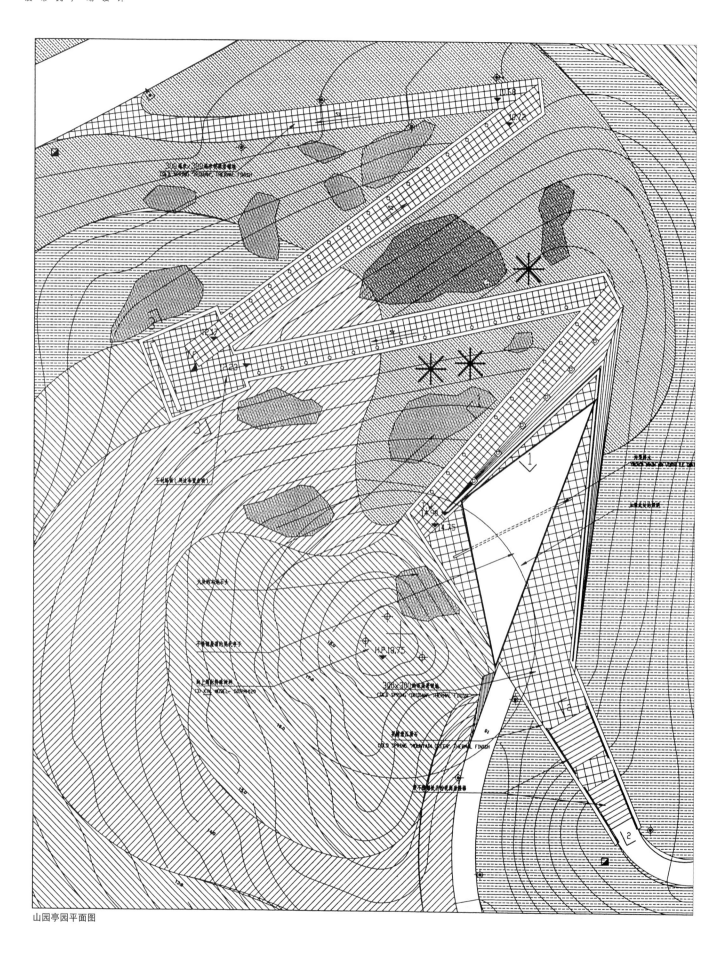

山园亭园平面图

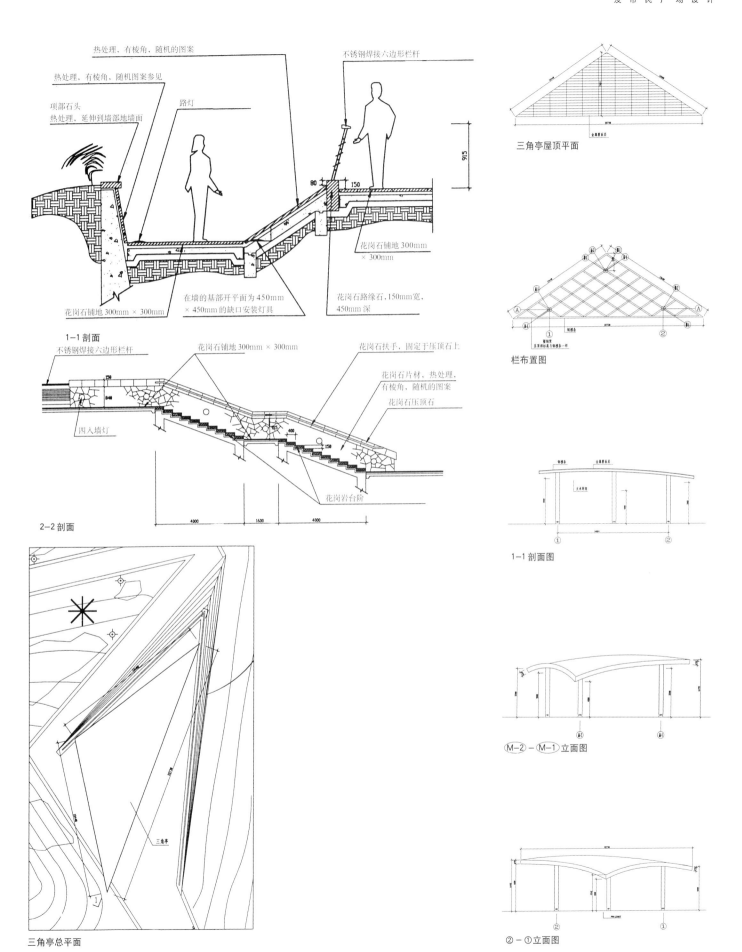

热处理，有棱角，随机的图案

热处理，有棱角，随机图案参见

顶部石头
热处理，延伸到墙部地墙面

路灯

不锈钢焊接六边形栏杆

915

80
150

花岗石铺地 300mm
× 300mm

在墙的基部开平面为450mm
× 450mm的缺口安装灯具

花岗石铺地300mm × 300mm

花岗石路缘石，150mm宽，
450mm深

1-1 剖面

不锈钢焊接六边形栏杆

150

花岗石铺地 300mm × 300mm

840

四入墙灯

花岗石扶手，固定于压顶石上

花岗石片材，热处理，
有棱角，随机的图案

花岗石压顶石

花岗岩台阶

415

400

150

4000
1600
4000

2-2 剖面

三角亭屋顶平面

栏布置图

1-1 剖面图

M-2 - M-1 立面图

②-①立面图

三角亭总平面

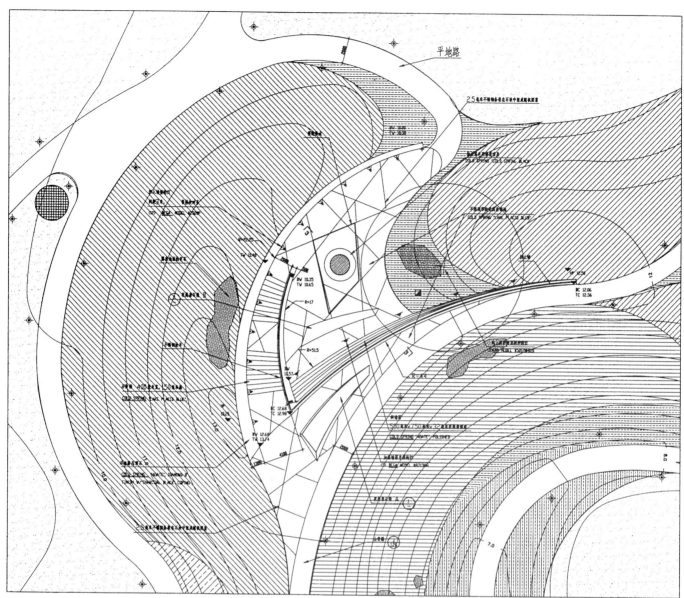

矿石园平面

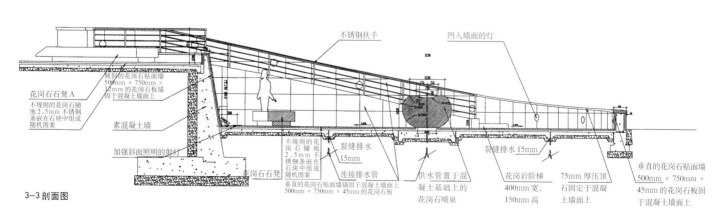

3-3 剖面图

不锈钢扶手
凹入墙面的灯

花岗石石凳A
不规则的花岗石铺
地2.5mm不锈钢
条嵌在石块中组成
随机图案

素混凝土墙

加强斜面照明的射灯

花岗石石凳

倾斜的花岗石贴面墙
500mm×750mm×
32mm的花岗石板锚
固于混凝土墙面上

不规则的花岗
石铺地
2.5mm不
锈钢条嵌在
石块中组成
随机图案
垂直的花岗石贴面墙锚固于混凝土墙面上
500mm×750mm×45mm的花岗石板

裂缝排水
15mm

连接排水管

供水管置于混
凝土基础上的
花岗石喷泉

裂缝排水15mm

花岗岩阶梯
400mm宽,
150mm高

75mm厚压顶
石固定于混凝
土墙面上

垂直的花岗石贴面墙
500mm×750mm×
45mm的花岗石板固
于混凝土墙面上

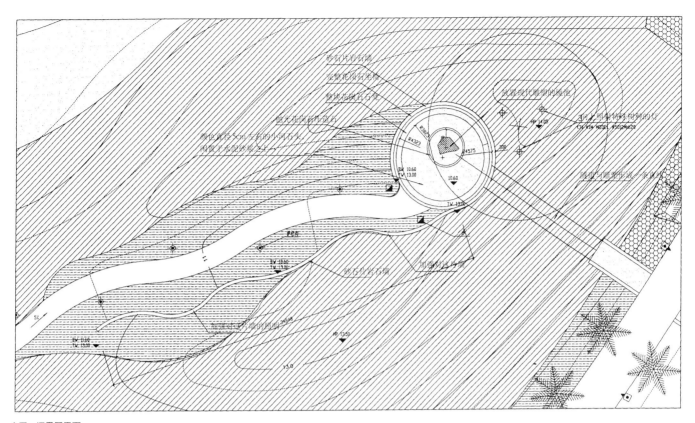

山园，深思园平面

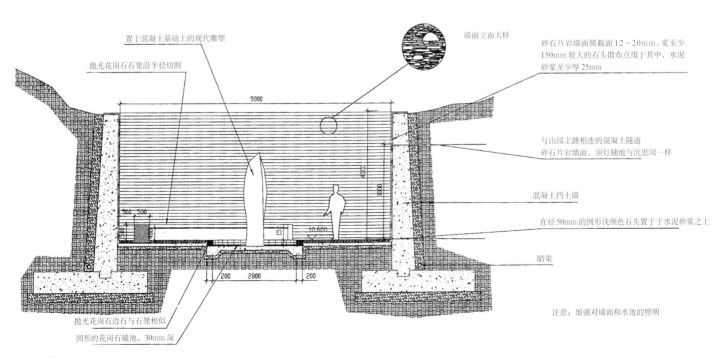

1—1 剖面

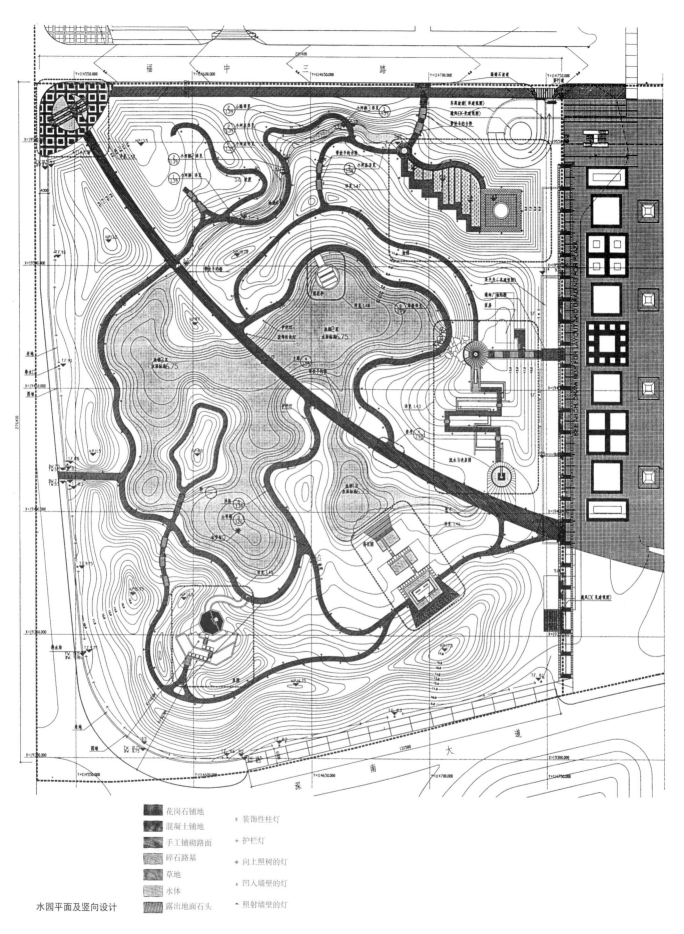

水园平面及竖向设计

花岗石铺地	装饰性柱灯
混凝土铺地	护栏灯
手工铺砌路面	向上照树的灯
碎石路基	凹入墙壁的灯
草地	
水体	照射墙壁的灯
露出地面石头	

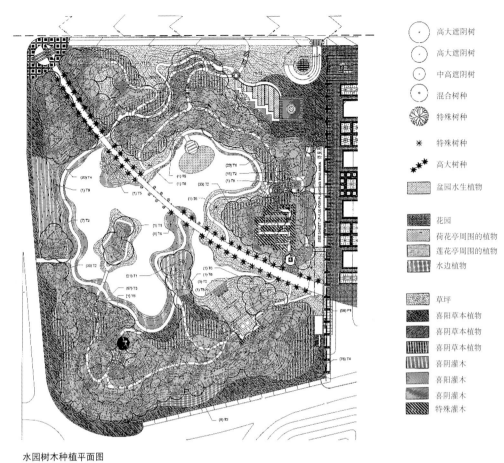

高大遮阴树

高大遮阴树

中高遮阴树

混合树种

特殊树种

特殊树种

高大树种

盆园水生植物

花园

荷花亭周围的植物

莲花亭周围的植物

水边植物

草坪

喜阳草本植物

喜阴草本植物

喜阴草本植物

喜阴灌木

喜阳灌木

喜阴灌木

特殊灌木

水园树木种植平面图

注意:用金属板将草地用地与植物的植区用地分隔开

水园灌木种植平面图

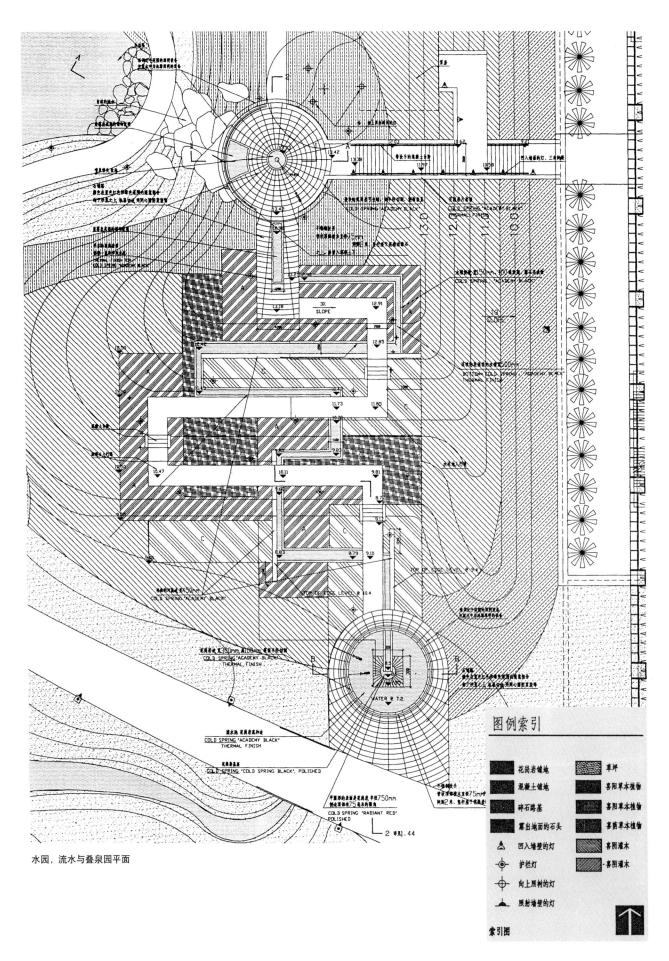

水园，流水与叠泉园平面

图例索引

花岗岩铺地　　　草坪
混凝土铺地　　　喜阳草本植物
碎石路基　　　喜阳草本植物
露出地面的石头　喜荫草本植物
凹入墙壁的灯　　喜阴灌木
护栏灯　　　　　喜阴灌木
向上照树的灯
照射墙壁的灯

索引图

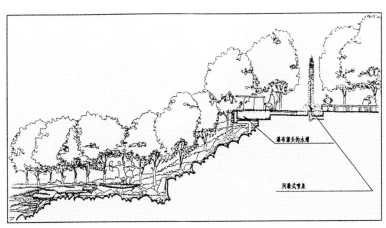

A—A 剖面

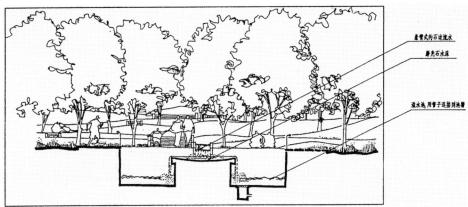

盘臂式的石边流水

磨光石水床

流水池,用管子连接到池塘

B—B 剖面

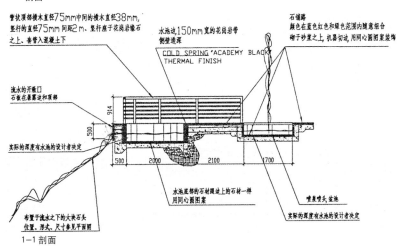

管状顶部横木直径75mm中间的横木直径38mm,
竖杆的直径75mm间距2 m,竖杆座于花岗岩缘石
之上、套管入混凝土下

流水的开敞口
石板在墓缘边和顶部

水池边,150mm宽的花岗岩带
侧壁通深
COLD SPRING 'ACADEMY BLACK'
THERMAL FINISH

石铺路
颜色在蓝色红色和绿色范围内随意组合
砌于砂浆之上,机器切边,用同心圆图案装饰

914
500

实际的深度有水池的设计者决定

500 2000 2100 1700

布置于流水之下的大块石头
位置、形式、尺寸参见平面图

水池底帮的石材跟边上的石材一样
用同心圆图案

喷泉喷头,蓄池

实际的深度有水池的设计者决定

1—1 剖面

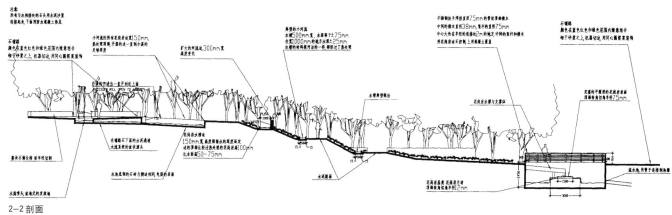

2—2 剖面

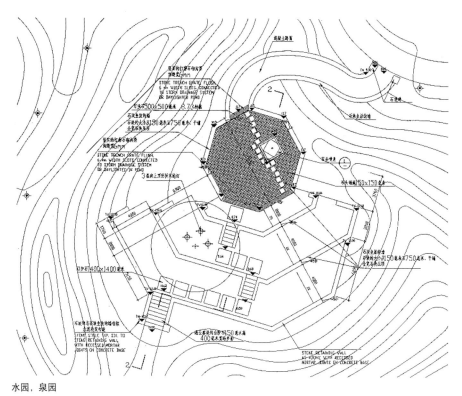

水园，泉园

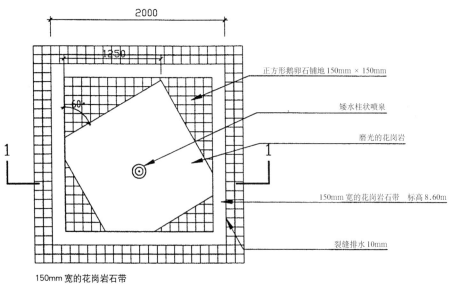

正方形鹅卵石铺地 150mm × 150mm

矮水柱状喷泉

磨光的花岗岩

150mm 宽的花岗岩石带　标高 8.60m

裂缝排水 10mm

150mm 宽的花岗岩石带

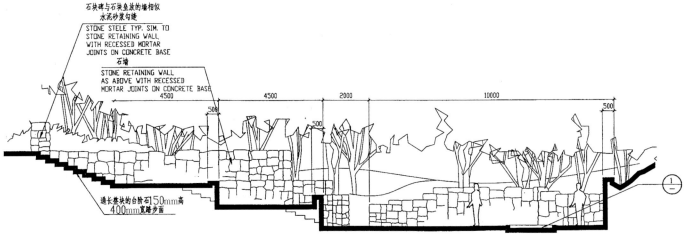

2-2 剖面

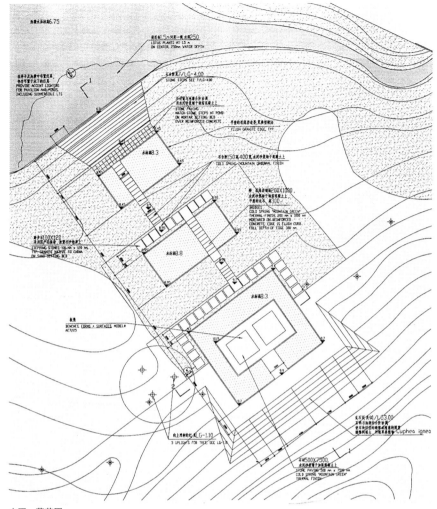

水园，荷花园

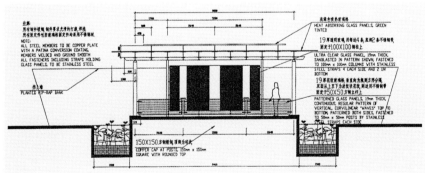

荷花亭2—2剖面

4.2 市民广场初步审批意见

4.2.1 深圳市规划国土局1999年11月审批意见：

1.市场广场设计涉及深南路是否下穿，金田、益田与深南路立交如何改造，市民广场与南广场如何联系等问题，这些问题将组织专项研究解决。因此市民广场设计需根据研究结果作相应调整，目前报审条件不成熟。

2.市民广场建设周期远短于市民中心，因此在保证市民广场和市民中心建设同时完成的前提下，市民广场的设计周期可适当推后和延长，以便有足够的时间周密考虑和解决好市民广场作为全市最重要的城市广场需要协调的各种景观、交通、市政等问题，高水平高质量建设好市民广场。

3.设计机构也应研究市民广场近远期如何结合深南路下穿改造来设计和建设的相应对策，并提出方案。

4.2.2 深圳市规划国土局2000年3月提出审批意见如下：

1.市民广场仅为中心广场的北半部，其设计应对中心广场的整体设计协调有所考虑。

2.市民广场的标高设计应重新研究，广场和市民中心平台的标高关系应进行视线分析、人体工程和尺度分析，并遵守设计规范。

3.环境设计应充分考虑在深圳气候下过大硬铺地广场如何遮荫降温的问题，并为人们的广场活动提供起码和必要的设施。

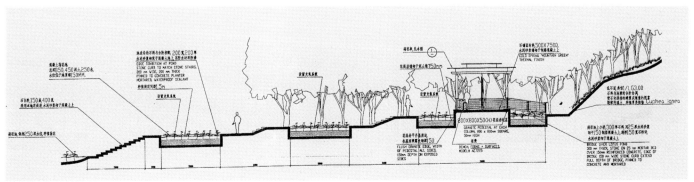

1—1剖面

4.2.3 深圳市规划国土局 2000 年 3 月提出审批意见如下：

1.市民广场是中心广场的北半部，其设计应对中心广场的整体设计协调有所考虑，例如水晶岛将是中心广场的中心和焦点，北部的市民广场对此应在空间节奏序列、人流活动、交通流线、景点设计上作相应的衔接设计，避免将市民广场南侧作为市民广场边缘来设计，导致与水晶岛和南半部广场的隔阂。

2.广场中间的硬铺地过大(达 4 万 m² 以上，相当 8 个足球场)，设计仍然没有考虑采取有效的遮阴降温及软化措施，这与深圳气候极不相宜，将使广场在大部分时间内得不到充分利用。

3.硬铺地两侧的廊子的形式、功能、起始和结束等在设计上都要有所交代、本项目的所有小品设施设计都缺乏深度，应提供必要的平立面设计和效果图。植物配置也需补充完善。

4.地铁出入口要结合地铁设计资料进行。

5.市民广场做为深圳重要的公共空间，应严格执行相关的无障碍设计，为行动不便者提供参观游览以及参与活动的便利。

6.建议由市民中心办公室邀请园林绿化专家进行详细评审，以保证设计质量。

7.列阵喷泉位置不当，应与世界地图结合起来较为合适。

8.广场下的停车场,停车数量巨大,应考虑采用先进的管理和显示系统，以方便使用者。

9.作为环境问题,市民中心东、西、北三面室外环境处理过于简单化，应有所设计、有所变化;关于东西广场的交通问题，曾有过专门的会议，会议的决定应得到落实。

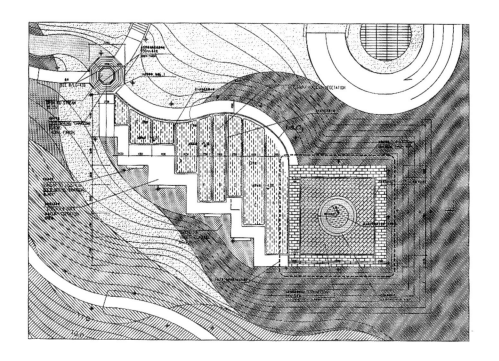

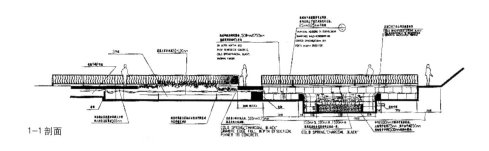

1—1 剖面

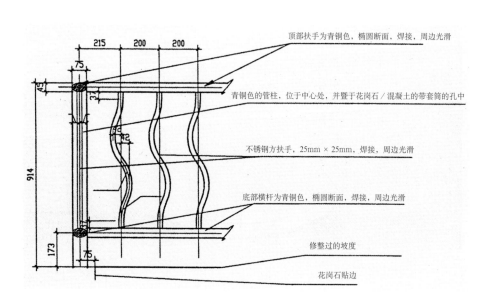

顶部扶手为青铜色，椭圆断面，焊接，周边光滑

青铜色的管柱，位于中心处，并暨于花岗石／混凝土的带套筒的孔中

不锈钢方扶手，25mm × 25mm，焊接，周边光滑

底部横杆为青铜色，椭圆断面，焊接，周边光滑

修整过的坡度

花岗石贴边

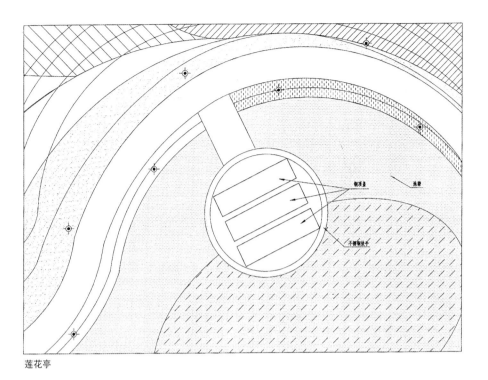

莲花亭

4.2.4 深圳市规划国土局2000年6月进一步提出如下意见:

1. 广场的台阶高差应减少并衔接自然,应严格执行相关的无障碍设计,为行动不便者提供参观游览以及参与活动的便利。

2. 广场下的停车场,停车数量巨大,应考虑环保经济的通风采光措施和方便足够的出入口。可考虑在停车场东西两侧开辟连接深南路和福中三路的辅助通道。

3. 两侧公园和中间广场不宜绝然分开,两侧园林绿化的布置应力求简洁大气。

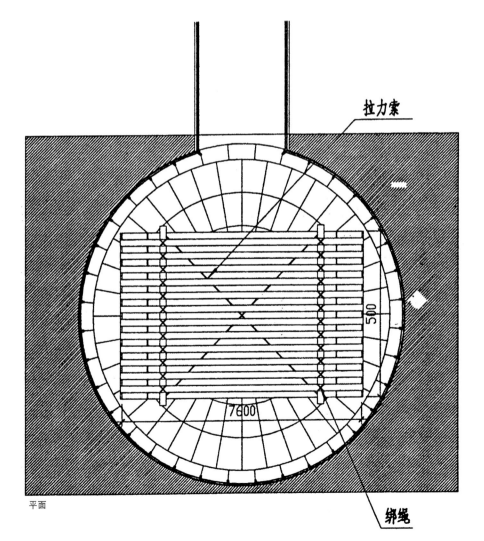

平面

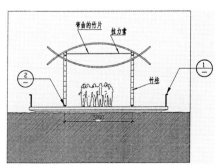

1—1 剖面

5.市民广场整体调整

5.1 规划院的研究成果

2000 年 6 月深圳市规划国土局中心区建设办公室委托我院编制《深圳市中心区中心广场及南中轴线整体城市设计》。

设计工作主要分为两个部分：分析研究和概念方案设计。分析研究部分主要探讨、确定中心广场、南中轴线以及相关内容的基本框架、原则；概念设计方案一方面是落实、细化、验证分析研究的结论，另一方面为下一阶段的建筑设计和环境设计奠定基础。

2000 年 10 月 8 日向规划国土局汇报整体方案草案。

2000 年 10 月 27 第一次专家研讨会。

2000 年 11 月 4 日第二次专家研讨会。

2000 年 11 月 22 日至 27 日，赴北京、南京就设计方案主要内容向有关专家咨询。

南、北广场的衔接从理论上有多种可能性，历次城市设计的成果为我们提供了多样化的选择方案。主要的方式有 A、B、C 三类（如图所示）

我们在选择实施方案时，应首先考虑并遵循的几条原则是：

（1）作为一个整体广场的组成部分，南、北广场的衔接是必要的。

（2）南、北中轴线对整个中心区是至关重要，是否利于南、北中轴线的景观和人的活动是一个主要的标准。

（3）人、车的在不同标高层面的分流是必要的。

（4）南中轴线、北中轴线均采用二层人行系统，这是一个重要的前提，保证中轴线连续的逻辑性是必要的。

（5）深南大道大幅度改造的可能性不大，方案应首先考虑利用现状的道路交通设施。

参照以上因素，其中 A 型的主要优点是与南、北中轴线衔接连续而符合逻辑，中轴线的景观效果最理想，需要特别注意的是处理好二层系统与地面层的衔接与过渡；B 型因深南大道近期难以下穿而不可行；C 型只是解决了人、车分流的问题，在南、北中轴的连续性和景观效果等方面有明显不足与缺陷。综上所述，我们为在中心广场，南、北广场的衔接选择二层人行系统是合理的。

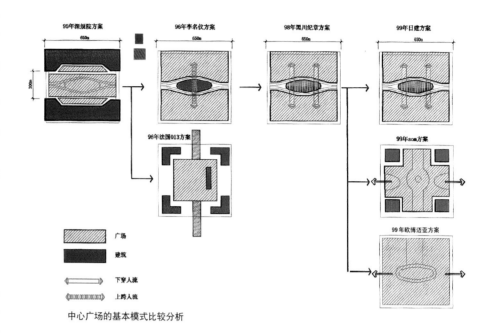

中心广场的基本模式比较分析

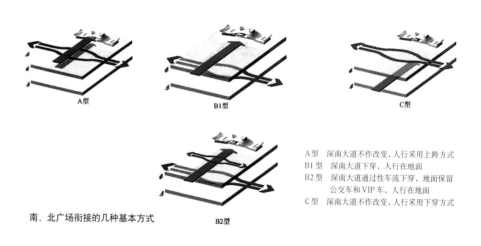

南、北广场衔接的几种基本方式

A 型 深南大道不作改变，人行采用上跨方式
B1 型 深南大道下穿，人行在地面
B2 型 深南大道通过性车流下穿，地面保留公交车和 VIP 车，人行在地面
C 型 深南大道不作改变，人行采用下穿方式

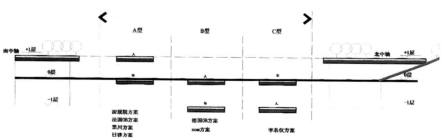

南、北广场衔接的几种基本方式

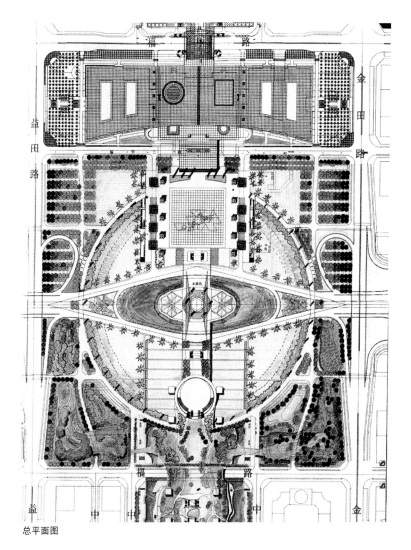

总平面图

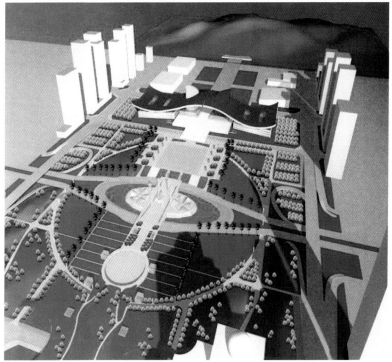

鸟瞰图

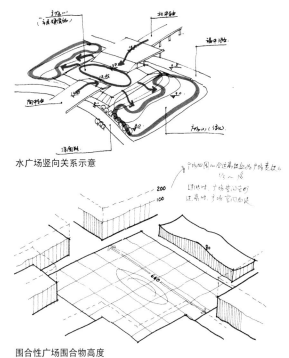

水广场竖向关系示意

围合性广场围合物高度

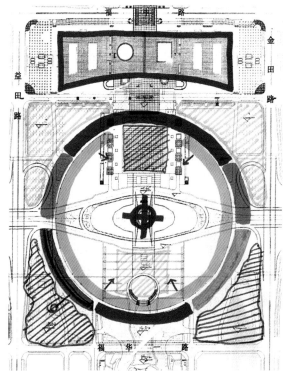

活动安排

在中心广场的内部环线，结合广场的总体功能布局，安排不同性质与特点的功能项目，通过这些功能项目形成系统化、多样化的活动流线。南、北广场有所侧重，北广场以政府活动为主，整体风格偏向于严谨、规整；南广场以市民活动为主，整体风格偏向于活泼、自由。具体活动安排主要包括政治活动、经济活动、文化活动、市民生活、观光旅游、防灾避难等内容。同时，环境设计中应为未来的发展与变化留有充分的余地。

5.2 李名仪市民广场整体调整
5.3 专家研讨会会议纪要

2000年11月4日,在深圳市规划国土局四楼会议室,由主管副局长主持召开了《深圳市中心区中心广场设计方案专家研讨会》研讨会。到会专家有孟健民、冯越强、左肖思、郭秉豪、许安之、陈世民、刘晓都等,中心办、交通中心、规划院、法规执行处、李名仪建筑师事务所等单位也参加了会议。

会议主要对李名仪先生的"深圳市中心区北广场设计调整方案",并结合规划院对中心区南北广场整体分析设计方案展开咨询和讨论,各位专家展开了充分的讨论,提出了许多宝贵意见,纪要如下:

1. 南北中轴线要突出,二层系统要完整,从莲花山到会展中心形成系统;

2. 中轴线设计要从城市的角度来考虑,人的活动优先,城市景观优先;

3. 中轴线人行交通以二层人行系统为主,地下一层交通可结合起来考虑;

4. 北广场抬高的方案是合理的,具体标高可根据功能的需求来确定;

5. 交通体系要完善,尤其要做好交通衔接和广场内部的交通组织;

6. 水晶岛的概念要明确,具体建筑形态的使用功能留有发展的余地和变化的可能性;

7. 为了配合中心区五年初步建成的构想,南北广场要整体考虑,对南广场的做法要提出明确的限定和思路。

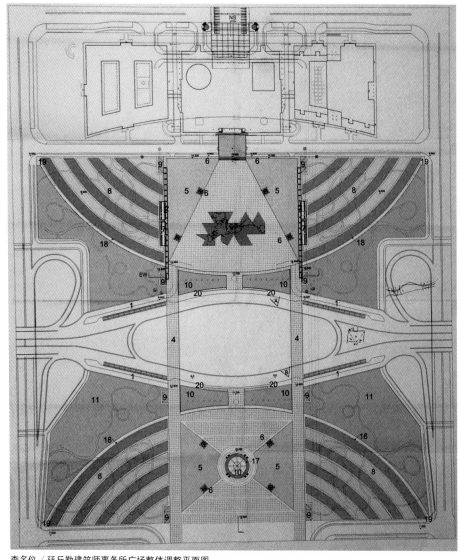

李名仪／廷丘勒建筑师事务所广场整体调整平面图

1.公共汽车站	6.植物塔	11.公园	16.地铁大厅
2.连廊	7.天井	12.停车	17.喷泉
3.停车室入口	8.庇护式公园	13.零售	18.挡土墙及水瀑
4.桥	9.角亭	14.北隧道	19.公园坡道
5.绿化	10.天棚	15.南隧道	20.坡道

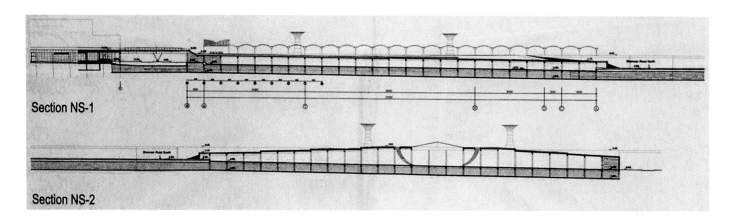

Section NS-1

Section NS-2

5.4 仿真研究和院士咨询意见

城市仿真系统也应用到中心广场的设计以配合深圳市规划设计院的研究。通过各种角度和视线的分析，研究建议市民中心前方的市民广场可适当升起并通过天桥／平台的形式跨越深南路与水晶岛和南广场相联系，在中心广场的整体和局部反复运用市民中心已经采用的"天圆地方"主题，既使广场整体统一，又使广场超大空间得到细分和宜人尺度。

仿真研究及规划院成果于2000年11月在北京和南京分别向周干峙、吴良镛、齐康三位院士进行了咨询，三位院士对研究工作予以肯定并提出指导性意见：一、中轴线在设计上的考虑非常重要，要吸收人类城市建设优秀文化遗产的精华，在体量尺度和空间层次比例上要反复推敲，形成符合环境尺度、有深圳特色的中轴线。二、基本同意中心区中轴线过深南路部分采用上跨形式，但以中间一条上跨形式为好。三、环境要整体考虑，尽量自然化，减少人工气息，加大绿化量和成品植物种植。四、尽量减少因中轴线的竖向抬高造成对市民中心景观上的影响，市民中心南侧的广场可参考中国传统建筑中"月台"的设计手法。五、水面设计要集中，避免琐碎细长，要使人们有亲水感。六、主次空间要清晰。广场周围要有界面围合，形成在中轴线上既存围合又有开放的空间。七、水晶岛核心区南北广场设计中的圆环形人行路采用"天圆地方"的设计手法，这从功能和形式上看都值得赞成。八、水晶岛核心区南北广场设计中要增加喷泉和雕塑的设计，要先研究设计，再逐步实施。九、水晶岛要最后建设，设计方案要采取设计竞赛形式确定。十、历史上著名的城市设计都是慢慢实施且不断修正才形成良好效果的。因此，深圳市中心区内的空置地块政府要控制，建设项目的性质确定和开发量要研究分析和控制，政府可先建设和控制重要的和近期必须开发建设的项目，但不要急于一次完成中轴线的整体开发和建设，应逐步完善。

5.5 现场搭台模拟广场高度

2001年11月规划主管部门同意市民中心建设办公室申请进行市民广场车库施工图招标以选择国内设计单位，同时要求：1.以市民中心中部平台（包括福中三路上跨平台部分）地面标高下降1.5m为市民广场的地面标高。2.市民广场地面标高与市

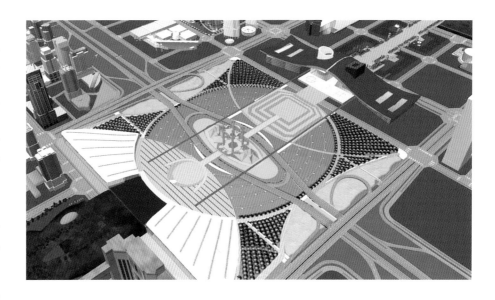

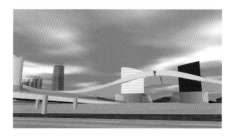

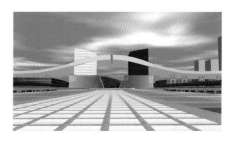

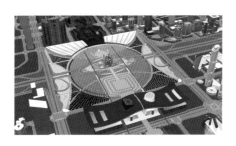
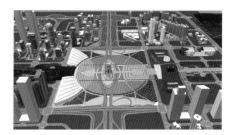

民广场下停车库上部结构外标高应保留1~1.5m浮土（市民广场东侧和西侧边缘预留局部2~2.5m的浮土供种植高大树木所需），并考虑浮土及树木的荷载承重。3.市民广场下停车库地上一层应预留与东侧和西侧广场地面的人行通道。4.参考交通中心的中心广场交通组织设计指引，在市民广场停车库两侧设置两条内部通道连接

福中三路和深南路。

为了打消市领导对广场升起会遮挡市民中心并使其高度变矮的疑虑，市民中心建设办公室2002年2月在现场用脚手架搭出了市民广场升起的轮廓。规划主管部门提出调整标高和放坡退台的具体处理，以保证市民广场的升起不会造成对市民中心主体以及莲花山顶的视线遮挡，并向市政

府行文建议中心广场及南中轴的设计委托专门设计机构统一进行，延迟市民广场停车场的建设计划，使其与中心广场及南中轴同步设计、建设和投入使用。临时在市民中心东侧26-1和北侧28-4两个地块内建设约2 000个车位供过渡时期使用。2002年5月正式决定由土地开发中心在2002年10月完成临时市民中心临时停车场的建设。

6.市民广场地下车库实施

6.1 车库实施方案

　　2002年11月规划主管部门按市领导意见，决定尽快组织市民广场地下两层停车库设计和建设使其与市民中心同时在2003年10月投入使用。地面以上仍然与整个中心广场和南中轴统一设计。市民中心建设办公室委托市第一建筑设计院进行地下车库设计。

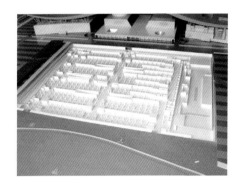

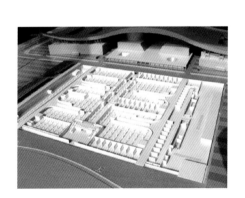

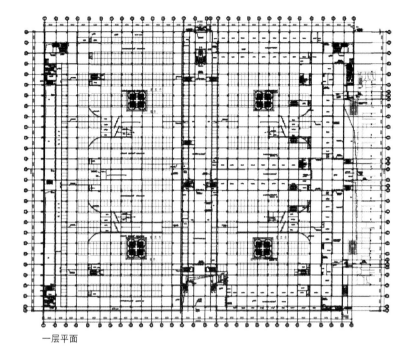

一层平面

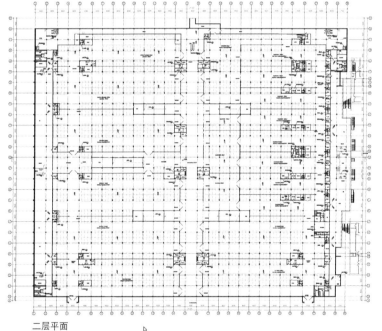

二层平面

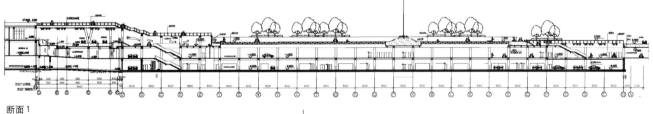

断面1

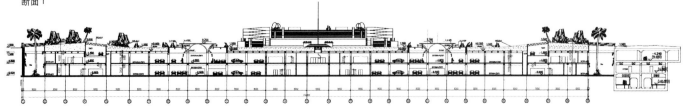

断面2

6.2 配合地下车库的市民广场设想

市民中心建设办公室委托2003年4月又委托市第一建筑设计院进行市民广场外部环境的设计，以便在地下车库施工图和未来的整体设计之间提供良好的衔接，避免重复、浪费或者衔接不上等情况的发生。

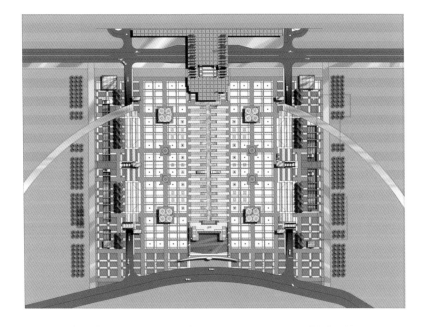

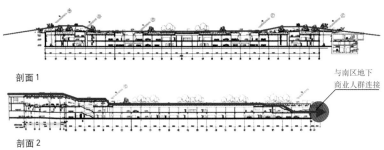

剖面1

剖面2

与南区地下
商业人群连接

三 市民中心及市民广场规划建设大事记

1995 年

深圳城市规划委员会提议对中心区核心段进行城市设计国际咨询，以保证中心区城市设计的高水准。其中咨询内容包括市政厅（市民中心原名）概念设计。

1996 年 8 月

深圳市中心区核心段城市设计国际咨询评议会在深圳富临酒店召开，国际评委从来自法国、美国、新加坡、香港的四家设计机构方案中推选李名仪／廷丘勒建筑师事务所的方案为优选方案，并得到市政府的确认。

1996 年 9 月

深圳市中心区核心段城市设计国际咨询成果公开向市民展览十天并征集意见约二百份。

1996 年 12 月

中心区开发建设研讨会在深圳银湖宾馆举行，会议邀请全国及香港地区规划设计及园林专家对中心区建设献计献策。

1997 年 1 月

李名仪／廷丘勒建筑师事务所接受委托进行市民中心（原名市政厅）设计。

1997 年 3 月

市民中心工程方案（初稿）研讨会在深圳银湖宾馆举行。

1997 年 8 月

李名仪／廷丘勒建筑师事务所接受委托进行深圳市中心区市政厅南广场及水晶岛规划概念设计。

1997 年 10 月

深圳市中心区建设项目方案设计汇报暨国际评议会评议了李名仪／廷丘勒建筑师事务所提交的市政厅南广场及水晶岛概念草案及黑川纪章提交的中轴线公共空间系统概念草案。用二百多个气球进行市民中心现场足尺模拟实验以展示和研究市民中心的尺度。

1997 年 12 月

深圳市建筑师协会和规划师协会联合举行中心区中心广场规划专家座谈会

1997 年 12 月

运用电脑三维仿真手段进行市民中心选址及高度的比较研究工作

深圳市中心区核心段城市设计国际咨询
1996 年 8 月

市民中心工程方案(初稿)研讨会，
1997 年 3 月

李名仪汇报市政厅南广场及水晶岛概念
草案，1997 年 10 月

黑川纪章讲解中轴线公共空间系统概念
草案，1997 年 10 月

国内外专家在气球模拟市民中心尺度的实验现场，1997 年 10 月

1998 年 5 月

深圳市中心区中轴线公共空间、市民广场设计研讨会举行，李名仪／廷丘勒建筑师事务所提交市民广场概念设计。

1998 年 7 月

深圳市五套班子领导视察中心区并听取中心区开发建设汇报，决定成立市民中心建设办公室筹建市民中心。

1998 年 8 月

深圳市中心区中轴线公共空间系统详细规划设计暨市民中心方案审定会举行，专家认为市民中心设计可进入下一阶段。

1998 年 12 月

市民中心开工建设。

1999 年 1 月

市民中心园林景观设计汇报会在深圳新世纪酒店举行。

1999 年 2 月

市民中心初步设计提交审查。

1999 年 3 月

市民中心初步设计第二次提交审查。

1999 年 4 月

市民中心屋顶钢屋架初步设计扩初补充设计审查。

1999 年 6 月

李名仪／廷丘勒建筑师事务所提交了深圳市民中心室内设计初稿。

1999 年 7 月

李名仪／廷丘勒建筑师事务所提交了深圳市民中心室内设计第二稿。土石方及基坑支护工程完工。

1999 年 8 月

李名仪／廷丘勒建筑师事务所提交了深圳市民中心室内设计第三稿。桩基工程开始。

1999 年 9 月

由深圳市建筑设计总院第二分院配合美国李名仪／廷丘勒建筑师事务所完成的市民中心施工图提交审查。由中国机械设计院深圳分院配合美国李名仪／廷丘勒建筑师事务所完成的市民广场初步设计提交审查。

1999 年 10 月

李名仪／廷丘勒建筑师事务所提交《深圳市民中心室内设计总则最后方案》。桩基工程陆续完成。

1999 年 11 月

中心庭院及屋顶花园环境设计草案。

李名仪在研讨会上讲解市民广场概念设计，1998 年 5 月

三位院士评委讨论市民中心方案，1998 年 8 月

市民中心开工仪式，1998 年 12 月

市民中心工地，1999 年 6 月

市民中心工地，2000 年 4 月

2000 年 1 月

　　大屋顶钢结构设计完成。

2000 年 2 月

　　由中国机械设计院深圳分院配合美国李名仪／廷丘勒建筑师事务所完成的市民广场初步设计第二次提交审查。

2000 年 4 月

　　李名仪／廷丘勒建筑师事务所第二次提交市民中心庭院及屋顶花园环境设计草案。由中国机械设计院深圳分院配合美国李名仪／廷丘勒建筑师事务所完成的市民广场初步设计第三次提交审查。

2000 年 6 月

　　市民中心大屋顶钢结构主体工程于建设工程交易中心公开招标，以中建二局南方公司为牵头单位的联合体以优化设计中标，招标书中有关技术参数由李名仪／廷丘勒建筑师事务所提供，用钢总量为 3 888 吨。市民中心西区主体结构封顶。

2000 年 9 月

　　原大屋顶结构设计的边界条件发生重大变更，经过中国海军设计院再次的结构设计计算，大屋顶结构的用钢量大幅增加（约为 5 300～5 500 吨）。

2000 年 10 月

　　市政府第三届十三次常务会议决定，将市民中心东区博物馆改为高交会临时展厅。市人大领导到市民中心现场办公并确定市人大进驻市民中心东区办公。李名仪／廷丘勒建筑师事务所第三次提交市民中心庭院及屋顶花园环境设计方案。市民中心西区砌筑工程基本完成。

2000 年 11 月

　　召开市民广场设计专家咨询会。市民中心东区主体结构封顶。

2001 年 1 月

　　市民中心大屋顶钢结构设计完成工。
　　市民中心大屋顶钢结构施工开始。

2001 年 3 月

　　市民中心大屋顶钢结构施工开始。

2001 年 6 月

　　深圳市规划与国土资源局同意由市民中心建设办公室先组织市民广场二层车库（地上一层，地下一层）施工图设计及施工，市民广场外观及两侧环境设计将在中心广场及南中轴的整体环境中统一设计。

2001 年 8 月

　　市民中心东区大屋顶结构工程完工，东区砌体抹灰基本完工。中区主体结构封顶，砌筑工程基本完成。

市民中心工地，2000 年 5 月

市民中心工地，2000 年 6 月

市民中心工地，2000 年 8 月

市民中心工地，2000 年 9 月

市民中心工地，2000 年 10 月

2001 年 9 月

市民中心西区大屋顶结构工程、东区幕墙工程、庭院采光天棚工程完成80%工作量。

2002 年 3 月

市政府三届四十六次常务会议决定,市民中心工程于2002年完成主体建安工程、普通幕墙和点式幕墙、综合布线、大屋顶钢网架结构工程等工作。深圳市市民中心建筑物的主体色彩比较研究。在市民广场现场用脚手架模拟广场升起部分的实际效果。西区样板房装修全部完成。深圳市档案馆提出方塔外立面开窗的使用要求。

2002 年 4 月

市民中心建设办公室对市民中心西区政府办公区的主要功能部分,组织了我市9家设计、装修双甲级资质的单位进行了设计方案竞赛,并对竞选方案组织了专家评审,由原西区四楼调整到西区五楼中部的市政府常务会议室,采用〝弧形顶〞方案设计较有新意。

2002 年 5 月

市民中心屋顶太阳能光伏系统招标,北京科诺伟业科技有限公司中标。

市民中心人大办公室初步设计报建。市民中心中区大屋顶结构工程完工。

2002 年 6 月

同意市民中心中区方塔以原有施工洞为基础增加的窗户以满足档案馆使用要求。市民中心西区幕墙工程完工。

2002 年 8 月

李名仪建筑师事务所提交延续1999年方案的新的市民中心室内设计成果。

2002 年 9 月

市民中心屋顶太阳能光伏系统施工合同签订。重新提出市政府常务会议室加层方案。市民中心中区玻璃盒幕墙工程完工。

2002 年 10 月

李名仪／廷丘勒建筑师事务所提出了市民中心环境设计成果、室外灯光照明设计方案以及设计原则和要求。

2002 年 11 月

根据各方意见深圳市规划与国土局决定:取消市民中心中区南侧已经建好的两个汽车坡道,改在用地北侧重新设计和建造;食堂需要额外增加的排烟道选择在中区北侧偏西的楼梯筒一侧并将北侧两个突出的楼梯筒进行修改;取消已建的市民中心西区和东区南侧门厅一层和二层的弧形楼梯,在门厅的一侧加建楼梯;尽快组织市民广场地下两层停车库设计和建设使其与市民中心同时投入使用。

2002 年 12 月

召开市民中心西区政府办公部分装饰设计方案的评审会。取消市民中心大屋面钢结构防火涂料和市民中心方塔和圆塔之间钢网架上人行连廊。深圳供电分公司批准屋顶太阳能光伏系统并网申请。

市民中心工地,2001 年 11 月

市民中心工地,2002 年 4 月

市民广场塔台模拟,2002 年 4 月

市民中心工地,2002 年 8 月

市民中心南面完整形象,2002 年 8 月

市民中心幕墙,2002 年 11 月

市民中心无顶,2002 年 11 月

2003 年 1 月

决定取消市民中心大屋面太阳能板。决定大屋顶排水采用虹吸排水系统。

市民广场两层地下车库基础提前开工。

2003 年 2 月

大屋顶网架工程专家论证会

2003 年 3 月

市民中心中区方塔、圆塔开窗施工图审核通过。完成中区室内设计施工图招标工作

2003 年 4 月

不同意在方塔幕墙东立面为新增冷却塔加设百叶窗的申请。

深南路南侧看市民中心，2002 年 11 月

市民中心屋架，2003 年 2 月

市民中心工地，2003 年 4 月

市民中心工地，2003 年 6 月

市民中心工地，2003 年 6 月

市民中心工地，2003 年 7 月

后记

　　本书汇编了市民中心及广场的规划设计及其相关资料，力图反映这一重要而又独特的政府建筑的诞生过程。

　　这一巨大的工程从目前的资料来看是始于为1996年中心区核心段城市设计国际咨询而拟定的文件。文件要求咨询机构提出位于轴线上的市政厅的设计构思："建筑造型有较强的时代特色，并具独特的风格，既能象征行政管理的严肃性，又要体现现代社会的开放性、公众性与民主性。"

　　由国际评委挑选的城市设计概念是一个有象征和隐喻的超尺度巨构形象。提出这一构思的建筑师随即得到工程设计委托来将其实施。反复修改的任务书都是围绕这一巨构形象来确定建设规模和使用功能。一个畅想性的城市设计概念能得到评委和业主的认可，得到使用功能的充实从而变成实实在在的一幢宏伟建筑，这在世界城市建设史是少有的例子。市民中心既体现了经过改革和发展的深圳市政府的开放和自信，也是建筑师、相关设计机构、业主、规划管理部门、建设者之间沟通、协商与合作的结果。

　　这一沟通、协商与合作的过程，历时6年，经历3届市政府班子，3届筹建班子，其间的复杂和曲折可以想象。因此当这一建筑的主体已经出现而迟迟不能完工，引起一片不安的议论和猜测时，一定要明白，这个总建筑面积达到21万m²的大房子，其实不仅仅包含政府办公楼，还容纳着工业展览馆、档案馆、博物馆、会堂、政府业务受理、市民咨询、人民代表大会办公、巨型车库与食堂等内容，而每一块内容都有一个甚至多个业主。要将这些内容和业主各个阶段的各种要求都妥善协调好，有条不紊地安排到这个474m长的大屋顶之下，肯定不是一件简便和快捷的事情。这些复杂和曲折，细心的读者从本书所录的广场、建筑、环境、室内等方面的多轮方案设计及修改中也可以读出来。因此当这个建筑已经并且还会引起更多讨论和争议时，希望这本客观记载方案诞生和演变过程的书能提供详实的事实依据。

　　无论如何，这一建筑无疑会成为深圳未来的标志和象征。整个中心区、中轴线也都是围绕这一当然的主角来规划设计。

　　因此理解和欣赏这个巨构建筑的角度，也应从其与中轴线公共空间系统、中心区城市设计完全结合的整体出发，在250m宽的生态——信息轴线上充分体验这一建筑的恢宏，在6.5m的市民中心平台上充分体验南北轴线的气势。轴线和建筑的浑然一体以及共同的宏大尺度，是市民中心的精髓所在，而近距离的建筑细部已退居其次。因此这一建筑的完成，实际上有赖于市民广场、中心广场乃至于整条轴线及其两侧建筑按照整体规划的完整实施，否则我们就无法体会到这一建筑所具有的在城市层面的意义所在。

　　感谢所有为这一建筑付出努力的人们。

　　感谢为本书资料收集过程中提供帮助的李名仪／廷丘勒建筑师事务所及其建筑师郑海伦女士，市民中心建设办公室及总工程师胡海战先生、王红衷女士，以及无法一一列举的机构和人士。

　　本书引用资料所涉及的设计机构，同样拥有发表和利用其设计资料的权利。

丛书编辑后记

本套丛书是对深圳市中心区6年多的城市规划设计与建筑设计及其实施过程资料的整理出版,可谓厚积薄发,水到渠成。在这之前,中心区在专业界的介绍,相对其多年丰盛的国内外设计成果来说是很不相称的。尽管这些年来,中心区的宣传工作也做了不少:编写过两个版本的宣传册子;内部编印过1996、1999年的城市设计国际咨询成果、社区购物公园设计、黑川纪章的中轴线规划、SOM的街坊城市设计、交通规划等资料;1999年委托制作了在当时国内罕有的10分钟动画;2000年制作了多媒体宣传片在莲花山公园的规划展厅长期公开播放。但除了2001年由《世界建筑导报》发行过一期容量有限的专集外,正式发表和出版的资料非常少。专业界对中心区较为全面的了解,应该是通过1999年北京举行的世界建筑师大会。由吴良镛先生推荐,中心区模型和动画参与了大会的展览,引起一些注意。德国包豪斯基金会就是这些注意者中的一个,他们寻踪而来,上门邀请中心区参加了2000年在德国德绍包豪斯举行的中国城市(北京、上海、深圳)规划建设展览。随着专业界对中心区的日益关注,以及中心区规划不断调整和项目建设的大量展开,提供详尽的资料,让各界人士了解中心区规划设计的进展和全貌并能展开一些研究和评论,这是中心区也是专业界所期望的一件事情。这样一件好事,由深圳市规划与国土资源局和中国建筑工业出版社,历时一年多的艰辛合作,于是有了这套精心选编、力求全面完整的中心区系列丛书。本套丛书实质是中心区6年城市设计和建筑设计成果资料的档案编纂,注重史料的原汁原味,不加修饰,不予评论。当然资料浩繁,篇幅有限,编辑还有个取舍删简的问题,所坚持的编辑宗旨,一是全面,二是完整。全面指的是内容的全面,城市规划、城市设计、法定图则、概念设计与前期研究、雕塑规划、交通规划、建筑设计、环境设计乃至室内设计等等,涉及城市建设面貌的各类计划和图纸尽录其中;完整指的是过程的完整,一个方案,从概念到可行性研究到方案设计,再从评议到工程报建审批直至项目实施,各个阶段的演变及其原因,都力求有所交代。追求这样的全面和完整,是因为只有从规划设计的不同类别不同侧面不同阶段

Editors' postscript of the series

A Chinese idiom says that when water is available, the aqueduct is ready. This saying exemplifies the six-years put into the Shenzhen Central District planning and design. Before this Series, the material available to the public has been only a small fraction of the material that has been generated over the course of the design and construction of the Central District. There had been a few efforts to introduce the Central District over the years. However, including a special issue of the World Architecture Review in 2001, publicly available publications on Shenzhen's Central District have been very rare. Not until the 1999 World Congress of the International Union of Architects was the Central District broadly known among design professionals. As recommended by Mr. Wu Liangyong, models and animations of the Central District were exhibited at the conference, and they garnered quite a bit of attention. The Bauhaus Foundation in Germany was among those interested. Later, the foundation invited Shenzhen to participate in the "2000 China (Beijing, Shanghai, Shenzhen) Urban Planning Show" in Dessau, Germany.

Due to the increasing interest shown by professionals, the consistent evolution of the Central District, and the development of its construction, those involved in the planning realized the need to publish detailed information that would reveal the process of the Central District's planning and design for research and commentary. The Shenzhen Planning and Land Resources Bureau and China Architecture and Building Press immediately reached an agreement to carry out the project. After a year of hard work, now we can present this Central District Series.

The series is an archive of the Central District planning and design over the years, and the data is authentic-without any modification and comment. Obviously, due to space limitations, the abundant data has been simplified somewhat. Two principles are followed: one is comprehensiveness, the other is completeness. The comprehensiveness refers to the content, which should cover urban planning, urban design, specifications, conceptual and preliminary designs, sculpture planning, traffic planning, architectural design, landscape design, interior design and the other plans and drawings related to urban design. Completeness refers to documenting the whole process of every project from concept to implementation, so as to illustrate each project's evolution and causes behind the evolution. Only with comprehensiveness and completeness can we have a clear picture of the Central District-a complicated and dynamic system-from all angles. Members of the Development and Construction Office of the Central District have understood this.

As members of a planning department specifically created for the Central District, they have often been asked two questions over the course of the six-year evolution of the Central District. One is, "who planned the Central District: John Lee, Kisho Kurokawa, or Obermeyer?" Another one is, "why does the

入手才有可能认识这个系统复杂同时又是在不断演变的中心区的真面目,这一点,尤其是中心区开发建设办公室的成员有深刻的体会。作为中心区专一的土地规划建筑管理部门,关于6年来中心区的规划设计的演变,有两个问题是经常听到人提出。问题一是:中心区的规划是谁做的?有人知道李名仪、有人说到黑川纪章、有人提起德国的欧博迈亚公司;问题二是:中心区的规划为什么总在变?不是常说实施任何一个方案都比一打变来变去的好方案强吗?要回答好这两个问题,可谓说来话长、一言难尽,想来想去,也只有把所有的方案摆出来才能说得清楚,这也算是编辑出版这套书其中的一个用意吧。城市规划设计及其实施过程中,有太多的影响因素,这些因素都会通过不同阶段的图纸反映出来。希望这套书的档案资料,能有助于读者了解城市规划的综合性、系统性和复杂性,能有助于读者从这些相对完整全面的资料中找到关于中心区各种规划设计问题的答案,能有助于读者提出更多关于中心区甚至是中国城市规划的问题,或者有助于读者从中找到自己的研究课题和素材,以及规划设计的参考范例。

虽然是档案资料汇编,十本书的工作量、难度和所需的时间还是出乎意料之外,加上年久日长也难免有所缺失遗漏,需要四处求索补齐,因此整理编辑的工作成了一项烦琐和艰难的工程。部分缺失资料也得到一些设计机构、建筑师、开发单位的支持,我们感谢本丛书所有出版资料相应的设计委托方对出版工作予以授权和配合。

在此谨对所有为丛书出版提供帮助的机构和人士表示衷心感谢。感谢在深圳工作的美国朋友迈克尔·盖勒高先生为全部英文的定稿付出了心血,特别感谢本书的责任编辑李东禧先生和唐旭女士,他们多次亲临深圳解决问题,他们的敬业精神促成了本套丛书的出版。中心区的规划设计仍在进行,这一少见的城市设计和建设实践,相信还会积累下更多宝贵的资料,到时候还需要这套丛书的续集来记录。

plan of the Central District keep changing all the time? Isn't it always better to stay with one scheme rather than a dozen?" It is hard to answer these questions without showing all the schemes. This is also one of the purposes of publishing this series. It is a long and complex process to take initial urban design concepts to final construction of roads and buildings. Although there is a saying that our city is "built up overnight" with the so-called "Shenzhen speed", there is also another old saying that "Rome was not built in a day". A careful reader may discover that the improvement of the Central District urban design also parallels to the progressive maturity of its administrators' understanding of urban planning issues.

It is unrealistic and dangerous to construct a city totally according to only one version of planning or only one person's will. The city must present the views of the people of all social strata and leave the distinct traces of time and therefore is always in a process of compromise and change. There are many factors having impacts on urban planning, and they are reflected by the drawings throughout the district's different phases. We hope that the relatively comprehensive data in this series can help readers find out the answers to the planning and design questions of the Central District, raise more questions about the Central District or even all China's urban planning, and sort out subjects and materials for research, or create models for further urban planning and design.

Although it is strictly a compilation, the work, the difficulty and the time spent on these ten books have far exceeded what we anticipated. Since missing files had to be tracked down, collecting material often became very complex and difficult. We also received support from many design offices, architects and developers. Kisho Kurokawa sent us the requested data from Japan as soon as he received our letter. In addition, we have received assistance from owners who have authorized us to publish selected materials.

Hereby, we would like to express our heartfelt gratitude to those organizations and people who have provided their invaluable help in publishing the series. Thanks to Michael Gallagher from the United States who works in the Urban Planning & Design Institute of Shenzhen and was the final English editor. Thus, Mr. Li Dongxi and Ms. Tang xu , the managing editor of the series, went to Shenzhen four times to make contributions. His patience and enthusiasm propelled the publication of this series.

The planning and design of the Central District is still going on. More valuable data will accumulate and be documented in subsequent volumes of this series.

丛书简介

一方热土，二次创业。

深圳新世纪的城市形象将在这里重点展开，国际花园城市全新的行政、文化、商务中心职能将在这里有效运行，特区二十年的发展实力和建设经验将在这里集中体现。

两千年之际江泽民总书记两度光临。此地成为市府客人必游之节目，成为地产商家必争之地盘，更成为国内外设计精英智力角逐的竞技场。谁都知道从边陲小镇发展到数百万人口的城市是一个奇迹，殊不知道又一个新的奇迹正在这块土地上酝酿着。蓝图经过反复描绘，建设已经全面展开，一个崭新的城市中心正在呼之欲出伸手可及——这就是深圳市中心区。

这里有全球罕见的太阳能大屋顶建筑，有概念全新的生态－信息立体复合空间的城市中轴线，有国际水准规模一流的会议展览中心，有气势磅礴尺度恢宏的城市中心大广场。在这个城市规划过程中，吴良镛、周干峙、齐康等院士的名字与中心区结缘。矶崎新、黑川纪章、亚瑟·艾里克森、海默特·扬、SOM等国际专业界的名家大师也纷纷为中心区出谋划策贡献才智。

本套丛书正是对深圳中心区规划与设计历程的忠实纪录，全过程展示自1996年以来中心区所有重要的城市设计和重要项目建筑设计招标成果，以及这一过程中观念的逐渐演变和设计的不断改进。全书共分十册，囊括中心区的城市设计、专项规划设计研究、法定图则编制和实施、重要

项目设计招标，乃至项目的环境设计和室内设计。

深圳市政府对中心区规划建设的高度重视、巨大投入和设立专门机构所进行的统一管理，在中国城市中都是少有的，而以大型丛书的超大容量来记录一个城市片区规划设计各个方面的档案资料，更是中国城建史和出版史上前所未有的一项事情。这一丛书的真正价值不但在于其沉甸甸的分量感、某项规划设计的国际水准以及资料的翔实，更在于系统和连续地记录了一个在中国少有的能够保持系统和连续的城市设计及其建筑实施的实例。系统和连续，这是深圳市中心区规划管理同时也是本套丛书的精髓所在。要在专业书刊中找到一个精彩的设计很容易，但要了解一个精彩

An outline of the Series

The New Central District is the center of the city's second downtown, the first of which was Luohu and Shangbu.

The image of Shenzhen in the new century is unfolded here; the new administrative, cultural and commercial functions of a world-class garden city will be carried out here; the strength and experience of the Special Economic Zone that has accumulated over the last two decades will be showcased here.

Here is the place where President Jiang Zemin stopped by twice in 2000; where guests of the municipal government will come to visit; where developers compete to invest; and where domestic and international design elites contest for design excellence. It is well-known that Shenzhen emerged from being a remote border town to a metropolis with a population of seven million, but less is known that there is another miracle planned here-that of the New Central District. The blueprints are on the board, construction has started, and a new urban center is emerging.

This is the Shenzhen Central District.

The civic center has a huge, super roof with solar panels; a three-dimensional central axis with new eco-media concept; a world-class convention and exhibition center; and a magnificent central plaza. Over the course of its planning, academicians like Wu Liangyong, Zhou Ganchi, and Qi Kang, along with world-renowned architects like Arata Isozaki, Kisho Kurokawa, Arthur Ericsson, and Helmut Jahn and the architectural firm SOM, have also shaped this project.

This Series records the process of design and planning for the Shenzhen Central District, presents entire schemes of international design consultations and major project competitions since 1996, and demonstrates the evolution of concepts and later improvements in designs. The ten volumes covers urban design, specific areas of study, development and implementation of the Statutory Plan, major design competitions, as well as environmental and interior design that have taken place in the Central District.

It has been rare in China that a municipal government would pay so much attention, invest so much money, and empower such an office responsible for overall project management of a city's central district. It is also unprecedented in China to have so thoroughly documented and analyzed the construction and development of a single urban district. Its real value not only lies in its rich and detailed information, but also in a systematic and consecutive documentation. Because, in fact, a methodical framework and consistency have also been the soul of planning for the Central District. There are many publications that show works of good design, there are far fewer publications that explain how a design has been selected, revised, adjusted and executed. This Series tries to link results at various stages to make readers familiar with a true and complete story about the evolution of a particular urban design and its architectural schemes. This approach undoubtedly will have positive impact on academic research, urban design and

设计是如何从评议中脱颖而出，又如何被修改、调整直到实施，这种机会却是十分难得，而且极为珍贵。本套丛书正是试图通过多个阶段成果的链接，让读者能解读出一个个真实而完整的关于城市设计和建筑方案的成长故事。这对中国城市规划设计及建筑设计的学术研究、对中国城市规划的管理实践、对专业院校的教学科研，无疑都有着极为积极的意义。

十本分册简介分别如下：

《深圳市中心区核心地段城市设计国际咨询》是1996年举行的中心区最重要的一次城市设计国际咨询，由当时的深圳市城市规划委员会顾问专家提议举行的这次咨询，体现了市政府和规划专业界对已经历时十年研究不断的中心区规划设计的更高期望。美国、法国、新加坡、香港四个国家和地区的设计机构各显其能，设计构思精彩纷呈。国际评议结果为中心区确定了总的形态布局和很多为日后所继承和发展的设计概念，诸如250m宽中央绿化带、水晶岛、太阳能屋顶的市政厅、社区购物公园、二层步行商业街等等。

《深圳市中心区中轴线公共空间系统城市设计》是日本著名建筑师黑川纪章1997年接受邀请，对1996年城市设计国际咨询优选方案提出的250m宽中央绿化带所进行的深化改进设计。黑川纪章应用他的共生理论，提出了生态－信息轴线的概念。他把随轴线空间所展开的时序、动态、功能、节庆、形态、隐喻、透视等层面的变化富有创意地演绎成一部独特的城市音乐总谱，并将中轴线设计成立体复合的由一系列公园、广场和开发空间组成的城市公共空间系统。这一公共空间系统被誉为中心区的绿色生命线，是中心区的脊椎和灵魂所在。

《深圳市中心区城市设计及地下空间综合规划国际咨询》是1999年举行的在1996年中心区核心地段城市设计优选方案、1997年黑川纪章中轴线公共空间系统规划设计、1998年SOM设计公司的两个街坊城市设计等规划成果基础上，就中心区交通规划的系统改进、地下空间开发策略研究、城市空间形体的整体协调这三大课题进行的城市设计国际咨询，是对中心区已有规划成果的全面整合和系统优化。在为中心区开发建设全面展开创造规划条件的同时，优选方案系统的城市设计概念和超乎想象的创造力，也给中心区建设带来了挑战。

《深圳市中心区22、23-1街坊城市设计及建筑设计》是美国SOM设计公司1998年对中心区CBD的两个办公街坊所做的城市设计及其导则，以及根据这些导则所做的建筑设计方案招标成果。SOM通过实地调查、细心观察以及令人信服的城市设计分析，成功调整现有地块和街道网络，巧

planning management, and planning education.

An outline of each volume:

"The International Urban Design Consultation for Core Areas of Shenzhen Central District"

Proposed by urban planning experts, the international design consultation for the Core Areas has been the most important event in the overall course of the Central District, and it manifests the high expectations from the municipal government and planning circles after their ten years of research. Firms from the United States, France, Singapore and Hong Kong displayed their capabilities with brilliant designs. As a result, the international jury panel selected what was considered the optimal design-a design by Lee-Timchula architects of the United States. This master plan and most of its design concepts would indeed be carried out--including the 250-meter-wide central green area, Crystal Island, the civic center with its solar panel roof, community shopping park, and pedestrian shopping streets with skywalks.

"Systematic Planning for Public Space along the Central Axis of Shenzhen Central District"

In 1996, Kisho Kurokawa, the renowned Japanese architect, was invited to refine the concept and design of 250-meter-wide central green area that was proposed in the winning Lee-Timchula design. Based on his symbiosis theory, Kisho Kurokawa introduced the concept of an eco-media central axis. It is a unique urban "symphony" combining changes, dynamics, functions, festivals, forms, metaphors, and perspectives. The central axis is designed into a three-dimensional public space system comprised of parks, squares and developed areas. This public space is viewed as the green lifeline and backbone of the Central District.

"International Planning Consultation for Urban Design and Underground Space in Shenzhen Central District"

Based on the 1996 Lee-Timchula's winning urban plan for the Central District, the 1997 Kisho Kurokawa scheme for the public space system along the central axis, and SOM's 1998 two-block urban design, this international consultation emphasized three areas: traffic planning, underground space development, and overall urban space. It integrates and optimizes the existing Central District urban plan. At the same time, the systematic urban design concepts and incomparable creativity in the Optimal Design challenge the Central District construction.

"Urban Design and Architectural Design for Blocks No. 22 and No. 23-1 in Shenzhen Central District"

It includes the SOM's proposal of urban design and architectural guidelines for two large city blocks, and the results of architectural competitions according to those guidelines. Based on field investigation, careful observation, and convincing urban design analysis, SOM split the existing blocks into many smaller blocks. The American firm also created two small neighborhood parks in the middle of each of the original blocks, in order to open up the landscape and add value to each

妙地在两个街坊中间各辟一个小公园，全面改善了各个地块的景观条件和土地价值。SOM关于街道形式和建筑形体的控制通过其制定的城市设计导则，在随后的单体建筑设计招标中得到认真贯彻。这是一个极为难得的街坊城市设计及实施的范例。

《深圳市民中心及市民广场设计》是美国李名仪／廷丘勒建筑师事务所根据其在1996年中心区核心地段城市设计优选方案中所提出的市政厅概念，经过多轮设计和论证于2002年最终完成的一项庞大的工程设计。480m长的太阳能曲面大屋顶犹如大鹏展翅，覆盖着由三组建筑组成的巨大综合体，建筑面积达21万m²，包括政府办公、人大办公、礼仪庆典、市民活动、会堂、博物馆、档案馆及工业展览馆等内容。这个项目既是深圳市未来的行政中心，也是一个真正意义的市民中心。这一建筑及其前面的市民广场是整个中心区中轴线上的高潮和焦点。

《深圳市中心区文化建筑设计方案集》荟萃了中心区1996～2000年由政府投资建设的5个文化建筑的设计招标成果。包括音乐厅和图书馆两个建筑的文化中心项目由日本著名建筑师矶崎新在阵容豪华强盛的国际设计招标中力拔头筹。而深圳市少年宫和电视中心则是经过多轮的方案征集和招标评议，最后由本地建筑师中标。深圳市高新技术成果交易会展馆是通过国际设计招标确定方案，用不到一年时间筹建开馆，并且一年之内就进行扩建的高标准临时建筑。这些招标设计方案无论中标还是落选，都各具精彩之处，值得研究借鉴。

《深圳市中心区商业办公建筑设计招标方案集》汇集了除SOM所作城市设计的两个街坊之外的中心区1996～2002年商业办公项目。社区购物公园在1996年城市设计优选方案中被提出，是一个寓休闲、购物和园林于一体，作为办公区和住宅区之间空间缓冲过渡的特殊商业项目。完整的资料展示了项目从概念提出、任务书、方案国际招标、项目招标乃至建设的一系列过程和演变。其余五个商业办公建筑都是中心区的超高层建筑，尤其值得注意的是日本建筑师矶崎新参与的大中华交易广场（原名）设计招标的方案，对建筑空间做了空前的探索和创新。

《深圳市中心区住宅设计招标方案集》收集了1996～2002年中心区范围内的住宅方案，有13个项目及一个旧村改造研究，分布在中心区四周，居住人口总约约7万人。这些居住区无论对中心区的人气活力，还是对中心区的形态面貌都起着非常重要的作用。由于市场的原因，中心区住宅投资建设相对踊跃和早熟，中心区成为房地产市场销售的重要概念，这对中心区的规划管理带来了压力和挑战：这些位于中心区的住宅，是否充分发挥了中心区的土地价值，体现了城市中心地区住宅所应有的特点，并与中心区城市设计有良好的关系

block. SOM's urban design guidelines for controlling street character and building massing have even been implemented in later design competitions. This is a rare case in China where urban planning concepts have been fully carried through to completion.

"The Civic Center and Civic Plaza Design in Shenzhen Central District"

The second focus of the 1996 Central District Urban Design International Consultation was to derive a concept for a new city hall, and Lee-Timchula Architects' concept of a city hall was an integral part of its winning urban design for the Central District. Their enormous city hall is the result of many design modifications and evaluations. It is a gigantic compound covered by a 480-meter-long roof tiled with solar electric panels, and resembles a giant bird spreading its wings. With a total area of 210,000 sq. m., the city hall actually consists of three buildings that house government offices, celebration halls, a civic entertainment center, museums, archives, industrial exhibition halls, etc. As the future administrative center of the city and as a real civic center, the building, along with its front plaza, is the climax and focus of the whole central axis.

"A Collection of Cultural Building Designs in Shenzhen Central District"

This volume collects competition schemes for five cultural buildings developed by the government. The design of the Concert Hall/Library was awarded to Arata Isozaki, while the Children's Palace and the TV Center were won by local architects after rounds of competitions and bidding evaluations. The design for the High-Tech fair Exhibition Hall also resulted from an international competition. It is a high-quality but temporary structure that was completed within less than a year and seamlessly expanded just a year later. Whether competition entries won or not, all of them deserve further study.

"A Collection of Commercial Building Designs and Spaces in Shenzhen Central District"

This collection assembles the designs of all the commercial buildings and commercial spaces planned for the Central District other than the ones in the two blocks designed by SOM. The idea of a community shopping park was proposed in the Optimal Design in 1996. As a special commercial project buffering the space between offices and residential areas, the park provides for entertainment, shopping and recreation. Comprehensive data show how all the projects have evolved from concept to program, international competition, construction bidding, and finally to construction. The five office buildings are super-high buildings. Special attention is given to one of the proposals for the China Grand Trade Plaza (original name), by Arata Isozaki, who had an innovative idea of public space.

"A Collection of Residential Designs in Shenzhen Central District"

This collection assembles residential designs scattered around the Central District--including 13 new projects and a housing development renovation. In total, they accommodate approximately 70,000 residents. The residential areas play an important role in forming the dynamics and prosperity of the Central District, while the Central District ur-

呢？此分册对这些问题，提供了研究素材。

《深圳市中心区专项规划设计研究》是中心区1996～2002年城市设计不可缺少的组成部分，系统反映了对一些国际咨询成果消化吸收、改进完善、管理实施的过程。其中交通规划研究一直保持着对规划演变的动态配合和支持；行道树规划和城市雕塑规划体现了对环境要素整体性的重视以及在城市设计专项领域的探索；地下商业街、地下水系、广场及南中轴，以及一些

街区研究则是对城市设计概念的深化和延伸；成功应用电脑仿真技术进行城市设计和方案比较分析也是在中国城市建设史上的一项开创性工作；而这些规划成果的实施，最终将依靠法定图则的编制和执行。

《深圳会议展览中心》是一个几经周折于2002年最终落户中心区的大型项目。关于这个项目如何与城市功能布局、开发策略、交通设施相衔接的比较研究是大型建设项目选址，同时也是城市设计研究范畴

的一个典型实例。这些研究资料和过程的忠实展示，也是试图向公众解释这样一个几近戏剧性变化的客观事实：这个项目为什么从位于华侨城填海区由海默特·扬中标的精彩方案（该次国际招标详见《深圳会议展览中心建筑设计国际竞标方案集》，中国建筑工业出版社，1999年）变为中心区中轴线南端的由德国GMP设计公司中标的精彩方案？也说明了一个片区的城市规划随着城市经济发展不断调整并实施的过程。

ban plan has been instrumental in generating residential real estate sales. So far the market for residential real estate has been stronger than the market for office space. This creates a challenge for the planning and management of the Central District: How to have housing developments that are unique, economically feasible and enjoyable to live in yet also are street friendly and compatible with the general urban plan rather than inward facing?

"Specific Area Studies of Shenzhen Central District"

These are indispensable parts of the Central District urban planning, and systematically reveal how international consultation results have been digested, improved upon, and implemented. Of these studies, traffic planning

has always dynamically coordinated with and supports the whole planning evolution. Planning for street trees and urban sculptures enhances total environmental quality. Design research on underground streets, water systems, plazas and central axis is an important extension of general urban planning. In addition, successful adoption of computer simulation technology to conduct comparative analysis of urban design schemes has been innovative. All of these efforts will be implemented according to the Statutory Plan. The collection of these studies will help the reader explore specific fields of study in-depth.

"Shenzhen Convention and Exhibition Center"

This volume tells the story of a single large

project now in the Central District. In terms of site selection and urban design study for big projects, this is a model for comparative study on how a project is linked with urban functional layout, development strategy and traffic facilities. The story reveals the process behind the changing of sites from a parcel on reclaimed land by Shenzhen Bay in Shenzhen's Overseas Chinese Town to a site on the south of the Central District axis. As a result, Helmut Jahn's winning design (International Competitive Design Collection for Shenzhen Convention and Exhibition Center, published by Chinese Building Industry Publications, 1999) had to be scrapped and GMP of Germany won the subsequent competition for the new site.

图书在版编目(CIP)数据

深圳市民中心及市民广场设计／深圳市规划与国土资源局主编.－北京：中国建筑工业出版社，2002
(深圳市中心区城市设计与建筑设计系列丛书)
ISBN 7－112－04950－4

Ⅰ.深... Ⅱ.深... Ⅲ.①中心区－建筑设计－设计方案－深圳市②广场－建筑设计－设计方案－深圳市
Ⅳ.TU984.1

中国版本图书馆 CIP 数据核字(2002)第 004981 号

责任编辑：李东禧　唐　旭
整体设计：冯彝诤

《深圳市中心区城市设计与建筑设计1996-2002》系列丛书
Urban Planning and Architectural Design for Shenzhen Central District 1996-2002

深圳市民中心及市民广场设计
The Civic Center and Civic Plaza Design in Shenzhen Central District

丛书主编单位:深圳市规划与国土资源局
Editing Group:Shenzhen Planning and Land Resource Bureau
中国建筑工业出版社出版、发行(北京西郊百万庄)
新华书店经销
北京广厦京港图文有限公司设计制作
深圳利丰雅高印刷有限公司印刷
*
开本：889 × 1194毫米　1/16　印张：13 ¾　字数：484 千字
2003 年 9 月第一版　2003 年 9 月第一次印刷
定价：128.00 元
ISBN 7－112－04950－4
　TU · 4412(10453)